中等职业教育化学工艺专业系列教材

石油炼制

第二版

曾心华　主编
陈晓峰　主审

化学工业出版社
·北京·

本书是根据教育部近期制定的《中等职业学校化学工艺专业教学标准》，由全国石油和化工职业教育教学指导委员会组织修订的中等职业学校教材。

本书紧密结合石油加工生产实际，系统地介绍了石油加工过程工艺的基础知识，主要内容包括：石油加工过程及设备的基础知识、主要加工工艺过程中的基本原理、工艺流程、开停车操作以及常见操作事故的分析和处理原则等，并增设了一些相关的“阅读小资料”或“小问题”等，以拓展学习者的知识面。

本书系统性、知识性、实用性、可读性和趣味性强，简明扼要，通俗易懂。可作为中等职业学校化学工艺专业拓展方向的教材，也可供相关专业技术人员、生产操作人员及管理人员参考。

图书在版编目（CIP）数据

石油炼制/曾心华主编．—2版．—北京：化学工业出版社，2015.8(2024.10重印)

中等职业教育化学工艺专业系列教材

ISBN 978-7-122-24311-9

Ⅰ.①石…　Ⅱ.①曾…　Ⅲ.①石油炼制-中等专业学校-教材　Ⅳ.①TE62

中国版本图书馆CIP数据核字（2015）第129908号

责任编辑：旷英姿　　　　装帧设计：王晓宇

责任校对：边　涛

出版发行：化学工业出版社（北京市东城区青年湖南街13号　邮政编码100011）

印　　装：涿州市般润文化传播有限公司

787mm×1092mm　1/16　印张16¾　字数408千字　2024年10月北京第2版第4次印刷

购书咨询：010-64518888　　　　售后服务：010-64518899

网　　址：http：//www.cip.com.cn

定　　价：45.00元

前言

本书是根据教育部近期制定的《全国中等职业学校化学工艺专业教学标准》，由全国石油和化工职业教育教学指导委员会组织修订。本书修订也广泛听取使用过本第一版教材的教师意见，在第一版教材的基础上做的修订，并弥补第一版中的不足之处。主要体现在以下两个方面：

1. 对原教材中的基本原理，由原来的过于简单化处理，修改为既不繁杂又较为清楚的叙述；

2. 在一些基本的、重要的、必须掌握的项目中，在原有的一些基本计算基础上补充了一些基本计算。

本书由广东省石油化工职业技术学校曾心华主编，陕西省石油化工学校樊红珍参编，新疆轻工职业技术学院陈晓峰主审。具体编写分工如下：绪论、项目一、项目二、项目三及项目五由曾心华编写；项目四、项目六、项目七、项目八、项目九及项目十由樊红珍编写。本书由承德石油高等专科学校曹克广为本书编写提出了宝贵的建议并作专业技术指点。本书在编写过程中参阅乃至引用了有关科技文献内容，在此表示衷心的感谢。

由于修改时间仓促，收集资料有限，加之编者水平有限，书中难免不妥之处，敬请广大同仁和读者批评指正，并提出宝贵意见和建议，以便进一步改进。

编　者

2015 年 6 月

第一版前言

本书根据中国化工教育协会编制的《全国中等职业教育化学工艺专业教学标准》，以及中职学生的认知规律，按照应知应会的原则进行编写，在编写上体现了：

1. 由浅入深，由易到难，使学习者变“要我学”为“我要学”。

2. 实用性和趣味性强。本书图文并茂，使学习者由感性认识上升到理性认识，使之尽快转变“角色”，“出理入工”，增加本书的可读性。

本书的宗旨是以介绍石油炼制基本知识为主线，在内容上突出实用性，打破常规的编写手法，采用项目式教学，从而使学习者更明白学习的目标。本书在每个项目前都设有“知识目标”、“能力目标”以及与该项目相关的图片；在每个项目中穿插一些“阅读小资料”或“小问题”，不求尽善尽美，但求在有限篇幅内能容纳较多的信息量，以拓展学习者的知识面；有些项目后附有“技能训练建议”，以强化该项目的实际操作能力；为了便于学习者复习，在每个项目后附有“项目小结”；为了学习者能巩固所学的知识，在每个项目末尾附有一些激励性的自测与练习题。

3. 在专业能力培养的同时注重通用能力的培养，如动手能力、相互协作能力和创新能力等。

4. 通用性。相关学校和专业均适用。本书涵盖本课程的主要知识点，有的项目可以在课堂上讲授，有的项目可以在一体化教室进行，还有的项目可在专业实训室中进行，教师可以根据学校的具体情况灵活选择。其中带“*”的为选学内容。

本书在编写过程中得到了相关企业专家和生产一线工程技术人员的指导，具有较强的可信度和实用性。

本书由广东省石油化工职业技术学校曾心华主编并统稿。曾心华编写绪论、项目一、项目二、项目三、项目五；陕西省石油化工学校樊红珍编写项目四、项目六、项目七、项目八、项目九、项目十。

本书由新疆化工学校陈晓峰主审。在编写过程中得到承德石油高等专科学校校长、教育部高职高专化工类专业教学指导委员会主任曹克广的指导和帮助，在此表示感谢。

由于编者知识水平、收集资料的局限性和时间仓促，书中难免有不妥之处，恳请同仁和读者批评指正。

编　者

2008 年 12 月

目 录

石油炼制
SHI YOU LIAN ZHI

绪 论

石油又称原油，或称天然石油，是从地下深处开采的棕黑色可燃黏稠液体。石油是古代海洋或湖泊中的生物经过漫长的演化形成的混合物，与煤一样属于化石燃料。人造石油是从煤或油页岩中提炼出的液态烃类化合物。

一、“石油”一词的来历和演变过程

我国不仅是世界上最早发现、利用石油和天然气的国家之一，而且在石油钻井、开采、集输、加工和石油地质等方面，都曾创造过光辉的业绩，处于世界领先水平。

我国早在西周（约公元前11世纪至公元前8世纪）初期，在《易经》中就有了“泽中有火”的记载。最早提出“石油”一词的是我国北宋李昉（公元925—996年）等编著的《太平广记》。直到北宋杰出的科学家沈括（公元1031—1095年）才在世界史上第一次提出了“石油”这一科学的命名，在其所著的被英国著名科学史家李约瑟誉为“中国科学史的坐标”的著作《梦溪笔谈》中，有许多关于石油的远见卓识，如“鹿延境内有石油，旧说高奴县出脂水，即此也”，而且认为石油“生于北际沙石之中”，“与泉水相杂，惘惘而出”，并作出“石油至多，生于地中无穷”，“此物后必大行于世”的预言。在“石油”一词出现之前，国外称石油为“魔鬼的汗珠”、“发光的水”等，我国称其为“石脂水”、“猛火油”、“石漆”、“膏油”、“肥”、“石脂”、“脂水”、“可燃水”等。

目前就石油的成因有两种说法：一为无机论，即石油是在基性岩浆中形成的；二为有机论，即各种有机物如动物、植物，特别是低等的动植物像藻类、细菌、蚌壳、鱼类等死后埋藏在不断下沉缺氧的海湾、泻湖、三角洲、湖泊等地，经过许多物理化学作用，最后逐渐形成石油。如图0-1所示。

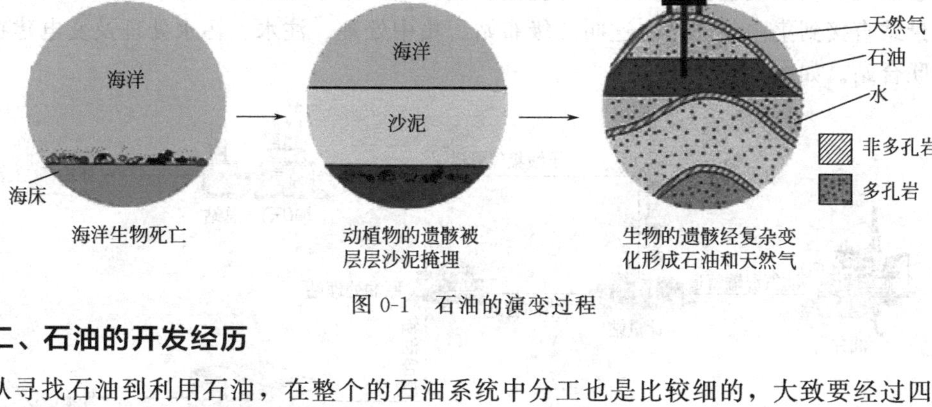

图0-1 石油的演变过程

二、石油的开发经历

从寻找石油到利用石油，在整个的石油系统中分工也是比较细的，大致要经过四个主要环节，即寻找、开采、输送和加工，这四个环节一般又分别称为“石油勘探”、“油田开发”、“油气集输”和“石油炼制”。

“石油勘探”是考证地质历史，研究地质规律，寻找石油天然气田。主要经过四大步骤：一是确定古代的湖泊和海洋（古盆地）的范围；二是从中查出可能生成石油的深凹陷的位置；三是在可能生油的凹陷周围寻找有利于油气聚集的地质圈闭；四是对评价最好的圈闭进行钻探，查证是否有石油或天然气，并测算出有多少储量。如图 0-2～图 0-4 所示。

图 0-2　沙漠石油钻探机车

图 0-3　陆地石油钻探井架

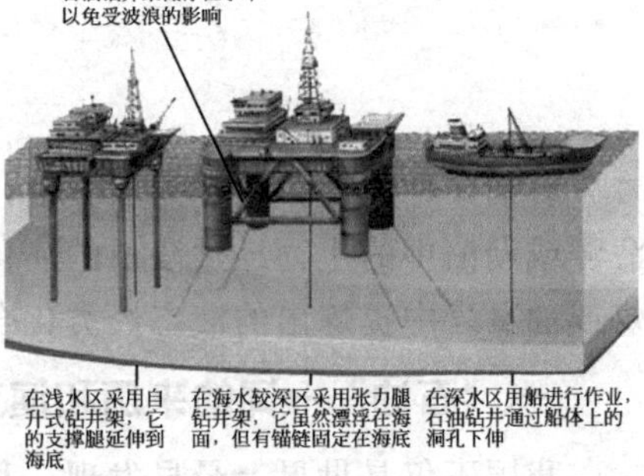

图 0-4　海上石油钻探井架平台

“油田开发”是指通过地质勘探，证实了油气的分布范围，并具有工业价值的油田以后，油井可以投入生产而形成一定的生产规模。如图 0-5～图 0-7 所示。从这个意义上说，1821 年我国四川省富顺县的自流井气田的开发是世界上最早的天然气田。

图 0-5　钻探开采石油

图 0-6　抽油机——磕头机

图 0-7　抽油井

“油气集输”就是把分散的油（气）井所生产的石油、伴生天然气和其他产品集中起来，经过必要的处理和初加工，合格的原油和天然气分别外输到炼油厂和天然气用户的工艺全过程。一般油气集输系统包括：油井、计量站、接转站、集中处理站，这叫三级布站。也有的是从计量站直接到集中处理站，这叫二级布站。集中处理、注水、污水处理及变电建在一起的叫做联合站。如图 0-8 所示。

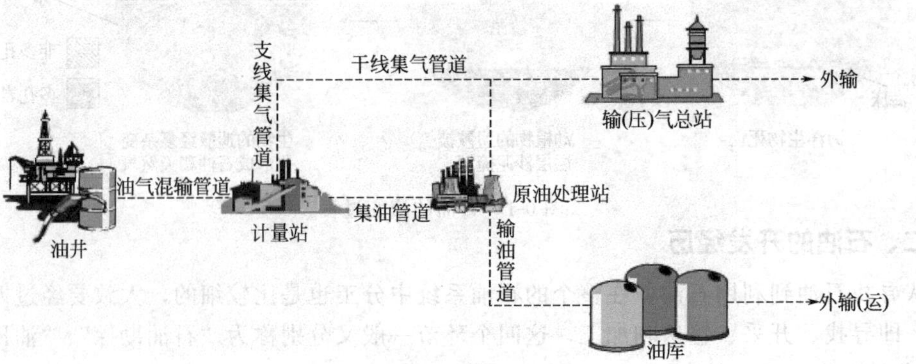

图 0-8　油气集输流程示意图

油气集输主要包括：油气分离、油气计量、原油脱水、天然气净化、原油稳定、轻烃回收等工艺。如图 0-9 所示。

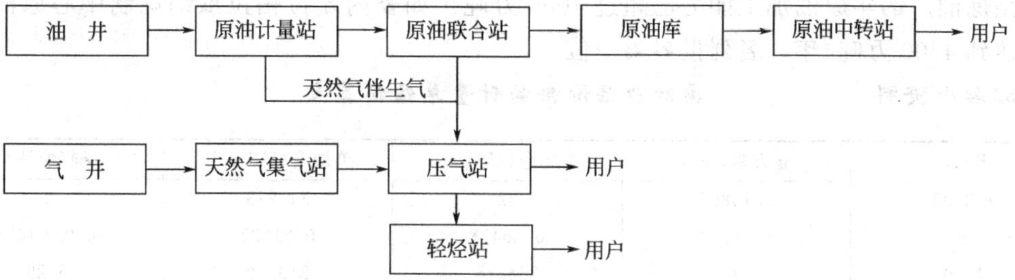

图 0-9 油气集输系统生产运行方框图

“石油炼制”（又称为石油加工，简称炼油）是以原油为基本原料，通过一系列炼制工艺（或称加工过程）。例如，常减压蒸馏、催化裂化、催化加氢、催化重整、延迟焦化、炼厂气加工及产品精制等，把原油加工成各种石油产品，如各种牌号的汽油、喷气燃料（即航空煤油）、柴油、润滑油、溶剂油、重油、蜡油、沥青和石油焦，以及生产各种石油化工的基本原料等。

三、石油炼制工业的发展

据考证，人们在三四千年前就已经发现、开采和直接利用石油了。而加工利用并逐渐形成石油炼制工业（又称为石油工业或炼油工业）始于 19 世纪 30 年代，到 20 世纪 40～50 年代形成的现代炼油工业，是最大的加工工业之一。

19 世纪 30 年代起，陆续建立了石油蒸馏工厂，产品主要是灯用煤油，汽油没有用途而当废料抛弃。

19 世纪 70 年代建造了润滑油厂，并开始把蒸馏得到的高沸点油作为锅炉燃料。

19 世纪末至 20 世纪初，汽轮机和内燃机的问世，汽车工业的发展和第一次世界大战对汽油的需求猛增，从石油蒸馏直接取得的汽油在数量上已不能满足需要，从较重的馏分油或重油生产汽油的热裂化技术应运而生。于是诞生了以增产汽油、柴油为目的，综合利用各种成分油的二次加工工艺。

20 世纪，石油的二次加工工艺逐步得到开发。如 1913 年实现了热裂化；1930 年实现了延迟焦化；1930 年催化裂化技术出现并且发展迅速，逐渐成为生产汽油的主要加工过程。与此同时，润滑油生产技术也有较大的发展；1940 年为满足对汽油抗爆性的要求，出现了铂重整技术，促进了催化重整技术的大发展。由于催化重整产出廉价的副产氢气，也促进了加氢技术的发展，逐渐形成了现代的石油炼制工业。

20 世纪 60 年代，分子筛催化剂出现并首先在催化裂化过程中大规模地使用，使催化裂化技术发生了革命性的变革；70 年代，由中东石油禁运引起的石油危机促进了节能技术的发展。同时，石油来源受限和石油价格上涨促进了重质油轻质化技术的发展；进入 80 年代，从世界范围来看，炼油工业的规模和基本技术构成相对比较稳定。

1946～1950 年的五年间，平均每年在中东发现的石油资源就多达 270 亿桶，为当时世界石油年产量约 30 亿桶的 9 倍。在 20 世纪 50～60 年代，世界各国出现汽车、电视机、电冰箱、洗衣机“四大件”购买热，而这些都离不开合成材料，因此造就了世界石油化工的迅猛发展，形成了现代的石油化学工业。

21 世纪，世界炼油工业在经历了 2005 年高速发展后，2006 年成为平稳发展的调整年。截至 2007 年 1 月 1 日，全球炼油厂总数为 658 个，全球炼油能力达 42.6 亿吨/年。世界级超大型炼油厂的年原油加工能力已超过 4000 万吨。如委内瑞拉帕拉瓜纳炼制中心原油加工能力达到 4700 万吨/年，名列世界第一位。

阅读小资料　　国际原油价格的计量单位换算表

升(L)	立方米(m^3)	美加仑(US gal)	英加仑(UK gal)	桶(原油)
158.98	0.15898	42	34.973	1
1	1×10^{-3}	0.26418	0.21998	6.29×10^{-3}
1000	1	264.18	219.98	6.29

$$1\text{t（原油）}=6.29/\rho\ \text{桶（原油）}$$

ρ 是原油的相对密度。世界各地产的原油密度都不相同，故 1t 原油大约是 7.35 桶（全球平均）。

四、世界及中国石油资源状况

1. 世界油气资源现状

世界上油气勘探开发始于 19 世纪 50 年代，已有 150 年的历史。目前，全球可采石油储量的 38%以上分布于中东，17.3%和 16.5%分布于前苏联和北美，欧洲不足 4%。可支配的石油储量大约为 3113 亿吨，天然气的年开采量维持在 2.3 万亿立方米以上。

在世界 100 多个国家的 670 多个盆地进行油气勘探，有 250 多个含油气盆地中发现工业性油气田。还有 200 多个含油远景盆地。探明石油剩余可采储量 920 亿吨，天然气剩余储量 400 万亿～550 万亿立方米。2007 年世界各主要地区石油探明储量分布和未来天然气估算开采量分布见表 0-1 和表 0-2。

表 0-1　2007 年世界各主要地区石油探明储量分布

项　目	中东	非洲	亚太地区	北美	中南美	前苏联和欧洲其他地区
石油探明储量/亿吨	1029	156	54	95	159	194
所占比例/%	61	9.5	3.3	5.6	9	11.6

表 0-2　世界未来天然气估算开采量分布

项　目	中东	非洲	亚太地区	东欧和前苏联	西欧	西半球
所占比例/%	33.76	7.6	8.1	35.98	3.43	9.13

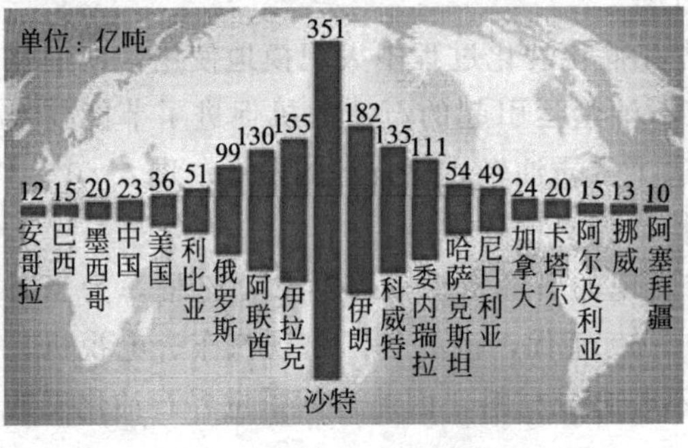

图 0-10　世界石油储量大国排列示意图

图 0-10 为世界石油储量大国排列示意图。据世界各国油气专家估计，世界石油年消费量约为 32.5 亿吨，天然气 2.1 万亿立方米左右。目前，总体上油气消费总量低于世界石油的产量。按目前的消费水平，已探明的油气可采储量可持续稳定供应 40 年和 60 年以上，可持续到 2035 年（石油）和 2055 年（天然气），再考虑尚未探明的油气资源量，预计油气可采 70 年和 100 年以上。全球

探明的天然气储量主要集中在前苏联和中东两个天然气富集区，其探明天然气储量分别为55.93万亿立方米和49.5万亿立方米，占世界天然气探明总储量的69.74%，各自分别为35.98%和33.76%。

2. 世界石油储量的分布

世界石油和天然气的总量一定，但是在各个地区的分布不一样，石油资源的分布也不均匀。中东、北美和前苏联占了世界石油资源的72%。其中，中东占39.6%；亚太地区、南美和非洲不足30%。石油最丰富的是沙特、前苏联和美国，分别拥有最终可采资源量512.6亿吨、471.5亿吨和349.6亿吨。最终资源量大于100亿吨的国家依次还有伊拉克、伊朗、科威特、委内瑞拉、墨西哥、中国和阿联酋。世界油气分布情况见表0-3。

表0-3 世界油气分布情况

地区	原油/亿吨	天然气/万亿立方米	地区	原油/亿吨	天然气/万亿立方米
北美	549.9	60.9	中东	1231.8	73.2
南美	254.1	13.7	亚太	233.7	26.5
欧洲	122.6	21.4	全世界	3113.0	327.4
非洲	233.8	21.1			

3. 世界石油的消费状况

世界石油的消费量能够体现国家使用石油的状况，石油、天然气资源匹配极其不平衡，加上世界经济、社会发展的不均衡性，造成石油、天然气消费的差异性，使得石油、天然气国际贸易具有很大的重要性。将2006年全球各国的石油消费量和人均石油消耗量作一比较就知其中排行，见表0-4和表0-5。

表0-4 2006年世界石油消费量前10国

排名	国 家	2006年消费量/百万吨	2005年消费量/百万吨	2006年所占份额/%
1	美国	938.8	951.4	24.1
2	中国	349.8	327.8	9
3	日本	235	244.0	6
4	俄罗斯	128.5	123.3	3.3
5	德国	123.5	122.4	3.2
6	印度	120.3	119.6	3.1
7	韩国	105.3	105.4	2.7
8	加拿大	98.8	100.3	2.5
9	法国	92.8	93.1	2.4
10	沙特阿拉伯	92.6	12	2.4

表0-5 2006年全球人均石油消耗比较排行

国 家	人口/万	消费石油/万吨	总消费排名	平均每人消费石油/t	人均油耗排名
新加坡	449	4400	22	9.80	1
阿联酋	260	1970	33	7.58	2
科威特	242	1400	40	5.79	3

续表

国 家	人口/万	消费石油/万吨	总消费排名	平均每人消费石油/t	人均油耗排名
卡塔尔	88.54	440	57	4.97	4
比利时和卢森堡	1085.44	4100	23	3.78	5
沙特阿拉伯	2702	9260	10	3.43	6
冰岛	29.94	100	60	3.34	7
美国	30053	93880	1	3.12	8
荷兰	1649	4960	18	3.01	9
加拿大	3310	9880	8	2.98	10
中国	131457	34980	2	0.27	53
印度	109535	12030	6	0.11	59

4. 我国石油工业的历史及现状

我国是世界上最早发现和利用石油的国家之一，并且在技术上曾经创造过光辉的成就。但是在19世纪中叶以前，由于工业基础极其薄弱，近代石油工业发展较为缓慢。

图 0-11 中国陆上第一口油井

我国陆上第一口油井——“延一井”，现位于陕西延安城东北延长县城西石油希望小学院内。1996年，“延一井”被国务院列入全国重点文物保护对象。如图0-11所示。

1897年我国即开始用钻机打油井，但是在中华人民共和国成立之前，只有几个小油田。

1904～1948年的45年中，全国累计生产原油只有300万吨左右。

1914～1916年，美孚石油公司在陕北延安及其周围地区进行石油地质勘察及钻探失败后得出“中国贫油”的结论。

1939年开发了玉门油田。

新中国成立后，李四光等科学家提出了陆相成油的观点，在此理论的指导下，开发和建成了以大庆油田为代表的大油田，摘掉了我国贫油的帽子。20世纪50年代末找到了克拉玛依和大庆油田；20世纪60年代发现了大港和胜利等油田；20世纪70年代发现了长庆、任丘、辽河和中原油田；20世纪80年代后，陆续发现了塔里木、土哈、滇黔桂、冀东等大油田。

五、石油炼制工业在国民经济中的地位

石油炼制工业是国民经济最重要的支柱产业之一。据统计，全世界所需能源的40%依赖于石油产品，世界石油总产量的约10%用于生产有机化工原料。例如：①在工业生产中，石油是重要的能源和工业原料；②在农业生产中，农作物生长需要的化肥、杀虫的农药、用于冬季生产的大棚和早期耕种的地膜、水果的催熟剂等都以石油为原料；③在交通运输业中，火车、汽车、飞机和船舶等主要交通运输工具离不开石油产品；④在国防建设中，现代化的国防武器装备、炸药、燃料等也离不开石油产品；⑤在人们的日常生活中，衣、食、

住、行，卫生、医疗、文化、娱乐等都离不开石油。

石油的综合利用示意图如图 0-12 所示。

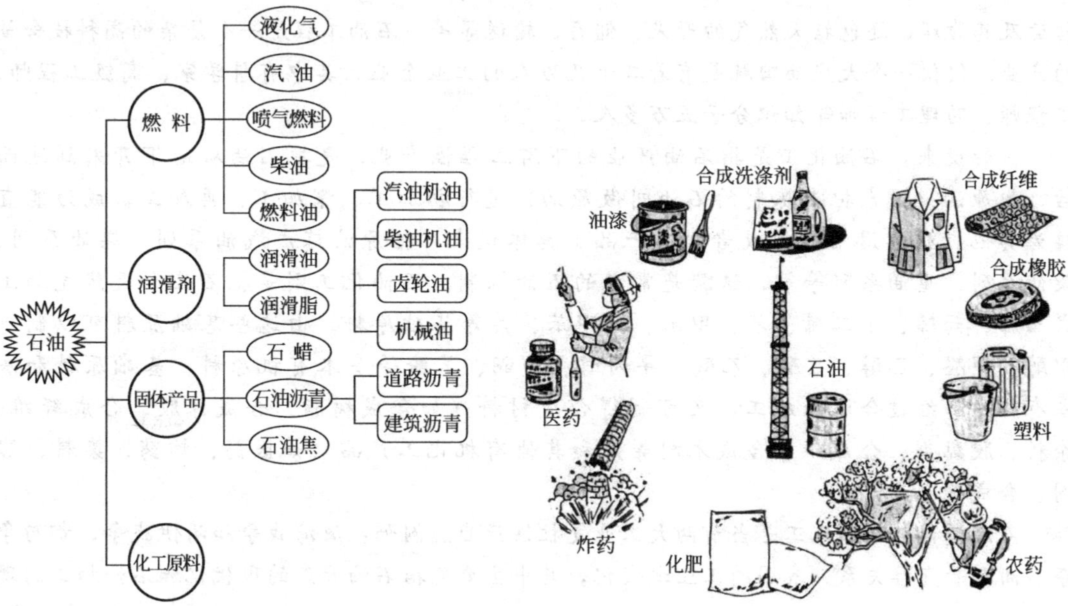

(a) 生产各种燃料、润滑剂及化工原料等　　(b) 在其他方面的应用

图 0-12　石油的综合利用示意图

六、“石油炼制”课程的特点和学习方法

1. 课程的特点

炼油工业属于广义的化学工业的范畴。从所属学科看，炼油工程是化学工程的一个分支，或者说，炼油工程本质上是化学工程在炼油技术中的应用。它的主要理论基础是化学工程和基础化学。因此，如果化工原理、物理化学、有机化学等相关课程的基础差，欲求深入理解、掌握炼油技术是不可能的。本课程有以下两个特点：

一是课程研究的对象是含有极多组分的复杂混合物，无论是加工的原料还是产品都是如此。

二是课程的主要任务是如何高效、合理地把原油加工成各种石油产品。

现在炼油厂通常需要多个加工过程才能完成此任务，而每个加工过程通常又是由多个单元过程组成的，如何最优化地把多个单元过程组合成一个加工过程，并进而组合成总加工流程，是石油炼制研究的核心问题之一。

2. “石油炼制”课程的学习方法

（1）重视理论联系实际

课程所用的基础理论，我们在过去的课程都学过，关键是如何运用。例如对于工程问题要学会用基本原理分析，从而深入认识内在的规律。在解决工程技术问题时要学会用基本原理去指导，结合实际的经验或数据来考虑。

（2）努力提高自己的综合分析问题的能力

注意学习多学科的知识解决问题。

小问题　　石油工程和石油化工是一回事吗？

石油工程指的是石油的地质、勘探、钻井、固井、试采、试油、采油工艺、输油工程、转运及其管理，还包括天然气的开采、储存、输送等等。石油工程是一个复杂的高科技含量的产业。仅仅一个大庆油田就是有着二十几万人的工业企业，其中有科学家、高级工程师、工程师、助理工程师等知识分子五万多人。

一般说来，石油化工是指石油产业的下游工程性产业，是把石油从地下开采到地面后，把原油（通常把未炼制的石油叫做原油）进行初加工、深加工、再加工，成为能直接为其他行业利用的能源或者化工产品。具体说来，把原油炼成汽油系列、煤油系列、柴油系列、重油系列等等，这就是常说的石油炼制。石油化工则是把石油和天然气加工成乙烯、丙烯、丁二烯、苯、甲苯、二甲苯、萘等基础原料。由这些基础原料可以制得甲醇、甲醛、乙醇、乙醛、乙酸、异丙醇、丙酮、苯酚等基本有机原料。基础原料和基本有机原料经过合成和加工，又可制得合成材料（如合成树脂、合成橡胶、合成纤维、涂料、胶黏剂、合成纸、合成木材等）和其他有机化工产品（如医药、炸药、染料、溶剂、合成洗涤剂等）。

石油工程与石油化工是当前两大工业支柱性产业。例如：海湾战争和两伊战争，都与争夺石油有着直接关系。我国的工业现代化，其中主要包括石油开采的现代化和石油加工的现代化。

项目一 石油加工基础知识

知识目标

- 了解石油的外观性质、元素组成、烃类组成、非烃类组成及馏分组成；
- 熟悉石油及产品的一般物理性质；
- 了解一些物理性质的测定方法；
- 了解原油的分类方法；
- 了解原油的评价内容；
- 了解原油加工方案的基本类型。

能力目标

- 根据原油的物理性质和综合评价，初步确定其加工方案；
- 根据技术要求，掌握一些原油物理性质的测定方法。

看一看，你到过下面这样的企业（如图 1-1 所示）实习或参观过吗？

图 1-1　某大型炼油企业全景图

原油是从地下开采出来的、未经加工的石油。原油经过炼制加工后，主要可以得到各种燃料油、润滑油（脂）、蜡、沥青、石油焦等石油产品。了解石油及产品的化学组成和物理性质等，对于原油加工、馏分及产品的使用，以及石油的综合利用等有着重要意义。

任务1 学会观察石油的外观性质

石油是从地下深处开采的可燃的、黏稠的、呈流动或半流动状的液体。

许多石油都带有程度不同的臭味，这是因为含有硫化物的缘故。

原油的颜色非常丰富，有红、黄、墨绿、黑、褐红、褐黑，甚至透明；原油的颜色与它本身所含胶质、沥青质的含量有关，含量越高，石油的颜色越深。深色原油密度大、黏度高。液性明显的原油多呈淡色，甚至无色；原油的颜色越浅其油质越好。透明的原油可直接加在汽车油箱中代替汽油。

原油的成分主要有：油质（这是其主要成分）、胶质（一种黏性的半固体物质）、沥青质（暗褐色或黑色脆性固体物质）、碳质（一种非碳氢化合物）。

石油外观性质的差异，反映了其化学组成的不同。各类原油的主要外观性质列于表 1-1 中。

表 1-1　各类原油的主要外观性质

性状	影响因素	常规原油	特殊原油	我国原油
颜色	胶质、沥青质的含量越高，石油的颜色越深	大部分石油颜色为黑色，也有墨绿色或黑褐色	红、淡黄、褐红，甚至无色	青海柴达木盆地：淡黄色 四川盆地：黄绿色 新疆克拉玛依：茶褐色 玉门：黑褐色 大庆：黑色
相对密度	胶质、沥青质的含量越高，石油的相对密度越大	一般在 0.80～0.98	个别高达 1.02 或低至 0.71	一般在 0.85～0.95，属于偏重的常规原油
流动性	常温下石油中含蜡量少，其流动性好	一般是流动或半流动的黏稠液体	个别是固体或半固体	蜡含量和凝固点偏高，流动性差
气味	含硫量高，臭味较浓	有程度不同的臭味		含硫量相对较少，气味偏淡

任务2
了解石油的元素组成

由于地质构造、原油产生的条件和年代不同，世界各地所产原油的化学组成和物理性质，有的相差很大，有的却很相似。即使是同一地区的原油，有的在组成和性质上也很不相同。组成石油的主要化学元素有：碳、氢、硫、氮、氧以及微量金属元素，各元素的含量列于表 1-2 中。

表 1-2　组成石油的主要化学元素及含量

元　素	碳	氢	硫	氮	氧	镍、钒、钠等
含量(质量分数)/%	83～87	11～14	0.04～6	0.1～1.5	0.01～0.5	0.005～0.02

由碳和氢化合形成的烃类构成石油的主要组成部分，约占 95%～99%，硫、氮、氧及微量元素总共不超过 5%，这些元素则以碳氢化合物的衍生物形态存在于石油中，而且含有硫、氮、氧的化合物对石油产品有害，在石油加工中应尽量除去。

不同产地的石油中，各种烃类的结构和所占比例相差很大，但主要属于烷烃、环烷烃、芳香烃三类。表 1-3 列出了我国部分原油的碳氢元素及硫氮含量。

表 1-3　我国部分原油的碳氢元素及硫氮含量

化学元素 / 原油产地	C(质量分数)/%	H(质量分数)/%	S(质量分数)/%	N(质量分数)/%
大庆	85.87	13.73	0.10	0.16
胜利	86.26	12.20	0.80	0.41
孤岛	85.12	11.61	2.09	0.43
新疆	86.13	13.30	0.05	0.13
大港	85.67	13.40	0.12	0.23

任务3
了解石油的烃类组成

从以上石油的元素组成可知，石油是复杂的有机化合物的混合物，它包括由碳、氢两种元素组成的烃类和碳、氢两种元素与其他元素组成的非烃类。这些烃类和非烃类的结构和含量决定了石油及产品的性质。

天然石油中的烃类主要含有烷烃、环烷烃、芳香烃以及在分子中兼有这三类烃结构的混合烃，一般不含烯烃、炔烃等不饱和烃，只有在石油的二次加工产物中和利用油页岩制得的人造石油（页岩油）中含有不同数量的烯烃。

石油及其馏分中烃类类型及其分布规律列于表 1-4 中。

表 1-4　石油及其馏分中烃类类型及其分布规律

烃类类型	结　构	特　征	分 布 规 律
烷烃	正构烷烃(含量高)	C_1～C_4 为气态烃 C_5～C_{15}为液态烃 C_{16}以上为固态烃	C_1～C_4 是天然气和炼厂气的主要成分； C_5～C_{11}存在于汽油馏分(≤200℃)中； C_{11}～C_{16}存在于煤油馏分(200～300℃)中； C_{16}以上的多以溶解状态存在于石油中，当温度降低时，有结晶析出，这种固体烃类为蜡
	异构烷烃(含量低，且带有两、三个甲基的多)		
环烷烃(只有五元、六元环)	环戊烷系(五碳环)	单环、双环、三环及多环，以并联方式为主	汽油馏分中主要是单环环烷烃(重汽油馏分中有少量的双环环烷烃)； 煤油、柴油馏分中含有单环、双环及三环环烷烃，且单环环烷烃具有更长的侧链或更多的侧链数； 高沸点馏分中则包括了单环、双环、三环及多于三环的环烷烃
	环已烷系(六碳环)		
芳烃	单环芳烃	烷基芳烃	汽油馏分中主要含有单环芳烃； 煤油、柴油及润滑油馏分中，不仅含有单环芳烃，还含有双环及三环芳烃； 高沸点馏分及残渣油中，除了含有单环、双环芳烃外，还含有三环芳烃及多环芳烃
	双环芳烃	并联多(萘系)、串联少	
	三环稠合芳烃	菲系多于蒽系	
	四环稠合芳烃	蒎系等	

任务4 了解石油的非烃类组成

石油中含有相当数量的非烃类化合物，主要包括含硫、含氮、含氧化合物及其胶状、沥青状物质。虽然这些元素的含量仅为1%～5%，但形成的非烃类化合物的含量相当高，可高达20%以上，且大部分集中在重质馏分和残渣油中。非烃类化合物的存在对石油加工和石油产品的使用性能具有很大的影响。在石油加工过程中，绝大多数的精制过程都是为了去除这类非烃类化合物。如果处置和利用得当，还可以变害为宝，生产一些重要的化工产品。例如，在炼厂气脱硫的同时，又可以回收硫黄。

1. 含硫化合物

硫是石油中常见的元素之一，不同地区的石油含硫量相差很大，从万分之几到百分之几。硫在石油中的含量随其沸点范围的升高而增加，硫化物主要集中在重质馏分油和残渣油中。由于硫对石油加工的影响极大，所以含硫量通常作为评价原油及其产品的一项重要指标。

石油中的硫多以有机硫化物的形式存在，已经确定的有：元素硫（S）、硫化氢（H_2S）、硫醇（RSH）、硫醚（RSR′）、环硫醚（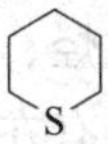、等）、二硫化物（RSSR′）、噻吩（）及其同系物等。

含硫化合物对石油加工及产品质量的主要危害有以下几个方面。

① 严重腐蚀设备和管线。元素硫、硫化氢和低分子硫醇（统称为活性硫化物）对一般的钢材腐蚀严重，特别是在炼油装置中的高温重油部位（常压塔底、减压塔底、焦化塔底等），及低温轻油部位（初馏塔顶、常压塔顶等），腐蚀更为严重。

硫醚、二硫化物等（统称为非活性硫化物）本身对金属并无作用，但受热后会分解生成腐蚀性较强的硫醇和硫化氢，特别是燃烧生成的二氧化硫（SO_2）和三氧化硫（SO_3），遇水生成亚硫酸（H_2SO_3）和硫酸（H_2SO_4），腐蚀性更强。

② 可使油品某些使用性能变坏。汽油中的含硫化合物会使汽油的感铅性下降、燃烧性能变坏、汽缸积炭增多、发动机腐蚀和磨损加剧。硫化物还会使油品的安定性变坏，不仅发生恶臭，还会显著促进胶质的生成。

③ 污染环境。在石油加工过程中，生成的H_2S和硫醇，以及含硫油品燃烧后生成SO_2和SO_3等有毒气体，污染空气，对人及动植物均有害。

④ 在石油二次加工过程中，会使某些催化剂中毒（钝化），丧失催化活性。

2. 含氮化合物

石油中的含氮量很少，一般在万分之几到千分之几。在密度大、胶质多、含硫量高的石油中，一般含氮量也高。我国大多数原油含氮量均低于0.5%，如大庆原油含氮量仅为0.13%。

石油馏分中的含氮量一般是随馏分沸点的升高而增加的，约有80%的氮化物是以胶质、沥青质形式集中在400℃以上的渣油中，且大多数的渣油中浓集了约90%的氮。

石油中的含氮化合物可分为碱性和中性两类。碱性氮化物有吡啶（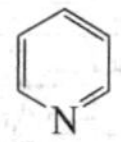）、喹啉（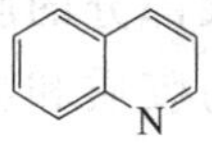）、异喹啉（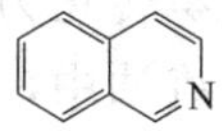）、胺（$R—NH_2$）及其同系物。中性氮化物有吡咯（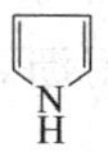）、吲哚（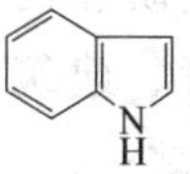）、咔唑（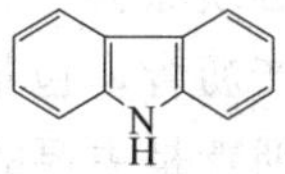）及其同系物。

石油中另一类重要的中性氮化物是金属卟啉化合物，分子中有四个吡咯环，重金属原子与卟啉中的氮原子呈络合状态存在。

石油中碱性氮化物约占20%～40%，其余60%～80%为中性氮化物。

氮化物在石油中的含量虽然很少，但对石油加工、油品储存和使用中的影响却很大。在石油的二次加工中，氮化物能使某些催化剂中毒；在油品储存中，会因氮化物与空气接触氧化生胶而使油品颜色变深，气味变臭，并降低油品的安定性，影响油品的正常使用。

3. 含氧化合物

石油中的含氧化合物一般都很少，约千分之几，个别石油中可高达2%～3%。油品中含氧化合物随馏分沸点的升高而增加，其主要集中在高沸点馏分中，大部分集中在胶质和沥青质中。这里只讨论胶质和沥青质以外的含氧化合物。

石油中的氧元素都是以有机化合物的形式存在的。这些含氧化合物可分为酸性氧化物和中性氧化物两类。酸性氧化物有环烷酸、脂肪酸、芳香酸以及酚类，总称为石油酸。中性氧化物有醛、酮和酯类等，在石油中的含量极少。

石油的酸性氧化物中，以环烷酸和酚类最重要，又以环烷酸最为重要，它约占石油酸性氧化物的90%左右，但它在石油中的含量一般在1%以下，而且在石油中的分布也很特别，以中间馏分（沸点范围约为250～350℃）中含量最高，低沸馏分以及高沸重馏分中含量比较低，呈现中间大两头小的分布规律。

纯的环烷酸是一种油状液体，有特殊的臭味，具有很强的腐蚀性，对油品使用性能有不良影响。但是环烷酸却是非常有用的化工产品或化工原料，常用作防腐剂、杀虫杀菌剂、植物生长的促进剂、洗涤剂、颜料添加剂、稀有金属的萃取剂等。

酚类也有强烈的气味，具有腐蚀性，但可作为消毒剂，还是合成纤维、医药、染料、炸药等的原料。

酸性氧化物都具有很强的腐蚀性，能腐蚀设备和管道。中性氧化物也会进一步氧化，最后生成胶质，会影响油品使用性能。因此，在油品精制过程中必须除去含氧化合物。

4. 胶质和沥青质

胶质是指原油中平均相对分子质量较大（300～1000）的含有氧、氮、硫等元素的多环芳香烃化合物，呈半固态分散状溶解于原油中，易溶于石油醚、润滑油、汽油、氯仿等有机溶剂中。胶质有很强的着色力，油品的颜色主要来自胶质。胶质受热或在常温下氧化可以转变为沥青质。原油的含胶量一般在5%～20%。

原油中沥青质的含量较少，一般＜1%。沥青质是一种高平均相对分子质量（＞1000），

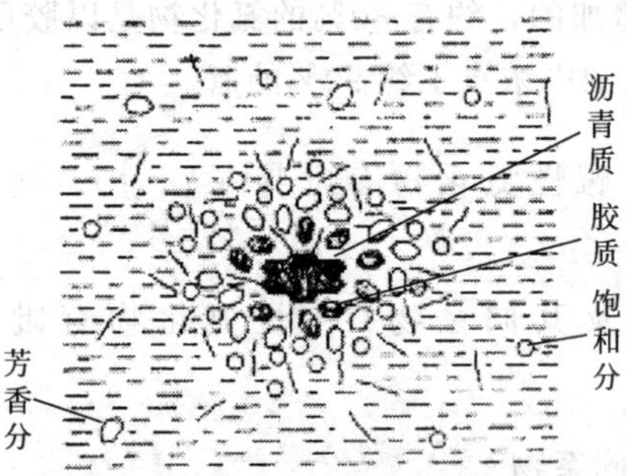

图 1-2　石油胶体结构模型图

具有多环结构的暗褐色或深黑色脆性的非晶体固体物质，不溶于酒精和石油醚，易溶于苯、氯仿、二硫化碳等。沥青质含量增高时，原油质量变坏。

胶质和沥青质的分子结构都很复杂，如图 1-2 所示。两者在高温时易转化为焦炭，而绝大部分的胶质和沥青质存在于渣油中，因此油品中的胶质和沥青质必须除去。含有大量胶质和沥青质的渣油可用于生产沥青，包括道路沥青、建筑沥青和专用沥青等。沥青是主要的石油产品之一。

我国各主要原油中，含有约百分之十几至四十几的胶质和沥青质，见表 1-5。

表 1-5　我国部分原油胶质、沥青质含量

原油产地	沥青质/%	硅胶胶质/%	原油产地	沥青质/%	硅胶胶质/%
大　庆	0.98	15.9	玉　门	1.4	12.3
胜　利	5.1	23.2	克拉玛依	0.63	13.2
大　港	合计 13.14		孤　岛	8.5	33.5

任务5
掌握石油的馏分组成

原油的成分实在太复杂了，至今还说不清楚里面到底有多少种化合物。其中所含成分的平均相对分子质量范围很宽，较小分子的平均相对分子质量是几十，而较大分子的平均相对分子质量达到几千。大家都知道，一种单纯的化合物在一定压力下的沸点是一个定值，譬如纯净的水在 101.3kPa 下的沸点是 100℃。而原油既然是混合物，它的沸点显然就不可能只是某一个定值，而是一个很宽的范围，从室温起一直到 800℃以上。对于石油这样宝贵的、不可再生的自然资源，假如一古脑儿把它放在锅炉里当作一般燃料烧掉，那就太可惜了。在 100 多年以前，俄国的化学家门捷列夫就尖锐地指出“烧石油就等于烧钞票”。

加工石油的龙头工序——蒸馏（分馏）如图 1-3 所示，就是把原油加热使之温度逐渐升高时，原油中所含的成分就会按照沸点由低到高，即按照分子的大小从小到大排着队逐渐变成气体。随后

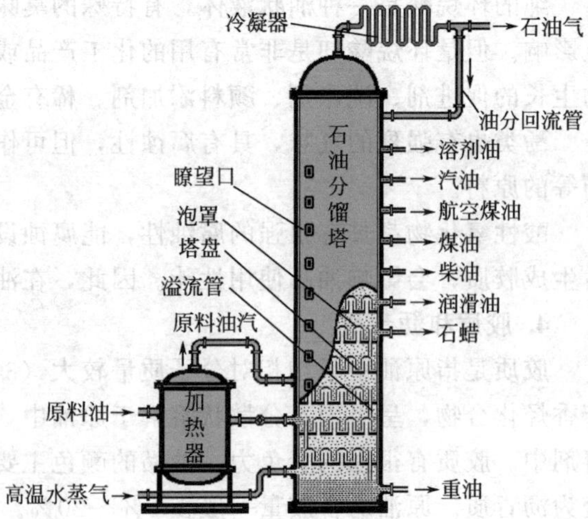

图 1-3　石油分馏示意图

再把它们冷凝成液体从蒸馏塔里流出来，这样就可以按照沸点的高低把原油“切割”成若干部分，每一个部分称为馏分，列于表 1-6 中。

表 1-6 各种石油馏分名称及沸点范围（馏程）

馏分名称	沸点范围/℃	用途	馏分名称	沸点范围/℃	用途
石油醚	＜95	溶剂、化工原料	轻柴油	180～300	高速柴油机油
轻汽油	30～180	溶剂、航空汽油	柴油	190～350	柴油机油
汽油（或称轻油、石脑油馏分）	初馏点至 205	二次加工和化工原料、汽油调和组分	煤、柴油（或称常压瓦斯油）	200～350	裂化原料
车用汽油	205 左右	车用油	减压馏分（或称润滑油、减压瓦斯油）	350～500	裂化等原料、化工和医用品原料
重汽油	120～240	车用油	常压重油	＞350	燃料、裂化等原料
航空煤油（即喷气机燃料）	150～280	喷气机油	减压渣油	＞500	焦化等原料、燃料
灯用煤油	180～300	照明油	重质燃料油	＞500	锅炉和重型机械燃料
润滑油	270～300	润滑油脂			

一般情况下，原油提炼油品馏分、沸点范围及碳数分布示意图如图 1-4 所示。

值得注意的是，石油馏分并不是石油产品，石油产品必须满足油品规格的要求。通常馏分油要经过进一步的加工才能成为石油产品。此外，同一沸点范围的馏分也可以因目的不同而加工成为不同的产品。

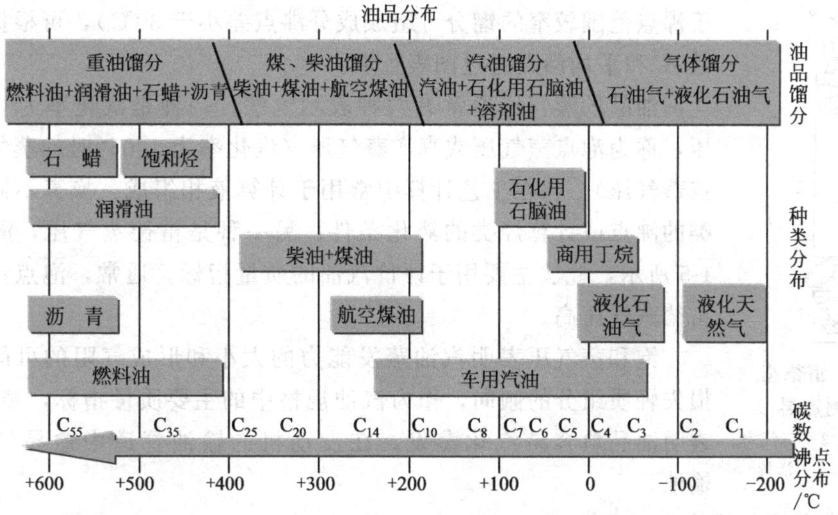

图 1-4 原油提炼油品馏分、沸点范围及碳数分布示意图

小问题 什么叫做轻油？

轻油又称为石脑油，是沸点高于汽油而低于煤油的石油馏分。石脑油可分为轻石脑油及重石脑油两种。石脑油经去醇酸处理后，可作为汽油及航空燃料油使用；轻石脑油可经催化反应后产生高辛烷值的汽油或石油化学原料，为苯、甲苯、二甲苯的主要来源；还可以经裂解反应产生乙烯、丙烯、丁烯、芳香烃及碳烟；或经过加氢裂解反应，生产汽油及液化石油气。

任务6 了解石油及产品的物理性质

石油及产品的物理性质，是生产和科研中评定油品质量和控制加工过程的主要指标。在加工一种原油之前，首先要测定它的各种物理性质，如沸点范围（馏分组成）、密度、黏度、凝点、闪点、残炭、含硫量等，称为原油的评价实验。根据原油评价才能确定原油的合理加工方案。

由于油品是各种化合物的复杂混合物，因此其物理性质是组成它的各种烃类和非烃类化合物的综合表现。与纯物质的性质不同，油品的物理性质往往是条件性的，离开了一定的测定方法、仪器和条件，这些性质就没有意义。

1. 蒸气压

在一定温度下，液体与其液面上方的蒸气呈平衡状态时，蒸气所产生的压力称为饱和蒸气压，简称蒸气压。蒸气压表示该液体在一定温度下的蒸发和汽化能力，蒸气压愈高的液体愈容易汽化。蒸气压是石油加工工艺和设备设计的重要基础数据，也是某些轻质油品的质量指标。

由于油品组成极为复杂，其蒸气压不仅与温度有关，还与油品的组成有关，而油品的组成是随着汽化率不同而改变的，因此通过计算难以求取其蒸气压。对于沸点范围较窄的馏分（组成成分沸点差小于 30℃），可根据其特性因数 K 和平均沸点通过图表查取。

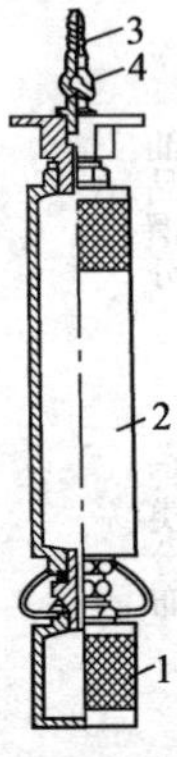

图 1-5　雷德蒸气压测定器

1—燃烧室；2—空气室；3—接头；4—活栓

油品的蒸气压通常有两种表示方法：一种是汽化率为 0 时的蒸气压，称为泡点蒸气压或真实蒸气压（汽化率为 100％时的蒸气压称为露点蒸气压），它在工艺计算中常用于计算液相组成、换算不同压力下烃类的沸点或计算烃类的液化条件；另一种是雷德蒸气压，测定器如图 1-5 所示，此法主要用于评价汽油的质量指标。通常，泡点蒸气压要比雷德蒸气压高。

饱和蒸气压表明汽油蒸发能力的大小和形成气阻的可能性，以及损失轻质组分的倾向，作为汽油规格中的主要质量指标，蒸气压愈高，表明油品愈容易汽化蒸发，在发动机的输油管道中愈易气阻而中断输油。

2. 沸程与平均沸点

（1）沸程（馏程）

纯液体在一定外压下，当加热到某一温度时，其饱和蒸气压等于外界压力，此时液体就会沸腾，此温度称为沸点。

在一定外压下，纯液体的沸点为一定值；当液体为混合物时，其沸点随着液体的不断汽化而升高。

石油及产品都是复杂的混合物，在一定外压下，油品的沸点不是某一个温度点，而是一个温度范围，这个温度范围即沸点范围称为沸程（或馏程），石油馏分沸程的数值，会因所使用的蒸馏设备不同而不同，在石油加工过程和设备计算中，常用比较粗略而又最简便的恩氏蒸馏装置来测定石油馏分的馏程。如图 1-6 所示。

馏程测定是在一种标准设备中，按照 GB 6536—86 规定的方法进行的简单蒸馏，由于这种蒸馏是渐次汽化，基本不具有精馏作用，不断汽化和馏出的是组成较宽的混合物，因而馏程只是粗略地表示油品的沸点范围和一般汽化性能。其测定过程是：将 100mL(20℃) 油品放入标准的蒸馏瓶中，按产品性质不同，控制不同的蒸馏操作升温速度进行加热，当蒸馏装置的冷凝管流出第一滴冷凝液时的气相温度称为初馏点。继续加热，其温度不断地升高，冷凝液不断地馏出，依次记录下馏出液达到 10mL，20mL，…，90mL 时的气相温度，称为 10%，20%，…，90% 馏出温度(回收温度)。当气相温度升高到一定数值后，它就不再上升反而回落，这个最高气相温度称为终馏点。蒸馏烧瓶底部最后一滴液体汽化的瞬间所测得的气相温度称为干点，此时不考虑蒸馏烧瓶壁及温度计上的任何液滴和液膜。由于终馏点一般在蒸馏烧瓶全部液体汽化后才出现，故与干点往往相同。有时也可根据产品规格要求，以 98%或 97.5%时的馏出温度来表示终馏点。

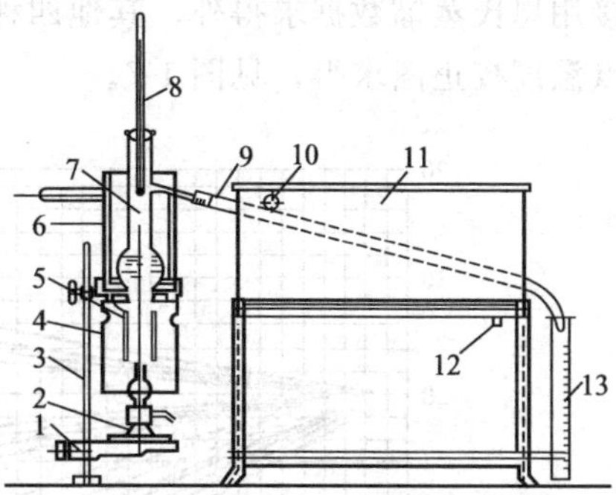

图 1-6 石油产品的馏程测定器
(恩氏蒸馏装置)
1—托架；2—喷灯；3—支架；4—下罩；5—石棉垫；6—上罩；7—蒸馏烧瓶；8—温度计；9—冷凝管；10—排水支管；11—水槽；12—进水支管；13—量筒

从初馏点到终馏点这一温度范围称为沸程或馏程，在此温度范围内蒸馏出的馏出物称为馏分。温度范围窄的称为窄馏分，温度范围宽的称为宽馏分，低温范围的称为轻馏分，高温范围的称为重馏分。馏分还是一个混合物，只不过所包含的组分数目少一些。馏分与馏程或蒸馏温度与馏出量之间的关系称为石油或油品的馏分组成。

除了恩氏蒸馏外，还有实沸点蒸馏可测定油品的馏程。前者通常用于生产控制、产品质量标准及工艺计算；后者适用于原油评价及制定产品的切割方案。

工业上通常把馏程作为汽油、航空煤油、柴油、灯用煤油和溶剂油等油品的蒸发性能和汽化性能的重要质量指标。

(2) 平均沸点

馏程在原油的评价和油品规格上虽然有很大用途，但在工艺计算中却不能直接使用。因此又提出了平均沸点的概念，它在设计计算及其他物理常数的求定上有很多用途。

石油馏分的平均沸点有五种，即体积平均沸点、质量平均沸点、实分子平均沸点、立方平均沸点和中平均沸点等。这五种平均沸点的用途不同，含义也不同，但都是根据恩氏蒸馏的体积平均沸点和斜率求得的。

① 体积平均沸点。由恩氏蒸馏的 10%、30%、50%、70%、90% 5 个馏出温度的算术平均值称为油品的体积平均沸点 t_v，即：

$$t_v=\frac{t_{10}+t_{30}+t_{50}+t_{70}+t_{90}}{5} \tag{1-1}$$

式中 t_v——油品的体积平均沸点，℃；

t_{10}，t_{30}，…，t_{90}——油品恩氏蒸馏 10%、30%、…、90%的馏出温度，℃。

② 质量平均沸点、实分子平均沸点、立方平均沸点和中平均沸点。除体积平均沸点可

直接用恩氏蒸馏数据求得外，其他四种平均沸点通常都由体积平均沸点和斜率，查体积平均沸点温度校正图求得，见图 1-7。

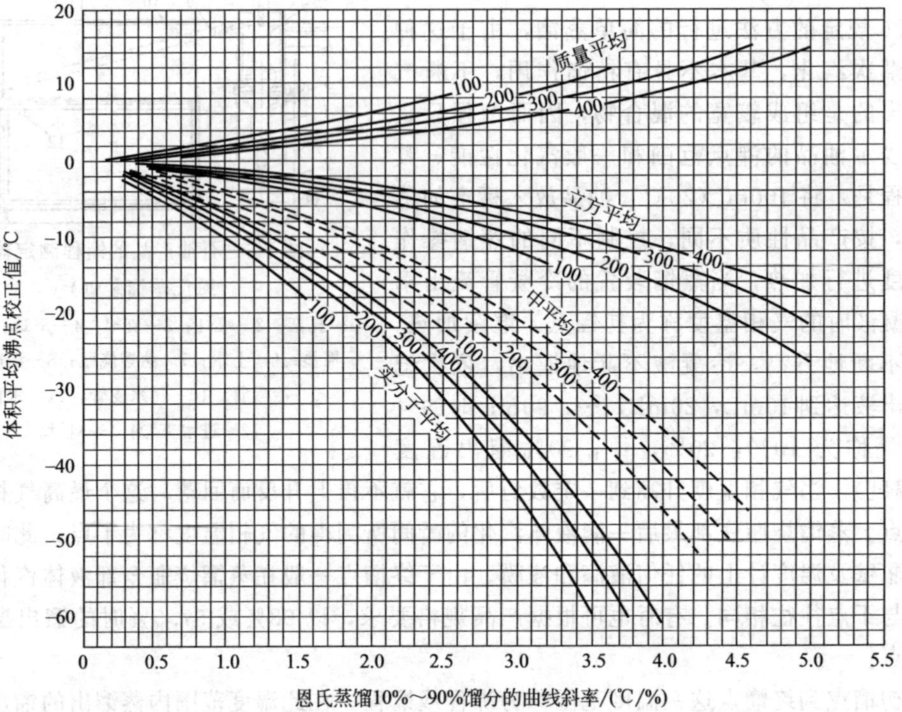

图 1-7　平均沸点温度校正图

在工艺计算中常用到的恩氏蒸馏曲线 10%～90%的斜率（tgα），其表达式为：

$$斜率(\mathrm{tg}\alpha)=\frac{t_{90}-t_{10}}{90-10} \tag{1-2}$$

石油馏分愈宽，其斜率值也愈大。

【例】 已知某油品的恩氏蒸馏数据如下：

馏出体积分数/%	初馏点	10	30	50	70	90	干点
馏出温度/℃	45	70	95	105	145	185	200

求出该油品的各种体积平均沸点。

解　由式(1-1) 求得油品的体积平均沸点为：

$$t_v=\frac{70+95+105+145+185}{5}=120\ (℃) \tag{1-3}$$

恩氏蒸馏曲线 10%～90%的斜率（tgα）为：

$$斜率(\mathrm{tg}\alpha)=\frac{t_{90}-t_{10}}{90-10}=\frac{185-70}{90-10}=1.44\ (℃/\%) \tag{1-4}$$

由 t_v 和（tgα）查图 1-7 得：质量平均沸点、实分子平均沸点、立方平均沸点和中平均沸点的校正值分别为＋3.8℃、－15.5℃、－3.5℃、－9.5℃。

则：　质量平均沸点 $t_{质}$＝120℃＋3.8℃＝123.8℃

实分子平均沸点 $t_{实}$＝120℃－15.5℃＝104.5℃

立方平均沸点 $t_{立}$＝120℃－3.5℃＝116.5℃

中平均沸点 $t_{中}$＝120℃－9.5℃＝110.5℃

3. 密度、相对密度和特性因数

(1) 密度

在一定温度下，单位体积的物质所含有的质量称为密度，用符号 ρ 表示，单位以 kg/m^3 表示。密度是评价石油质量的主要指标，通过密度和其他性质可以判断油品的化学组成。

由于油品的体积随温度而变化，因此密度还应标明温度。我国国家标准（GB/T 1884—83）规定，油品在20℃时的密度为标准密度，用符号 ρ_{20} 表示。其他温度下测得的密度用 ρ_t 表示。

(2) 相对密度

将温度 t℃的油品的密度与4℃水的密度之比称为油品的相对密度，常用 d_4^t 表示。我国常用的相对密度为 d_4^{20}，即20℃的油品密度与4℃水的密度之比；欧美各国常用的为 $d_{15.6}^{15.6}$，即15.6℃（或60℉）的油品密度与15.6℃水的密度之比。

国际上还常用密度指数表示油品的相对密度，称为API度，以°API表示；°API是美国石油学会制定的一种量度，作为决定油价的标准。°API与相对密度 $d_{15.6}^{15.6}$ 的关系式为：

$$°API=(141.5/d_{15.6}^{15.6})-131.5 \tag{1-5}$$

相对密度愈小，°API愈大。水的°API＝10。密度大小与石油的化学组成、所含杂质数量有关。

(3) 特性因数

特性因数 K 是油品的平均沸点和相对密度的函数，其数学表达式为：

$$K=\frac{1.216T^{1/3}}{d_{15.6}^{15.6}} \tag{1-6}$$

式中，T 为立方平均沸点或中平均沸点的热力学温度，K。由此式可见，当平均沸点相近时，相对密度愈大，则 K 值愈小。烷烃的 K 值最大，环烷烃的 K 值次之，芳香烃的 K 值最小。

特性因数 K 是表征油品化学组成特性的重要参数，对原油的分类、确定原油加工方案等都十分有用。

(4) 油品相对密度的测定

油品相对密度的测定一般有三种方法。最简单而又较粗略的方法是用比重计，所测得的相对密度为 d_4^{20}。当测定黏度不大的油品时，其准确度为0.001；测黏度较大油品时，准确度为0.005。第二种是工业生产上使用的较准确的方法——韦氏天平，所测得的相对密度为 d_4^{20}，其准确度为0.0005，此法可用于油品的质量检测。第三种是准确度最高的方法——比重瓶，所测得的相对密度为 d_{20}^{20}，其准确度为0.00005，一般用于科研上，但近年来也广泛用于工业生产中。

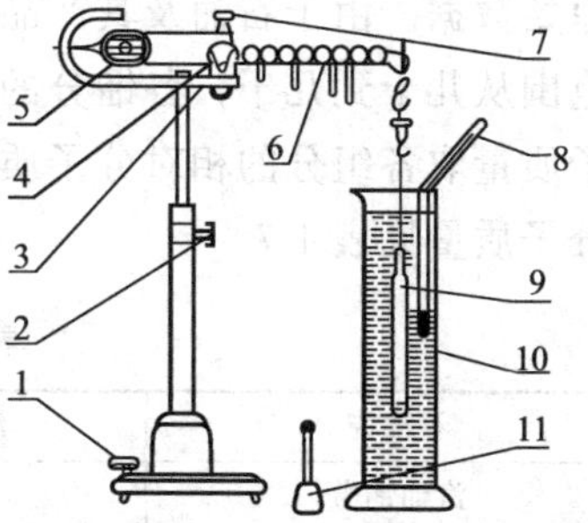

图1-8　韦氏比重天平

1—水平调整螺钉；2—支架固定螺钉；3—托架；4—玛瑙刀架；5—平衡调节器；6—天平梁；7—重心铊；8—温度计；9—玻璃锤；10—玻璃量筒；11—等重砝码（15g）

① 韦氏天平方法的测定，如图1-8所示。用新沸过的冷水将所附玻璃圆筒装至八分满，置20℃（或各品种项下规定的温度）的水浴中，搅动玻璃圆筒内的水，调节温度至20℃（或各品种项下规定的温度），将悬于秤端的玻璃锤浸入圆筒内的水中，秤臂右端悬挂游码于1.0000处，调节秤臂左端平衡用的螺旋使之平衡，然后将玻璃圆筒内的水倾去，拭

干，装入测试油品至相同的高度，并用相同方法调节温度后，再把拭干的玻璃锤浸入测试油品中，调节秤臂上游码的数量与位置使之平衡，读取数值，即得测试油品的相对密度。

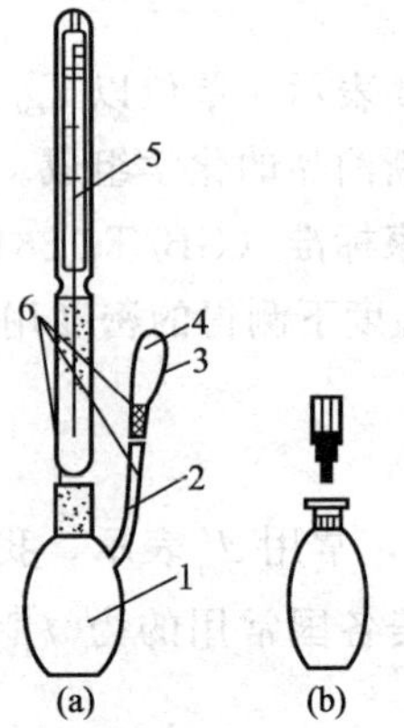

图 1-9 比重瓶

1—比重瓶主体；2—侧管；3—侧孔；4—罩子；5—温度计；6—玻璃磨口

② 采用比重瓶测定相对密度。方法一：取洁净、干燥并精密称定质量的比重瓶，如图 1-9(a) 所示，装满测试样品（温度应低于 20℃或各品种项下规定的温度）后，装上温度计（瓶中应无气泡），置于 20℃（或各品种项下规定的温度）的水浴中放置若干分钟，使内容物的温度达到 20℃（或各品种项下规定的温度），用滤纸除去溢出侧管的液体，立即盖上罩子。然后将比重瓶自水浴中取出，再用滤纸将比重瓶的外面擦净，精密称定，减去比重瓶的质量，求得试样品的质量后，将试样品倾去，洗净比重瓶，装满新沸过的冷水，再照上法测得同一温度时水的质量，按公式(1-7) 计算，即可得测试样品的相对密度。

$$试样品的相对密度=\frac{试样品的质量}{水的质量} \tag{1-7}$$

方法二：取洁净、干燥并精密称定质量的比重瓶，如图 1-9(b) 所示，装满测试样品（温度应低于 20℃或各品种项下规定的温度）后，插入中心有毛细孔的瓶塞，用滤纸将从塞孔溢出的液体擦干，置 20℃（或各品种项下规定的温度）恒温水浴中，放置若干分钟，随着测试样品温度的上升，过多的液体将不断从塞孔溢出，随时用滤纸将瓶塞顶端擦干，待液体不再由塞孔溢出，迅速将比重瓶自水浴中取出，照上述方法一，自“再用滤纸将比重瓶的外面擦净”起，依法测定即得测试样品的相对密度。

想一想：炼厂中的储油罐，为什么不能盛满油品？

4. 平均相对分子质量

平均相对分子质量是炼油设备设计计算、石油物性关联以及研究石油化学组成时的重要原始数据。由于石油及其产品都是复杂的混合物，所含的化合物的相对分子质量各不相同，范围从几十到几千，各馏分的相对分子质量随其沸程的上升而增大，所以石油馏分的相对分子质量取各组分的相对分子质量的平均值，称为平均相对分子质量。石油各馏分的平均相对分子质量见表 1-7。

表 1-7 石油各馏分的平均相对分子质量

石油馏分	沸点范围/℃	碳数范围	平均相对分子质量
汽油馏分	≤200	C_5～C_{11}	100～120
煤油馏分	175～280	C_{11}～C_{16}	180～200
轻柴油馏分	200～350	C_{11}～C_{20}	210～240
减压馏分	350～500	C_{20}～C_{35}	370～400
减压渣油	＞500	＞C_{35}	900～1100

5. 黏度

黏度是评价原油及产品流动性能的重要指标，是喷气燃料、柴油、重油和润滑油重要质量标准之一，特别是对各种润滑油的分级、质量鉴别和用途具有决定意义。黏度对油品流动和输送时的流量和压力降也有重要影响。

黏度表示液体流动时分子间因摩擦而产生阻力的大小。黏稠的液体比稀薄的液体流动得慢，因为黏稠液体在流动时产生分子间的摩擦力较大。黏度一般与油品的化学组成、温度和压力的变化有着密切的关系。但需注意的是油品的流动性并非只决定于黏度，它还与油品的倾点（或凝点）有关。

黏度的表示方法有动力黏度、运动黏度及恩氏黏度等。国际标准化组织（ISO）规定统一采用运动黏度。

动力黏度是表示液体在一定剪切应力下流动时内摩擦力的量度，其值为所加于流动液体的剪切应力和剪切速率之比。在我国法定单位制中以帕·秒（Pa·s）表示，习惯上用厘泊（cP）为单位。

$$1cP=10^{-3}\ Pa\cdot s=1mPa\cdot s$$

运动黏度是表示液体在重力作用下流动时内摩擦力的量度，其值为相同温度下液体的动力黏度与其密度之比。在法定单位制中以 m^2/s 表示，在物理单位制中运动黏度的单位为 cm^2/s，称为沲（st）；常用单位是 mm^2/s，称为厘沲（cst，即 1st＝1000cst）。

$$1m^2/s=10^4 St=10^6 cSt\ (mm^2/s)$$

恩氏黏度是条件性黏度，常用于表示油品的黏度。恩氏黏度是在规定条件下，测定油品从特定仪器中流出 200mL 所需时间（s）与 20℃时流出 200mL 蒸馏水所需时间（s）的比值，以°E 表示。

石油及产品的黏度随其组成不同而异。一般来说，石油馏分愈重，沸点愈高，其黏度愈大。

当压力低于 4MPa 时，压力对液体油品黏度的影响不大，可以忽略不计。当压力超过 4MPa 时，油品的黏度随压力增大而增大。一般情况下，芳香烃类油品的黏度随压力的变化最大，环烷烃类油品次之，烷烃类油品的黏度随压力的变化最小。地下原油黏度比地面的原油黏度小。

温度对石油及产品的影响很大。温度升高，液体油品的黏度减小，而油气的黏度增大。

油品黏度随温度变化的性质称为黏温性质。黏温性质好的油品，其黏度随温度变化的幅度较小。黏温性质是润滑油的重要指标之一，为了使润滑油在温度变化的条件下仍能保证润滑作用，要求润滑油必须具有良好的黏温性质。

油品的黏温性质最常用两种方法表示，即黏度比和黏度指数。

黏度比最常用的是 50℃与 100℃运动黏度的比值，也有用－20℃与 50℃运动黏度的比值，分别表示为 $\upsilon_{50℃}/\upsilon_{100℃}$ 和 $\upsilon_{-20℃}/\upsilon_{50℃}$。显然油品的黏度比愈小，其黏温性质愈好。

黏度指数是世界各国表示润滑油黏温性质的通用指标，也是 ISO 标准。油品的黏度指数愈高，说明黏度随温度变化愈小，即黏温性质愈好。

油品的黏温性质是由其化学组成所决定的。各种不同烃类中，以正构烷烃的黏温性质最好，环烷烃次之，芳香烃的黏温性质最差。烃类分子中环状结构越多，黏温性质越差，侧链越长，则黏温性质越好。

根据黏度大小，将原油划分为常规油（＜100mPa·s）、稠油（≥100～＜10000mPa·s）、特稠油（≥10000～50000mPa·s）和超特稠油或称沥青（＞50000mPa·s）四类。

由于测定绝对黏度较繁杂，在研究中常用恩氏黏度计测定相对黏度。相对黏度指液体的绝对黏度与同温条件下水的绝对黏度比。

我国原油黏度变化范围较大。大庆白垩系原油（50℃）黏度在19～22mPa·s，任丘震旦亚界原油（50℃）为53～84mPa·s，胜利孤岛原油（50℃）为103～6451mPa·s。

毛细管黏度计法设备简单、操作方便、精度高。后两种需要贵重的特殊仪器，适用于研究部门。

黏度的测定方法按测试手段分为三种，即毛细管黏度计法、旋转黏度计法和滑球黏度计法等。

毛细管黏度计如图1-10所示。该黏度计测定的是运动黏度。其原理是由样液通过一定规格的毛细管所需的时间求得样液的黏度。测定方法是：取一定体积的样液，在规定的温度（如40℃、50℃）与固定的液面高度的控制下，使其流过黏度计的毛细管，所需要的时间"秒"，乘以该黏度计的校正常数即可得该样液的运动黏度。

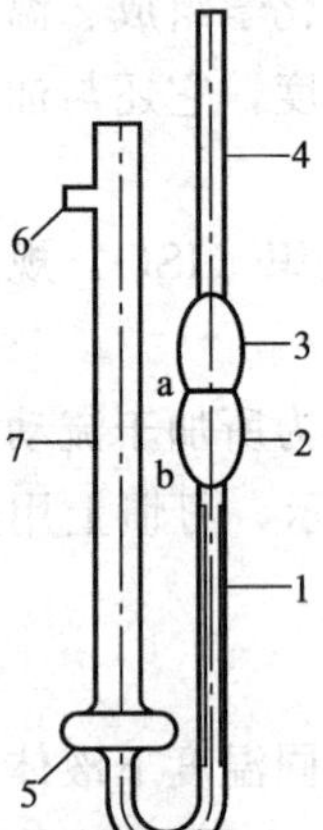

图1-10　毛细管黏度计
1—毛细管；2,3,5—扩张部分；4,7—管身；6—支管；a,b—标线

6. 溶解性

石油可溶于多种有机溶剂，如氯仿、四氯化碳、硫化碳、苯、香精、醚等，也能局部溶解于酒精之中。石油又能溶解气体烃和固体烃化物以及脂膏-树脂、硫和碘等。

石油是多种有机化合物的混合物，实际上各种化合物都可以看作是有机溶剂，换言之，各成分之间具有互溶性。其中轻质组分对重质组分的溶解作用可能更明显些。

石油在水中的溶解度一般很低，通常随相对分子质量的增加很快变小，但随不同烃类化学性质的差异而有很大的差别。其中芳烃的溶解度最大，可达数百到上千毫克每升；环烷烃次之，一般为14～150mg/L；烷烃最低，仅几到几十毫克每升。在碳数相同时，一般芳烃的溶解度大于链烷，如已烷、环已烷和苯分别为1.750mg/L、9.5mg/L和60mg/L，差别是非常明显的。苯和甲苯是溶解度最大的液态烃。

当压力不变时，烃在水中的溶解度随温度升高而变大。芳烃更明显，但随含盐度和压力的增大而变小。当水中饱和CO_2和烃气时，石油的溶解度将明显增加。

7. 凝固点与含蜡量

凝固点是指油品从流动的液态变为不能流动的固态时的温度。这对不同温度尤其在低温地区考虑储运条件时是非常重要的指标。根据凝固点高低，石油可分为高凝油（≥40℃）、常规油（≥−10～<40℃）、低凝油（<−10℃）三类。我国多数油田所产原油的凝固点在15～30℃。

含蜡量是指在常温常压下，原油中所含石蜡和地蜡总和的百分数。石蜡是一种白色或淡黄色固体，由高级烷烃组成，在其熔点（37～76℃）时溶于石油中，一旦低于熔点，原油中就出现石蜡结晶。石蜡在地下以胶体状溶于石油中，当压力和温度降低时，可从石油中析出。地层原油中的石蜡开始结晶析出的温度，含蜡量越高，析蜡温度越高。析蜡温度高，油井容易结蜡，对油井管理不利。

我国主要油田所产原油的含蜡量较高，大约在20%～30%。大庆萨尔图油田含量多在22.6%～24.1%，河南魏岗油田为42%～52%，江汉王场油田为2.8%～11.4%，克拉玛依油田仅7%左右。含蜡量高的原油凝固点也高。

8. 低温流动性

油品通常需要在冬季、室外、高空等低温条件下使用，例如我国北方，冬季气温可达

−40～−30℃，室外的机器或发动机启动前的温度和环境温度基本相同。对发动机燃料和润滑油，要求具有良好的低温流动性能。油品的低温流动性对其输送也有重要意义。

油品在低温下失去流动性的原因有两种。一种是对于含蜡量很少或不含蜡的油品，当温度降低时，油品的黏度迅速增加，最后因黏度过高而失去流动性，这种现象称为黏温凝固；另一种是对于含蜡量较多的油品，当温度逐渐降低时，蜡就逐渐结晶析出，蜡晶体互相连接形成网状骨架，将液体状态的油品包在其中，使油品失去流动性，这种现象称为结构凝固。

油品并不是在失去流动性的温度下才不能使用，在失去流动性之前析出的结晶，就会妨碍发动机的正常工作。因此对不同油品规定了浊点、结晶点、冰点、凝点、倾点和冷滤点等一系列评价油品低温流动性能的指标，这些指标都是使用特定仪器，按规定的标准方法测定的。

(1) 浊点

试油在规定的试验条件下进行冷却，在开始出现蜡的微小结晶粒或冰晶之前，而使清晰的试油呈现雾状或浑浊时的最高温度。

浊点又称为云点，是灯用煤油的重要质量指标之一。

(2) 结晶点

在试油到达浊点后继续冷却，直到用肉眼能看得到结晶体出现时的最高温度。

(3) 冰点

试油中出现结晶后（即达到结晶点后），再使其升温，使原来形成的烃类结晶消失时的最低温度。

结晶点和冰点是汽油、喷气燃料和轻柴油等轻质油品在低温下使用时的质量指标之一。因为轻质油品中存有在低温下能结晶的固态烃（蜡结晶或苯结晶）和溶解水都会恶化油品的耐寒性。在低温时，它们便从油品中分离出来，开始呈现浑浊，继续冷却则析出结晶，破坏油品的均匀性，而且发动机经常在高空低温条件下工作，滤油器的堵塞和供油的减少，常常是在比燃料浊点高很多的温度下开始的。在低温时，尽管燃料中的固态烃类的结晶现象不很严重，危害性却很大，因为燃料中的固态烃类的结晶一方面积聚在油管内和滤油器上，另一方面还会成为冰结晶的核心，烃结晶和冰结晶会造成滤油网或细小的输油管和油捻的堵塞而阻碍供油，甚至使发动机完全停车。为使燃料能保持原有的均匀性，保证发动机在低温情况下能正常工作，要求喷气燃料的结晶点应达到质量指标。同一油品的冰点比结晶点稍高1～3℃。

(4) 凝点

在规定试验条件下，将试油盛于规定的双层试管内，并将试管插入冷却剂中进行冷却，当试油冷却到预期的温度时，将试管倾斜 45°，并经 1min 而试油油面不发生移动时的最高温度。

纯化合物在一定温度和压力下有固定的凝点，而且与熔点数值相同。油品是一种复杂的混合物，它没有固定的凝点。

测定石油产品凝点对生产和应用有以下三个方面的意义：其一，用于轻柴油的标号。如0 号柴油的凝点要求不高于 0℃；10 号柴油的凝点要求不高于 10℃。此外，凝点还关系到柴油在发动机燃料系统中能顺利流动的最低温度，低温时析出的固体石蜡颗粒，会堵塞燃料过滤器，终止燃料供应。其二，凝点对于含蜡油品来说，可在某种程度上作为估计石蜡含量的指标。油中的石蜡含量越多，越易凝固。如在油中加0.1%的石蜡，凝点约升高9.5～13℃。其三，列入规格作为储运、保管时作质量检查之用。由于石油产品凝点和使用时实际失去流动性的温度有所不同，故凝点作为衡量石油产品在低温下的工作效能的参考指标。

凝点是大多数液体石油产品的主要质量指标，它可以决定该油的低温使用性能，决定储运的条件，即决定在某些温度下，用管道输油或者装卸油料的可能性的指标。特别是柴油的重要指标之一。

(5) 倾点

试油在规定的试验条件下冷却，能够流动的最低温度。

倾点是润滑油的重要质量指标之一。

倾点是油品的流动极限，凝点时油品已失去流动性能。倾点和凝点都不能直接表征油品在低温下堵塞发动机滤网的可能性，因此提出了冷滤点的概念。冷滤点是表征柴油在低温下堵塞发动机滤网可能性的指标。

(6) 冷滤点

试油在规定的试验条件下冷却，在1min内开始不能通过363目过滤网20mL时的最高温度。

凝点和倾点是评价原油、柴油、润滑油、重油等油品低温流动性能的指标。

油品的低温流动性取决于油品的烃类组成和含水量的多少。在相对分子质量相近时，正构烷烃的低温流动性最差，即倾点和凝点最高，其次是环状烃，异构烷烃的低温流动性最好。同一族烃类，相对分子质量越大，低温流动性越差。

9. 燃烧特性

石油及产品绝大多数是易燃、易爆的物质。因而研究油品与着火、爆炸有关的性质，如闪点、燃点和自燃点等，对于石油及产品的加工、贮存、运输和应用的安全有着极其重要的意义。石油燃料燃烧发出的热量，是能量的重要来源。

(1) 闪点

是指在规定条件下，加热油品所逸出的蒸气和空气形成的混合物，与火焰接触发生瞬间闪火但随之又熄灭时的最低温度。

在闪点温度以下的油品，只能闪火而不能连续燃烧。这是因为在闪点温度以下，液体油品蒸发速度比燃烧速度慢，油气混合物很快烧完，蒸发的油气不足以使之继续燃烧。所以在闪点温度以下，闪火只能一闪即灭。

闪火是微小的爆炸，但闪火是有条件的，不会随意闪火爆炸。闪火的必要条件是混合气中烃类或油气的浓度要有一定范围。在这一浓度范围之外不会发生闪火爆炸，因此这一浓度范围称为爆炸极限。能发生闪火的最低油气浓度称为爆炸下限，最高浓度称为爆炸上限。低于下限时是油气不足，高于上限时是空气不足，二者均不能发生闪火爆炸。

从闪点可鉴定油品发生火灾的危险性。因为闪点是火灾危险出现的最低温度。闪点愈低，燃料愈易燃烧，火灾危险性也愈大。所以易燃液体也根据闪点进行分类。闪点在45℃以下的液体叫做易燃液体，闪点在45℃以上的液体叫做可燃液体。按闪点的高低可确定其运送、贮存和使用的各种防火安全措施。

一般石油产品的沸点越高，即馏分越重的闪点也越高。但重馏分中混入甚至千分之几的少量轻质馏分，也会影响其闪点显著地降低。因此为了保证闪点指标，就必须把馏分分割清楚，在分馏工序中尽量减少两个相邻馏分的首尾重叠现象。

测定油品闪点的方法有两种，即闭口闪点和开口闪点。通常轻质油品测定其闭口闪点，重质油品测定其开口闪点。同一油品的开口闪点值比闭口闪点值高。

(2) 燃点

是指在规定条件下，当火焰靠近油品表面的油气和空气形成的混合物时，发生闪火并能持续燃烧至少 5s 以上时的最低温度。

(3) 自燃点

无需引火，油品即可因剧烈的氧化而产生火焰自行燃烧时的最低温度。

石油是由具有不同沸点的烃化合物组成的混合物，与水（常压下沸点为 100℃）不同，没有固定的沸点。其闪点随具不同沸点化合物的含量比例不同而各有差异。沸点越高，闪点也越高。自燃点却相反，沸点高的成品油，自燃点降低。

闪点、燃点与油品的汽化性有关，自燃点与油品的氧化性有关。轻质馏分分子小、沸点低、容易蒸发，馏分越轻，其闪点和燃点就越低。馏分越轻越难氧化，越重越易氧化，所以轻馏分自燃点比重馏分的高。

含烷烃多的油品自燃点较低，含芳烃多的油品自燃点较高。

某些可燃气体及油品与空气混合时的爆炸极限、闪点、燃点和自燃点数据见表 1-8。

表 1-8 某些可燃气体及油品与空气混合时的爆炸极限、闪点、燃点和自燃点

名称	爆炸极限(体积分数)/%		闪点/℃	燃点/℃	自燃点/℃
	下限	上限			
甲烷	5.0	15.0	<−66.7	650～750	645
乙烷	3.22	12.45	<−66.7	472～630	530
丙烷	2.37	9.50	<−66.7	481～580	510
丁烷	1.36	8.41	<−60(闭)	441～550	490
戊烷	1.40	7.80	<−40(闭)	275～550	292
己烷	1.25	6.90	−22(闭)	—	247
乙烯	3.05	28.6	<−66.7	490～550	540
乙炔	2.5	80.0	<0	305～440	335
苯	1.41	6.75	—	—	580
甲苯	1.27	6.75	—	—	550
石油气(干气)	约 3	约 13	—	—	650～750
汽油	1	6	<28	—	510～530
灯用煤油	1.4	7.5	28～45	—	380～425
轻柴油	—	—	45～120	—	—
重柴油	—	—	>120	—	300～330
润滑油	—	—	>120	—	300～380
减压渣油	—	—	>120	—	230～240
石油沥青	—	—	—	—	230～240
石蜡	—	—	—	—	310～432
原油	—	—	−20～100	—	350～530

在石油加工装置中，重质油品的温度较高，往往超过自燃点，泄漏出来会很快自燃。所以，轻质油品和重质油品都有发生火灾的危险，都要注意安全生产。

(4) 发热量

是指在标准状态下，1kg 油品完全燃烧时放出的热量，又称为热值，单位为 kJ/kg。

热值也有“体积热值”之称，即指单位体积油品完全燃烧时放出的热量。油品的体积热值等于热值与油品密度的乘积。

发热量是加热炉工艺设计中的重要数据，也是喷气燃料等燃料的质量指标。

石油及产品主要是由C和H组成的，完全燃烧后主要生成CO_2和H_2O。根据燃烧后水存在的状态不同，热值可分为高热值和低热值。

高热值又称为理论热值（毛热值），是指燃料在完全燃烧时释放出来的全部热量，即在燃烧生成物中的水蒸气完全凝结成水时所放出的热量。它规定燃料燃烧的起始温度和燃烧产物的最终温度均为15℃。

低热值又称为净热值，是指燃料完全燃烧时，其燃烧产物中的水蒸气以气态存在时的发热量。

高热值与低热值的区别，在于燃料燃烧产物中的水呈液态还是气态，水呈液态是高热值，水呈气态是低热值。低热值等于从高热值中扣除水蒸气的冷凝潜热。

如果燃料中不含水分，高、低热值之差即为15℃和其饱和蒸气压下水的蒸发潜热。

燃料大多用于燃烧，各种炉窑烟囱排出烟气的温度比水蒸气冷凝温度高得多，不可能使水蒸气的凝结热释放出来。所以在能源利用中一般都以燃料应用的低热值作为计算基础。各国的选择不同，日本、北美各国均习惯用高热值；而中国、前苏联、德国和经济合作与发展组织是按低热值换算的；有的国家两种热值都采用。

测定石油产品热值在使用上有以下三方面的意义：其一，石油产品热值与油品的化学成分有关，热值的大小取决于油品中各组烃类的含量。而烃类的热值与其氢碳比有关。氢的热值要比碳的高得多，所以氢碳比越大，热值越高。同一族烃类，分子越小，氢含量越高，热值也越高。石油产品中各种烃类的低热值大约在39775～43961kJ/kg。其二，体积热值是鉴定涡轮喷气发动机用航空煤油运用性能的重要指标之一。在飞机油箱体积一定，并要求飞机达到最大飞行距离时，要求航空煤油具有高的单位体积热值是很重要的。因为燃料的体积热值越大，飞机油箱中的热能储量越大。其三，锅炉燃料油的热值，是决定炉膛热强度和燃料消耗量的主要因素。特别是使用在船舰上的专用燃料油，在油柜容量一定的条件下，使用的燃料热值愈高，续航里程就愈远。这对于远航船舰来说具有重要的意义。

10. 石油产品的其他物理性质

（1）熔点

熔点是指油品由固态变为液态时的温度。对于纯物质来讲，凝点和熔点是相同的，但作为复杂混合物的石油及产品的熔点和凝点是不同的。

熔点是石蜡和地蜡的重要规格指标之一。石蜡的牌号是按其熔点高低来区分的。

熔点的测定需要用到专门的仪器。因此，它的数值也是有条件性的。

（2）滴点和软化点

对于沥青、凡士林、润滑脂等，很难区分其物态的转变，因此对于它们用更富有条件性的滴点和软化点来表示。

凡士林、润滑脂属于半固体油品，当加热到一定温度时，自标准仪器中滴下第一滴液体或油柱接触试管底部时的最低温度，称为滴点。高于此温度，润滑脂就失去半固体性，因此滴点可决定润滑脂使用时的最高温度，它是凡士林、润滑脂的重要质量指标之一。

软化点是沥青的重要质量指标之一。将沥青试样放在特制的铜环上，环上放置钢球，然后一起放入水浴中，加热水浴直至钢球将铜环中的沥青压下时的温度，称为软化点。

(3) 针入度

在标准的仪器上，在一定的温度（25℃）下和严格规定的时间（5s）内，标准针在一定质量（100g）作用下，以垂直插入沥青试样内的深度，称为针入度，以1/10mm为单位。

针入度是衡量沥青软硬程度的指标，针入度越大，沥青越软。

(4) 伸长度

在标准试样条件下，将沥青拉伸直至拉断为止时的最大长度，称为伸长度，以cm表示。它表示沥青的延展性，以及沥青黏结石料等的能力。

(5) 折射率

严格地讲，折射率是指光在真空中的速度（2.9986×10^{8}m/s）与光在物质中的速度之比，以n表示，其数值均大于1.0。通常使用的折射率数据是光在空气中的速度与被空气饱和的物质中的速度之比。

油品的折射率一方面取决于油品的化学组成、结构与性质，另一方面取决于温度、压力和入射光的波长。温度越高，折射率越小。

在各族烃中，烷烃的折射率最小，一般在1.3～1.4；芳香烃的折射率最大，约为1.5；环烷烃和烯烃的折射率介于两者之间。在同一系列的烃中，烷烃和环烷烃的折射率一般是随其相对分子质量的增大而增大的；而单环芳香烃的折射率则相反，是随其相对分子质量的增大而减小的，但是相对分子质量对折射率的影响远不如分子结构的影响显著。

对于沸程相同的馏分，石蜡基原油的折射率最小，环烷基的最大，中间基的居中。对于同一种原油，其馏分的折射率是随其沸程的升高而增大的，原因是较重的馏分中芳香烃的含量较多。

常用的折射率是n_D^{20}，即温度为20℃、常压下钠的D线（波长为58926nm）的折射率。

折射率通常用于测定油品的烃类族组成（即计算相对平均分子质量），也可用于测定柴油、润滑油的结构族组成。此外炼油厂的中间控制分析也采用折射率来求定残炭值。

(6) 苯胺点

苯胺点是指在规定试验条件下，油品与等体积的苯胺混合，加热至两者能互相溶解成为单一液相时的最低温度。

苯胺点用于评价油品的组成和特性。油品中各种烃类的苯胺点是不同的，各种烃类的苯胺点高低顺序是：多环芳烃＜芳烃＜环烷烃＜烷烃。烯烃和环烯烃的苯胺点较相对分子质量与其接近的环烷烃稍低。多环环烷烃的苯胺点远较相应的单环环烷烃为低。对于同一烃类，其苯胺点均随相对分子质量和沸点的增加而增加。根据各主要烃类的苯胺点有显著差别这一特点，在测得油品苯胺点的高低后，可大致判断油品中含那种烃类的多少。通常根据苯胺点的数据，还可以计算柴油指数和十六烷指数。某些轻质油品，预先切割成几个窄馏分，并测得用硫酸处理前后的苯胺点，还可计算出各单独馏分中的芳烃含量。

(7) 酸度和酸值

酸度是指中和100mL油品中的酸性物质所需氢氧化钾毫克数，以mg（KOH）/100mL表示。

酸值是指中和1g油品中的酸性物质所需的氢氧化钾毫克数，以mg(KOH)/g表示。

酸值单位一般比酸度单位大70～100倍。所测得的酸度（值），为有机酸和无机酸的总值。但在大多数情况下，油品中没有无机酸存在，因此所测定的酸度（值）几乎都代表有机酸。油品中所含有的有机酸主要为环烷酸，是环烷烃的羧基衍生物。此外，还有在贮存时因氧化生成的酸性产物。在重质馏分中也含有高分子有机酸，如某油品中含有酚、脂肪酸和一些硫化物、沥青质等酸性化合物。

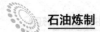

酸度和酸值是保证油品贮运容器和用油设备不受腐蚀的指标之一。酸度大的柴油不但腐蚀机件，而且会增加喷油嘴和燃烧室的结焦和积垢，以致造成更大的磨损。同时酸度或酸值大时，对油品的变质也起促进作用，因而是要严格控制的。

酸值是控制润滑油使用性能的重要指标之一。酸值大的润滑油容易造成机件的腐蚀，而且还会促进润滑油变质，生成油泥，增加机械的磨损。因而一般润滑油不但要根据技术经济条件，规定新油的酸值，而且在使用上还要根据使用润滑油的机械设备的具体条件，规定可用的最高酸值。若润滑油在使用中的酸值超过规定时，不能继续使用，需要换用新油。

(8) 含硫量

如前所述，原油中含硫量虽然少（$<1\%$），但对石油加工及石油产品的使用性能影响很大。因此，含硫量是评价石油性质及产品质量的一项重要指标，也是选择石油加工方案的依据。

含硫量的测定方法有多种，如硫醇硫含量、硫含量（即总硫含量）、腐蚀等定量或定性方法。通常，含硫量是指油品中所含硫（硫化物或单质硫）的质量分数。

硫含量是保证用油的机械不受腐蚀和操作人员不致损害健康以及防止环境污染的指标。燃料中硫含量较多时，活性硫可以腐蚀油品的贮运设备和机械的供油系统，非活性硫燃烧后形成 SO_2 和 SO_3，在排气达到露点时，则形成亚硫酸和硫酸而腐蚀机械。因而一些油品不但要控制硫含量，而且还要控制硫醇等活性硫含量。

我国采用的定硫法有燃灯法和管式炉法两种。一般汽油，煤油，柴油和溶剂油等轻质油用燃灯法；而重柴油，燃料油和润滑油等重质油用管式炉法。前者用标准浓度的盐酸滴定，后者用标准浓度氢氧化钠滴定，按公式计算出所得数值。

(9) 胶质、沥青质和蜡含量

原油中的胶质、沥青质和蜡含量对原油输送影响很大，特别是制定高含蜡易凝原油的加热输送方案时，胶质和含蜡量之间的比例关系会显著影响热处理温度和热处理的效果。这三种物质的含量对制定原油的加工方案也至关重要。因此，通常需要测定原油中胶质、沥青质和蜡含量，均以质量分数表示。

(10) 残炭

在规定条件下，将试油放入残炭测定装置的坩埚中，在不通入空气的情况下加热至高温，此时试油中的烃类即发生蒸发和分解反应，最终变成焦黑色残留物（即焦炭）。此焦炭占试油的质量分数，称为该试油残炭或残炭值。

测定试油中的残炭对生产和应用有以下两方面的意义：其一，残炭与油品的化学组成有关。生成焦炭的主要物质是沥青质、胶质和芳香烃，在芳香烃中又以稠环芳香烃的残炭最高，所以油品的残炭在一定程度上反映了其中沥青质、胶质和稠环芳香烃的含量。这对于选择石油加工方案有一定的参考意义。其二，因为残炭的大小能够直接地表明油品在使用中积炭的倾向和结焦的多少，所以残炭还是润滑油和燃料油等重质油，以及二次加工原料的质量指标。

(11) 灰分

油品在规定条件下煅烧后，所剩的不燃物质称为灰分，以百分数表示。

测定石油及产品中的灰分对生产和应用有以下三方面的意义：其一，灰分可作为油品洗涤精制是否正常的指标，如用酸碱精制时，脱渣不完全，则残余的盐类和皂类使灰分增大。

其二，重质燃料油若含灰分太大，降低了使用效率。灰分沉积在管壁、蒸汽过热器、节油器和空气预热器上，不但使传热效率降低，而且会引起这些设备的提前损坏。其三，在油品应用上，如柴油灰分超过一定数量，灰分进入积炭将增加积炭的坚硬度，使汽缸套和活塞圈的磨损增大。

灰分的组成和含量，根据原油的种类、性质和加工方法不同而异。天然原油的灰分主要是由于少量的无机盐和金属的有机化合物以及一些混入的杂质而造成的。灰分大的油品在使用中会增加机件的磨损、腐蚀和结垢积炭，因而灰分要严格控制的。

(12) 机械杂质和水分

机械杂质和水分是大多数石油产品的重要质量指标。对于某些油品即使有极少量的杂质，也会影响其使用效果，例如堵塞供油系统的管线和过滤器，增加用油机械设备的磨损等。

石油及产品的机械杂质和水分除可能由加工过程中造成者外，主要是由于储运容器不清洁或保管不好造成的，因而必须强调改进和加强储运工作。

水分对许多石油产品的使用是有害的。水分的存在会影响燃料油的凝点，随着含水量的增加，燃料油的凝点逐渐上升；燃料油含水时，不但使设备增加腐蚀和降低效率，而且由于大量的水分，严重时会造成熄火甚至有爆炸的危险，但乳化很均匀的适量水分，却会改善燃烧从而节省燃料；加热炉使用含水不合格燃料时，会影响其燃烧性能，可能会造成炉膛熄火、停炉等事故；润滑油含水时，则会造成乳化和破坏油膜，降低润滑效果而增加磨损，同时还能促进腐蚀机件和加速润滑油的变质和劣化；特别是对含有添加剂的油品，含水会造成添加剂乳化、沉降或加水分解而失去效用。

任务7
了解石油的主要产品

石油经过加工提炼，可以得到的产品大致可分为四大类：石油燃料；润滑油和润滑脂；石蜡、沥青和石油焦；溶剂与石油化工原料产品等。其中，各种石油燃料产量最大，约占总产量的90%；各种润滑剂和润滑脂品种最多，产量约占5%。各国都制定了产品标准，以适应生产和使用的需要。

1. 石油燃料

石油燃料是用量最大的油品。按其用途和使用范围可以分为如下五种。

(1) 点燃式发动机燃料（即汽油发动机燃料）

这类油品在石油燃料中是消耗量最大的品种，如航空汽油、车用汽油等。商品汽油按该油在汽缸中燃烧时抗爆震燃烧性能的优劣区分，标记为辛烷值90、93、97或更高。汽油的辛烷值愈大，其抗爆震燃烧性能愈好。汽油主要用作汽车、摩托车、快艇、直升机、农林用飞机的燃料。商品汽油中添加有添加剂（如MTBE抗爆剂），能有效提高汽油辛烷值，改善汽油的使用和储存性能。

(2) 喷气式发动机燃料（喷气燃料）

此类油品主要供喷气式飞机使用，如航空煤油。为适应高空低温高速飞行需要，这类油品要求发热量大，在−50℃不出现固体结晶。普通煤油主要供照明、生活炊事用，要求火焰平稳、光亮而不冒黑烟，目前产量不大。

(3) 压燃式发动机燃料（即柴油发动机燃料）

这类油品有高速、中速、低速柴油等。轻柴油适用于1000r/min以上的高速柴油机的燃料，重柴油适用于1000r/min以下的中低速柴油机中的燃料。一般加油站所销售的柴油均为轻柴油。如5号、0号、－20号柴油等，分别表示其凝点不高于5℃、0℃、－20℃。

柴油发动机由于具有热效率高、耗油低及燃料火灾危险性小等特点，广泛应用于汽车、舰艇、拖拉机、坦克等大型航运设备中。由于高速柴油机（汽车用）比汽油机省油，柴油需求量增长速度大于汽油，一些小型汽车也改用柴油。

对柴油质量要求是燃烧性能和流动性好。柴油的燃烧性能主要是以十六烷值来表示的。十六烷值越高，柴油的燃烧性能越好，但是其凝点也越高。大庆原油提炼的柴油十六烷值可达68。高速柴油机用的轻柴油十六烷值为42～55，低速的在35以下。

(4) 液化石油气燃料

液化石油气是煤油厂在进行原油催化裂解与热裂解时所得到的副产品。这类油品发热量高、易于运输、压力稳定、污染少。

(5) 锅炉燃料

这类产品可用作为锅炉、加热炉、重型机械（如船舶锅炉等）、冶金炉及其他工业炉的燃料。商品燃料油用黏度大小区分不同牌号。

2. 润滑油和润滑脂

从石油提炼的润滑油约占总润滑品产量的95%以上。润滑油和润滑脂被用来减少机件之间的摩擦，保护机件以延长它们的使用寿命并节省动力。除此之外，还具有冷却、密封、防腐、绝缘、清洗、传递能量的作用。产量最大的是内燃机油（占40%），其余为齿轮油、液压油、汽轮机油、电器绝缘油、压缩机油，合计占40%。商品润滑油按黏度分级，负荷大、速度低的机械用高黏度油，反之用低黏度油。炼油装置生产的是采取各种精制工艺制成的基础油，再加多种添加剂，因此具有专用功能，附加产值高。

润滑脂俗称黄油，是润滑剂加稠化剂制成的固体或半流体，用于不宜使用润滑油的轴承、齿轮部位。

3. 石蜡、沥青和石油焦

此类产品是从生产燃料和润滑油时进一步加工得来的，其产量约为所加工原油的百分之几。

石蜡包括石蜡（占总消耗量的10%）、地蜡、石油脂等。石蜡主要做包装材料、化妆品原料、药用、食品及蜡制品，也可作为化工原料生产脂肪酸（肥皂原料）。

石油沥青主要供道路、建筑和防腐之用。

石油焦是一种黑色或暗灰色的固体焦炭，是各种渣油、沥青或重油在高温下（400～500℃）分解、缩合、焦化后得到的特有产品，主要用于冶金（钢、铝）、化工（电石）行业作电极，或作燃料。

4. 溶剂和石油化工产品

溶剂多用于香精、油脂、试剂、橡胶加工、涂料工业等，或清洗仪器、仪表、机械零件。

而石油化工产品则是有机合成工业的重要基本原料和中间体。

除上述石油商品外，各个炼油装置还得到一些在常温下是气体的产物，总称炼厂气，可直接作燃料或加压液化分出液化石油气，也可作为原料或化工原料。常压下的气态原料主要制乙烯、丙烯、合成氨、氢气、乙炔、炭黑。液态原料（液化石油气、轻汽油、轻柴油、重柴油）经裂解可制成发展石油化工所需的绝大部分基础原料（乙炔除外），是发展石油化工的基础。炼厂还是苯、甲苯、混合二甲苯（即“三苯”）等重要芳烃的提供者。如图 1-11 和图 1-12 所示。

图 1-11 某炼厂“三烯”精制装置

图 1-12 某炼厂“三苯”装置

汽油、航空煤油、柴油中或多或少加有添加剂以改进使用、储存性能等。各个炼油装置生产的产物都需按商品标准加入添加剂和不同装置的油进行调和方能作为商品使用。石油添加剂用量少，功效大，属化学合成的精细化工产品，是发展高档产品所必需的，应大力发展。

阅读小资料　　“车用清洁汽油”与“车用无铅汽油”的区别

无铅汽油和清洁汽油是不同时期对汽油的不同叫法。

我国已在 2000 年全面禁止生产和销售含铅汽油，现在市场上销售的都是无铅汽油。无铅汽油与含铅汽油相比，组成发生了较大的变化，它对减少大气污染有重要作用，但同时还存在汽车燃油系统的喷嘴、进气阀和燃烧室沉积物多，排放劣化和油耗增加等问题。为此，国家于 2003 年 7 月 1 日起开始执行燃油新标准。按新标准生产和销售的油品被称为新标准清洁汽油。

在新标准清洁汽油中，烯烃、苯、芳烃、硫和含氧化合物的含量受到严格控制，并要求加入一种有效的汽油清净剂，用来溶解和清洗燃油系统的沉积物。这种汽油能自动清洗燃油系统的喷嘴、进气阀和燃烧室的沉积物，因此被称为新标准清洁汽油，简称清洁汽油。

任务8
了解原油分类的方法

原油的组成极为复杂，对原油的确切分类是很困难的，可按工业、地质、物理和化学的观点来区分。原油性质的差别，主要在于化学组成不同，所以一般倾向于化学分类。在原油的化学分类中，最常用的有特性因数分类及关键馏分特性分类。

1. 化学分类

（1）特性因数分类法

原油的馏分油性质，包括汽、煤、柴油的密度，柴油的苯胺点，润滑油的黏度指数，直馏汽油的辛烷值和柴油的十六烷值等，发现可以用特性因数 K 对原油进行分类，其标准是：

特性因数 $K>12.1$　　为石蜡基原油（以烷烃为主的石油）

特性因数 $K=11.5\sim12.1$　为中间基原油（介于石蜡基和环烷基之间的石油）

特性因数 $K=10.5\sim11.5$　为环烷基原油（以环烷烃和芳香烃为主的石油）

沥青基原油也是特性因数 $K<11.5$ 的原油，其特点是密度较大，含轻馏分少，含胶质和沥青质多，为便于统一分类，统称为环烷基原油。

石蜡基原油一般含烷烃量超过50%，其特点是：密度较小，含蜡量较高，凝点高，含硫、胶质较少，是属于地质年代古老的原油。这种原油生产的直馏汽油辛烷值低，而柴油的十六烷值较高；航空煤油的密度和结晶点之间矛盾较大；可以生产黏温性质良好的润滑油，可是脱蜡的负荷很大；重馏分中含重金属少，是良好的催化裂化材料，但难以生产质量较好的沥青。大庆原油是典型的石蜡基原油。

环烷基原油的特点是：含环烷和芳香烃较多，密度较大，凝点低，一般含硫、胶质、沥青质较多，是地质年代较年轻的原油。它所生产的汽油中含50%以上的环烷烃，直馏汽油的辛烷值较高，航空煤油的密度大，质量发热值和体积发热值都较高，可以生产高密度航空煤油；柴油的十六烷值较低，润滑油的黏温性质差。环烷基原油中的重质原油，含有大量的胶质和沥青质，又称为沥青基原油，可以用来生产各种高质量的沥青。如我国的孤岛原油就属于这一类。

中间基原油的性质介于石蜡基原油和环烷基原油之间。

(2) 关键馏分特性分类法

关键馏分特性分类是以原油的两个关键馏分的相对密度为分类标准。用原油简易蒸馏装置，在常压下蒸馏得到250～275℃的馏分作为第一关键馏分，残油用没有填料柱的蒸馏瓶，在5.3kPa（40mmHg）的残压下蒸馏，切取275～300℃馏分（相当于常压395～425℃）作为第二关键馏分。分别测定上述两个关键馏分的相对密度，对照表1-9中相对密度分类标准，决定两个关键馏分的类别为石蜡基、中间基或环烷基。最后按照表1-10确定该原油属于所列七种类型中哪一类。

表1-9　关键馏分的分类指标

关键馏分	石蜡基	中间基	环烷基
第一关键馏分(轻油部分)	$d_4^{20}<0.8210$ 相对密度指数>40 ($K>11.9$)	$d_4^{20}=0.8210\sim0.8562$ 相对密度指数=33～40 ($K=11.5\sim11.9$)	$d_4^{20}>0.8562$ 相对密度指数<33 ($K<11.5$)
第二关键馏分	$d_4^{20}<0.8723$ 相对密度指数>30 ($K>12.2$)	$d_4^{20}=0.8723\sim0.9305$ 相对密度指数=20～30 ($K=11.5\sim12.2$)	$d_4^{20}>0.9305$ 相对密度指数<20 ($K<11.5$)

表1-10　关键馏分特性分类

序号	轻油部分的类别	重油部分的类别	原油类别
1	石蜡基	石蜡基	石蜡基
2	石蜡基	中间基	石蜡-中间基
3	中间基	石蜡基	中间-石蜡基
4	中间基	中间基	中间基
5	中间基	环烷基	中间-环烷基
6	环烷基	中间基	环烷-中间基
7	环烷基	环烷基	环烷基

关键馏分也可以取实沸点蒸馏装置蒸出的250～275℃和395～425℃馏分分别作为第一关键馏分和第二关键馏分。

特性因数K值是根据关键馏分的中平均沸点和相对密度指数间接求得的，在关键馏分特性分类中，不用K值作为分类标准，仅作为参考数据。

2. 工业分类

原油的工业分类也称为商品分类，可作为化学分类的补充，在工业上有一定的参考价值。工业分类的方式各不相同，其中包括按相对密度分类、按含硫量分类、按含氮量分类、按含蜡量分类和按含胶质量分类等。但各国的分类标准都按本国原油性质规定，互不相同。国际石油市场对原油按原油密度和含硫量分类并计算不同原油的价格。按原油的相对密度来分类最简单。

(1) 按原油的相对密度分类

这是一种国际上对商品原油的分类方法，原油按其密度指数和相对密度不同可分为四类：

轻质原油——密度指数°API＞34　　相对密度d_4^{20}＜0.83

中质原油——密度指数°API＝20～34　　相对密度d_4^{20}＝0.83～0.904

重质原油——密度指数°API＝10～20　　相对密度d_4^{20}＝0.904～0.966

超重质原油——密度指数°API＜10　　相对密度d_4^{20}＞0.966

这种分类比较粗略，但也能反映原油的共性。轻质原油一般含汽油、煤油、柴油等轻质馏分较高，或含烷烃较多，含硫及胶质较少，如青海原油和克拉玛依原油。有些原油轻质馏分含量并不多，但由于含烷烃多，所以密度小，如大庆原油。

重质原油一般含轻馏分和蜡都较少，而含硫、氮、氧、胶质和沥青质较多，如孤岛原油和阿尔巴尼亚原油。我国生产的部分原油相对密度见表1-11。

表1-11 我国生产的部分原油相对密度

原油按其密度分类	所属油田	相对密度d_4^{20}
轻质原油	大庆	0.8601
	长庆	0.8437
	青海尕斯库勒	0.8388
中质原油	胜利	0.8873
	辽河	0.8818
重质原油	孤岛	0.9472
	大港羊三木	0.9492
	辽河高升	0.9609
	新疆乌尔禾	0.9609

(2) 按原油的含硫量分类

按原油的硫含量不同，可以分为三类：低硫原油——含硫量＜0.5%；含硫原油——含硫量＝0.5%～2.0%；高硫原油——含硫量＞2.0%。

低硫原油亦称为“清油”或“净油”，含硫原油亦称为中性油，高硫原油亦称为“酸性油”。

大庆原油为低硫原油，胜利原油为含硫原油，孤岛原油、委内瑞拉保斯加原油为高硫原油。低硫原油重金属含量一般都比较低。在世界原油总产量中，含硫原油和高硫原油约占75%。

我国主要原油的特点是含蜡较多，凝点高，硫含量低，镍、氮含量中等，钒含量极少。除个别油田外，原油中汽油馏分较少，渣油占1/3。

(3) 按原油的含氮量分类

按原油的氮含量不同，可以分为两类：

低氮原油——含氮量＜0.25%

高氮原油——含氮量＞0.25%

低硫原油大多数含氮量也低。原油中含氮量比含硫量低。

(4) 按原油的含蜡量分类

按原油的含蜡量不同，可以分为三类：

低蜡原油——蜡含量＝0.5%～2.5%

含蜡原油——蜡含量＝2.5%～10%

高蜡原油——蜡含量＞10%

(5) 按原油的含胶质分类

按原油的含胶质不同，可以分为三类：

低胶原油——原油中硅胶胶质含量＜5%

含胶原油——原油中硅胶胶质含量＝5%～15%

多胶原油——原油中硅胶胶质含量＞15%

我国目前通常是采用关键馏分特性，补充以硫含量的分类。表1-12为我国几种主要原油的分类结果。

表1-12 几种国产原油的分类

原油名称	大庆混合	克拉玛依	胜利混合	大港混合	孤 岛
相对密度 d_4^{20}	0.8615	0.8689	0.9144	0.8896	0.9574
含硫量/% 特性因数	0.11 12.5	0.04 12.2～12.3	0.83 11.8	0.14 11.8	2.03 11.6
特性因数分类	石蜡基	石蜡基	中间基	中间基	中间基
第一关键馏分 d_4^{20}	0.814 (K＝12.0)	0.828 (K＝11.9)	0.832 (K＝11.8)	0.860 (K＝11.4)	0.891 (K＝10.7)
第二关键馏分 d_4^{20}	0.850 (K＝12.5)	0.850 (K＝12.5)	0.881 (K＝12.0)	0.887 (K＝12.0)	0.936 (K＝11.4)
关键馏分特性分类	石蜡基	中间基	中间基	环烷-中间基	环烷基
建议原油分类命名	低硫石蜡基	低硫中间基	含硫中间基	低硫环烷-中间基	含硫环烷基

从表1-12中可以看出，由于关键馏分特性分类指标，对低硫馏分和高沸点馏分规定了不同的标准。所以，关键馏分特性分类比特性因数分类更符合原油组成的实际情况，比特性因数分类更为合理。例如孤岛原油，用特性因数分类为中间基原油，但从孤岛窄馏分的特性因数及其一系列性质看，应属环烷基原油。用关键馏分特性分类，孤岛原油属环烷基原油，符合原油的实际组成情况。

任务9 了解原油评价的内容

世界上的原油有成百上千种，分布在世界各个地方，由于形成原油的环境和条件不同，使得原油的性质千差万别。原油评价就是根据加工的需要，对原油进行全面的分析。其目的在于：一是根据原油的性质，确定某一原油应如何炼制，从而制定合理的加工方案；二是为新炼油厂的设计与确定生产流程提供基本数据；三是通过评价掌握加工原油的产品特点，为现有炼油厂指出改进生产的方向。

确定一种原油的加工方案是炼油厂设计和生产的首要任务。合理的原油加工方案是根据所加工原油的性质、市场对产品的需求、加工技术的先进性和可靠性、对产品质量的要求和经济效益等五方面制订。同时进行全面的综合分析和研究对比，其中原油性质是最基本的因素。

原油评价一般是指在实验室采用蒸馏和分析方法（即原油评价试验），全面掌握原油性质，以及可能得到产品和半产品的收率和其一些基本性质。

目前，我国原油评价根据目的不同可分为三大类：一是对石油加工原油评价；二是对油田原油评价；三是对商品原油评价。以下主要讨论石油加工原油评价，按评价的目的不同，可分为四种类型。

1. 原油性质分析

了解原油的化学组成和主要物理化学性质。目的是在油田勘探开发过程中，及时了解单井、集油站和油库中原油的一般性质，并掌握原油性质变化的规律和动态。

2. 简单评价

通过对原油性质分析，初步确定原油的类别及特点，适用于原油性质的普查。

3. 常规评价

进行原油的性质分析、原油的实沸点蒸馏、窄馏分的性质分析等，目的是为一般炼油厂提供设计数据，或作为各炼油厂进厂原油每半年或一季度原油评价的基本内容。

4. 综合评价

除了上述三项评价外，还包括直馏产品的产率和性质分析，也可以确定重油或渣油的可加工性能，目的是为综合性炼油厂提供设计数据。

原油综合评价的具体过程如下。

① 原油一般性质分析。先测定原油含水量、含盐量和机械杂质，若原油含水量大于0.5%时先脱水。原油经脱水后，进行一般性质分析。包括：相对密度、黏度、凝点或倾点、含硫量、含氮量、含蜡量、胶质、沥青质、残炭、水分、含盐量、灰分、机械杂质、元素分析、微量金属（铁、镍、钒、铜）含量、馏程及原油的基本属性等，并根据需要和条件，测定闪点及平均相对分子质量等。

② 对未经处理的原油，以气相色谱法测定 $C_1 \sim C_8$ 的轻烃含量。

③ 原油的馏分组成。脱水原油在分馏精度较高的实沸点精馏装置（具有15块理论板）中，将400～450℃前的馏分，切割成若干个3%的窄馏分（或按一定沸程切割窄馏分），再

用另外的减压蒸馏装置蒸出高沸点馏分，得到原油的蒸馏数据。

④ 窄馏分的物理性质分析。测定每个窄馏分的密度、黏度、凝点、苯胺点、酸度（酸值）、折射率和硫含量等，并计算特性因数、黏度指数及结构族组成等。根据这些数据可以知道各个窄馏分的性质，并由此作出原油的性质曲线；同时对不同深度的重油、渣油及沥青的性质进行测定。

⑤ 直馏产品的切割与分析。为了合理地提出原油切割方案，在实验室按比例配制或把原油重新切割成各种汽油、煤油、柴油、重整原料、裂解原料和润滑油馏分等，按产品质量标准要求，测定各产品的主要性质，并测定不同拔出深度时的重油和渣油的各种物性；减压渣油还需测定针入度、延伸度和软化点等沥青的质量标准。

⑥ 汽油、煤油、柴油和重整、裂解、催化裂化原料的组成分析。

⑦ 以溶剂脱蜡、吸附分离方法测定润滑油、石蜡和地蜡的潜含量（最大含量）及性质分析。

⑧ 测定重质油的饱和烃、芳烃、胶质、沥青质含量。

⑨ 测定原油的平衡汽化数据，作出平衡汽化率与温度关系曲线。

评价数据均以表格或曲线的形式列出。原油综合评价流程如图 1-13 所示。

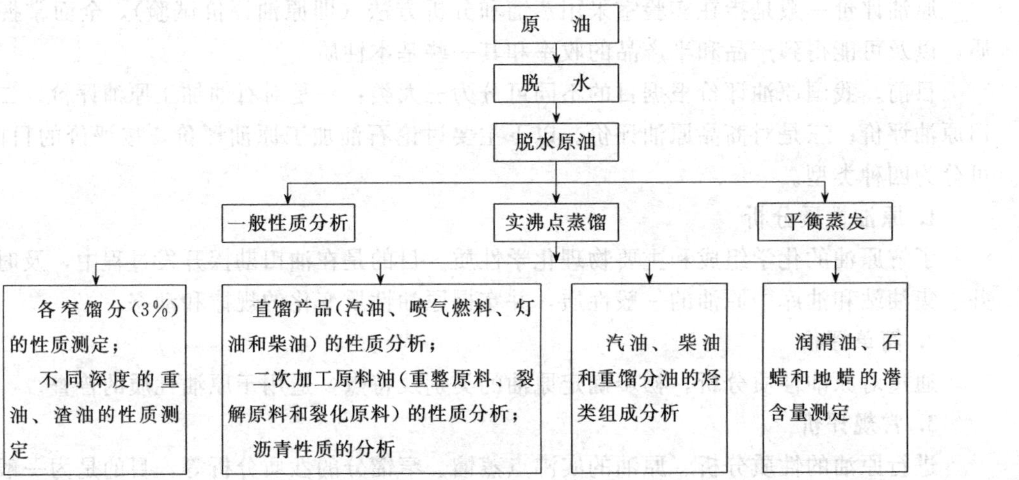

图 1-13　原油综合评价流程示意图

任务10
掌握原油加工方案的基本类型

原油加工流程是各种加工过程的组合，也称为炼油厂总流程，按原油性质和市场需求不同，组成炼油厂的加工过程有不同形式，可以很复杂，也可能很简单。如西欧各国加工的原油含轻组分多，而煤的资源不多，重质燃料不足，有时只采用原油常压蒸馏和催化重整两种过程，得到高辛烷值汽油和重质油（常压渣油），后者作为燃料油。这种加工流程称为浅度加工。为了充分利用原油资源和加工重质原油，各国有向深度加工方向发展的趋势，即采用催化裂化、加氢裂化、石油焦化等加工过程，以便从原油中得到更多的轻质油品。

各种不同的加工过程，在生产上还组成了生产不同类型产品的流程。根据生产目的产品的不同，原油加工方案有以下四种基本类型。

1. 燃料型加工方案

这类加工方案的主要产品基本上都是燃料，如汽油、喷气燃料、柴油等。除了生产部分重油燃料油外，减压馏分油和减压渣油通过各种轻质化过程转化为各种轻质燃料，还可以生产燃料气、芳烃和石油焦等。

典型的燃料型加工方案的原则流程如图 1-14～图 1-16 所示。

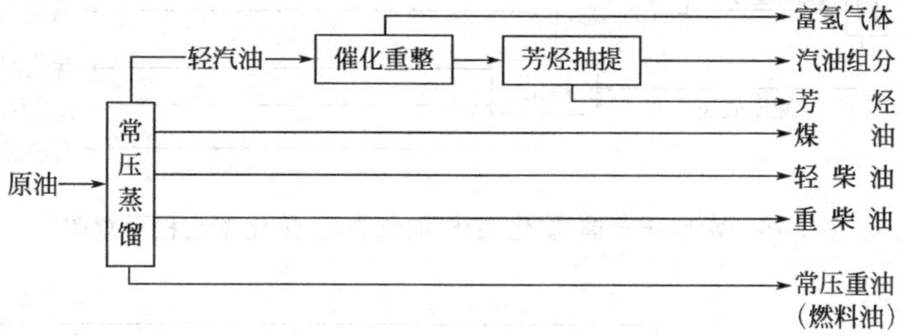

图 1-14 常减压蒸馏-催化重整型流程示意图

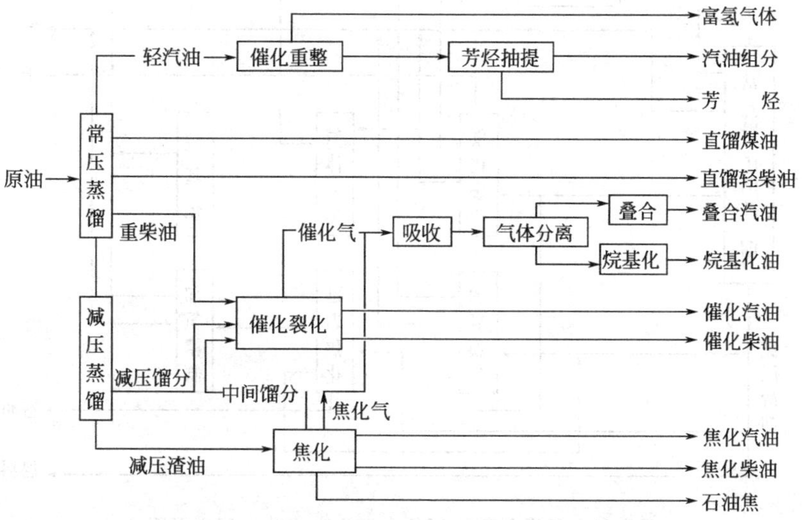

图 1-15 常减压蒸馏-催化裂化-焦化型流程示意图

如图 1-17 所示，为某燃料型炼厂的全厂生产工艺流程方框图。燃料型炼油厂的特点是：通过原油的一次加工（即常减压蒸馏），尽可能将原油中的轻质馏分汽油、煤油、柴油分离出来，并利用催化裂化和焦化等二次加工，将重质馏分转化为轻质油。随着石油的综合利用及石油化工的发展，大多数燃料型炼油厂都已转变成了燃料-化工型炼油厂。

如图 1-18 所示，为胜利原油燃料型加工方案。胜利原油的特点是：密度较大，含硫较多（>0.5%），含胶质和沥青质较多，属于含硫中间基原油。

胜利原油的直馏汽油的辛烷值约为 47，初馏点～130℃馏分中芳烃潜含量高，是催化重整的良好原料；航空煤油馏分的密度较大、结晶点较低，可以生产 1 号航空煤油，但必须脱

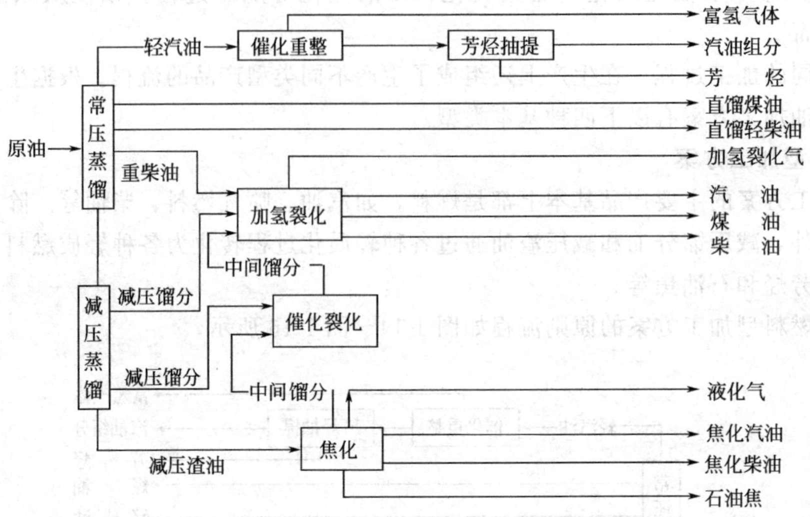

图 1-16　常减压蒸馏-催化裂化-加氢裂化-焦化型流程示意图

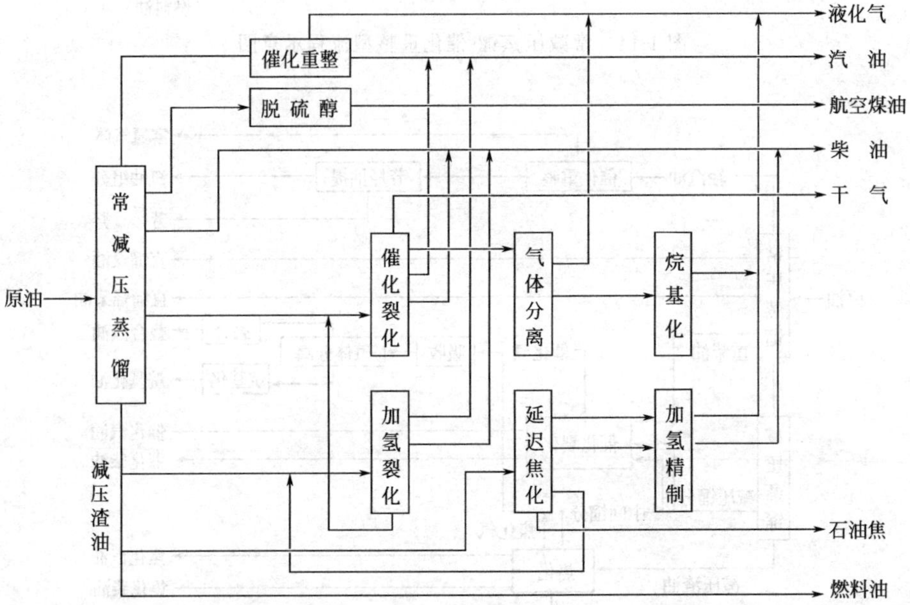

图 1-17　某燃料型炼厂的全厂生产工艺流程方框图

硫醇；直馏柴油的柴油指数较高、凝固点不高，可以生产－20 号、－10 号、0 号柴油及舰艇专用柴油；减压馏分的脱蜡油的黏度指数较低，而且含硫和酸值较高，不易生产润滑油，但可作为催化裂化或加氢裂化的原料；减压渣油的黏温性质不好而且含硫量高，不适宜用来生产润滑油，但胶质和沥青质含量较高，经蒸馏深拔渣油，可以得到质量较好的沥青；减压渣油的残炭值和重金属含量都较高，只能少量掺和到减压馏分油中作为催化裂化原料，最好是先经过加氢处理后再送去催化裂化；由于加氢处理的投资高，一般多用作延迟焦化的原料；由于含硫量较高，所得的石油焦的品质不高；由于原油含硫量和酸值较高，直馏产品、二次加工产品都需要进行精制。

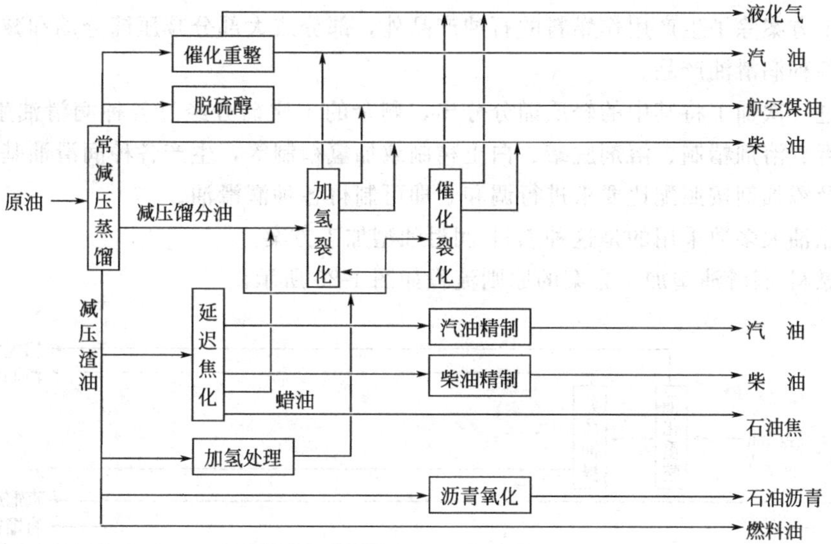

图 1-18 胜利原油的燃料型加工方案示意图

2. 燃料-化工型加工方案

这类加工方案除了生产燃料产品外，还生产化工原料及化工产品，具有燃料型炼油厂的各种工艺及装置，同时还包括一些化工装置。

典型的燃料-化工型加工方案的原则流程如图 1-19 所示。

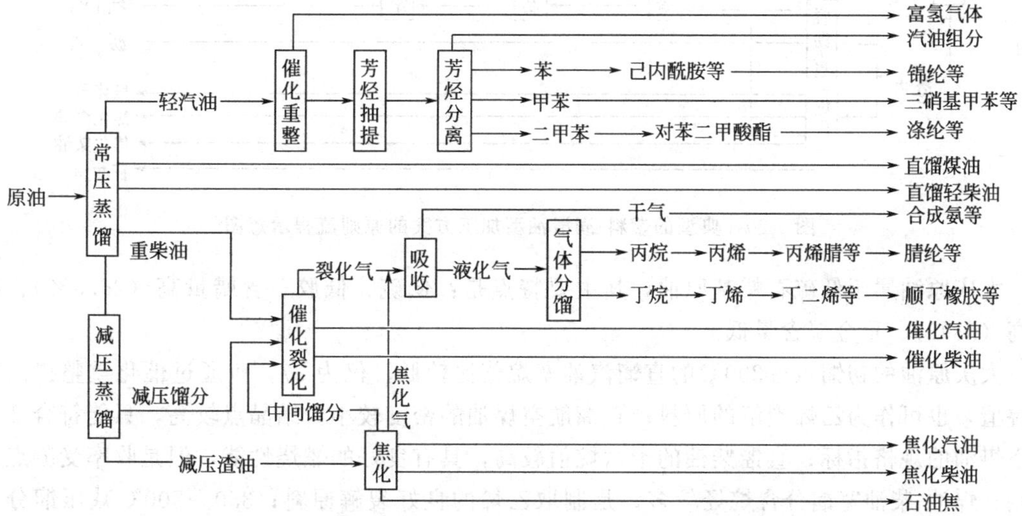

图 1-19 典型的燃料-化工型加工方案的原则流程示意图

原油先经过一次加工分离出其中的轻质馏分，其余的重质馏分再进一步通过二次加工转化为轻质油。而轻质馏分一部分用作燃料，一部分通过催化重整、裂解工艺制取芳香烃和烯烃，作为有机合成的原料。利用芳香烃和烯烃为基础原料，通过化工装置还可生产醇、酮、酸等基本有机原料和化工产品。这种加工方案体现了充分合理利用石油资源的要求，也是提高炼厂经济效益的重要途径，是石油加工的发展方向。

3. 燃料-润滑油型加工方案

这类加工方案除了生产用作燃料的石油产品外，部分或大部分减压馏分油和减压渣油还被用于生产各种润滑油产品。

原油通过一次加工将其中的轻质馏分分出，剩余的重质馏分经过各种润滑油生产工艺，如溶剂脱沥青、溶剂精制、溶剂脱蜡、白土精制或加氢精制等，生产各种润滑油基础油。将各种基础油及添加剂按照配比要求进行调和，即可制得各种润滑油。

石蜡基原油大多数采用的是这种燃料-润滑油型加工方案。

典型的燃料-润滑油型加工方案的原则流程如图 1-20 所示。

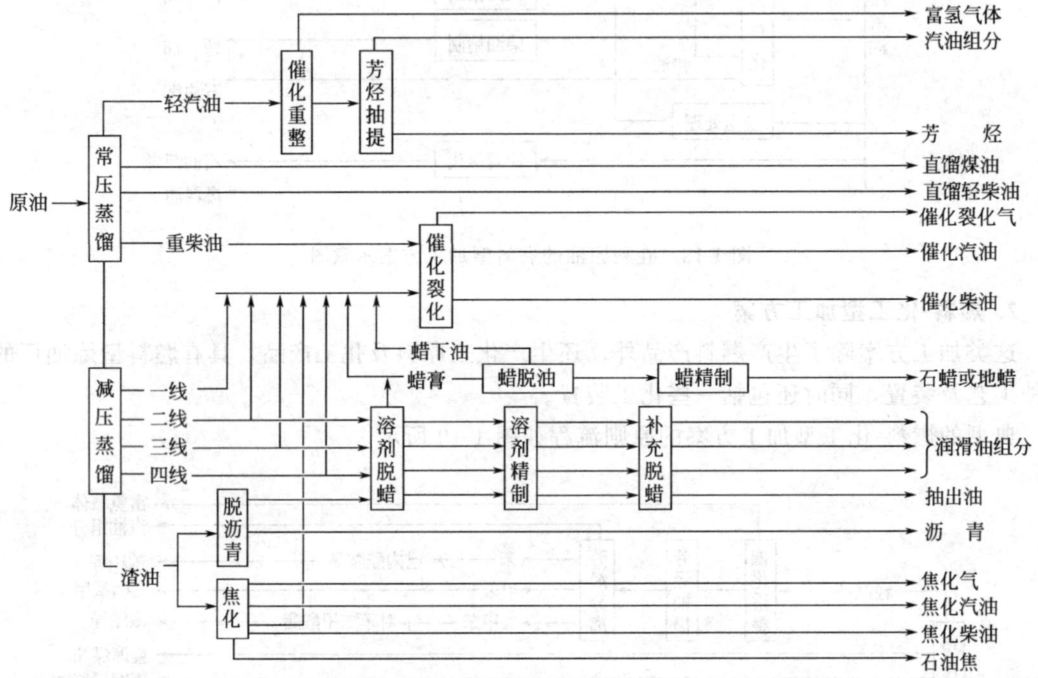

图 1-20 典型的燃料-润滑油型加工方案的原则流程示意图

大庆原油属于低硫石蜡基原油，其主要特点是：低硫、低胶、含蜡量高（26.3%）、凝点高（33℃）、重金属含量低。

大庆原油的初馏点～200℃的直馏汽油辛烷值比较低，仅为 37，应通过催化重整提高其辛烷值，也可作为乙烯裂解的原料；直馏航空煤油的密度较小，结晶点较高，只能符合 2 号航空煤油的规格指标；直馏柴油的十六烷值较高，具有良好的燃烧性能，但是收率受凝点的限制；煤油-柴油宽馏分含烷烃较多，是制取乙烯的良好裂解原料；350～500℃减压馏分的润滑油潜含量（烷烃＋环烷烃＋轻芳烃）约占原油的 15%，黏度指数可达 90～120，是生产润滑油的良好原料；而 320～500℃减压馏分油，由于含烷烃量高，稠环芳烃含量低，硫、氮、重金属含量及残炭都很低，也是很好的催化裂化原料；减压渣油由于含胶质、沥青质含量低，不能直接生产沥青产品，需经过丙烷脱沥青、脱蜡和深度精制后才能制得道路沥青和建筑沥青，由于减压渣油的蜡含量较高，难以生产高质量的沥青产品；馏分润滑油和残渣润滑油的总潜在产率接近 25%。

根据大庆原油及直馏产品的性质，大庆原油选择了燃料-润滑油型加工方案，见图 1-21。

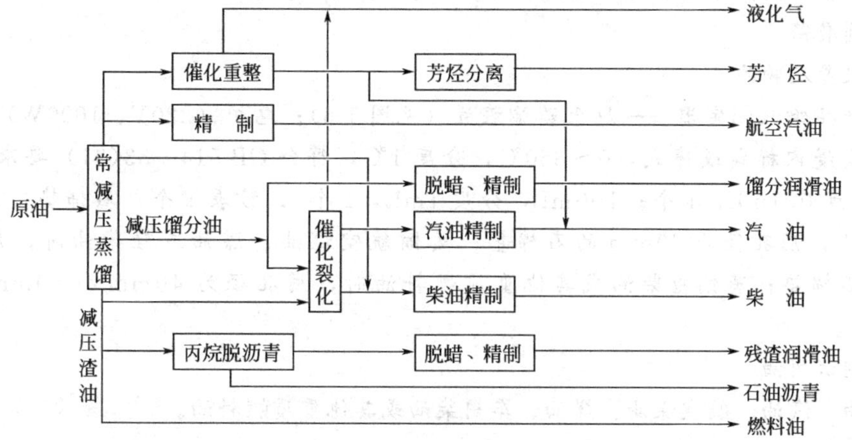

图 1-21 大庆原油的燃料-润滑油型加工方案示意图

4. 燃料-润滑油-化工型加工方案

此类加工方案除了可以生产各种燃料和润滑油外，还可以生产一些石油化工产品或者化工原料。它是燃料-润滑油型加工方案向化工方向拓展的结果。

典型的燃料-润滑油-化工型加工方案的原则流程如图 1-22 所示。

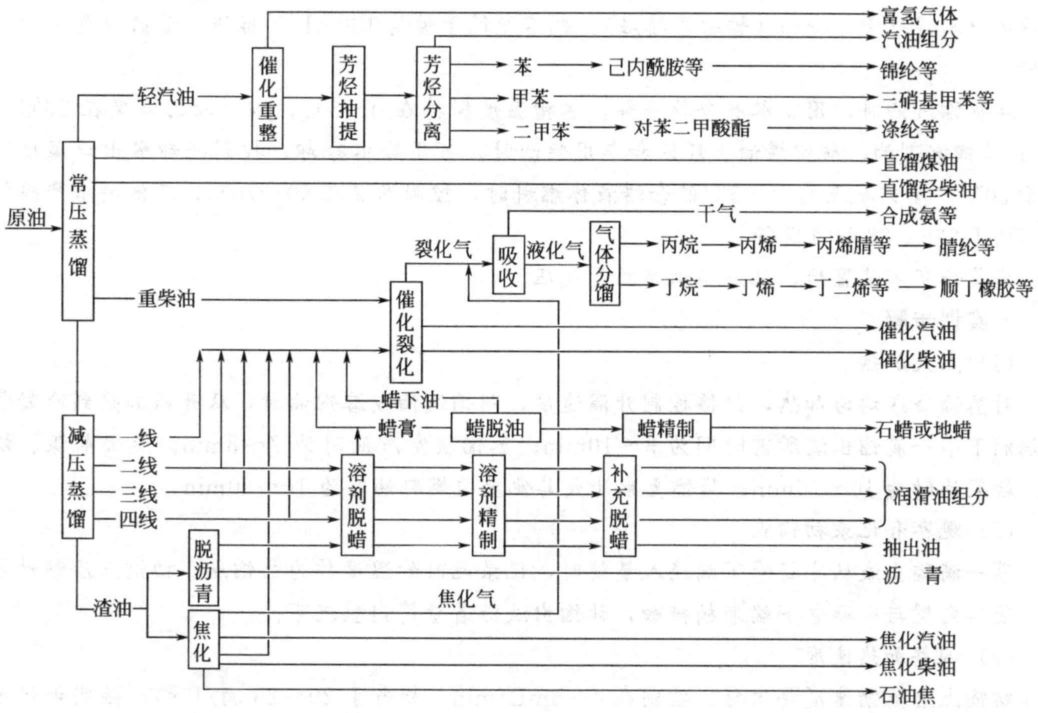

图 1-22 典型的燃料-润滑油-化工型加工方案的原则流程示意图

技能训练建议 *石油产品馏程的测定*

• **实训目标**

(1) 掌握石油产品馏程的测定方法和操作技能；

（2）掌握石油产品馏程的测定结果的修正与计算方法。

• 实训准备

（1）仪器及物品

石油产品馏程测定器——恩氏蒸馏装置（见图1-6）；电炉（220V、1000W）或喷灯；温度计［全浸内标式或棒式，0～360℃，分度1℃，符合GB 514—83(91)要求］；量筒（5mL，分度0.1mL，1个；100mL，分度1mL，1个）；秒表1个；石棉垫（若蒸馏溶剂油或汽油，用孔径为30mm的石棉垫；蒸馏航空煤油、煤油或轻柴油时，用孔径为50mm的石棉垫；蒸馏重柴油或其他重质燃料油时，用孔径为40mm和50mm组合成的石棉垫）。

（2）测试用油

溶剂油、汽油、航空煤油、煤油、车用柴油或其他重质燃料油。

（3）准备工作

用清洁、干燥的量筒量取100mL脱水试油注入洗净、吹干的蒸馏烧瓶中，不准让试油流入蒸馏烧瓶的支管内。

按图1-6，正确安装实训装置，用插好温度计的软木塞，紧密地塞在盛有试油的蒸馏烧瓶口内，使温度计和蒸馏烧瓶的轴心线重合，并且使温度球的上边缘与支管的下边缘在同一水平面上；蒸馏烧瓶的支管用软木塞与冷凝管上端连接，支管插入冷凝管内的长度要达到25～40mm，不能与冷凝管内壁接触；在各个连接处涂上火棉胶；冷凝管下端插入量筒中不得少于25mm（暂时不接触），也不能低于量筒100mL的标线，量筒口要用棉花塞好。

在蒸馏汽油时，用冰水混合物冷却，水槽温度保持在0～5℃，馏出物的温度在20℃±3℃；蒸馏溶剂油、航空煤油、煤油和车用柴油时，可用冷水冷却，控制冷却水出口温度不高于30℃；蒸馏凝点高于−5℃的含蜡液体燃料时，控制水温在50～70℃；其他要求严格按照GB/T 255—88标准进行。

安装好实训装置后，记录实训时的大气压。

• 实训步骤

（1）点火加热

对蒸馏烧瓶均匀加热，严格控制升温速度，蒸馏汽油或溶剂油时，从开始加热到冷凝管下端滴下第一滴馏出液所需时间为5～10min；蒸馏航空汽油时为7～8min；蒸馏航煤、煤油、轻柴油时为10～15min；蒸馏重柴油或其他重质燃料油时为10～20min。

（2）观察和记录初馏点

第一滴馏出液从冷凝管下端滴入量筒时，记录此时的温度作为初馏点。初馏点后移动量筒，使其内壁与冷凝管下端末梢接触，让馏出液沿着量筒内壁流下。

（3）调整加热速度

初馏点后蒸馏速度要均匀，控制在4～5mL/min（相当于20～25滴/10s）；按实训记录表内容进行记录测试的各项数据，手工记录要求精确至1℃、0.5mL、0.5s。

（4）蒸馏终点控制

在蒸馏汽油或溶剂油的过程中，当量筒内的馏出液达到90mL时，允许调整加热速度，要求在3～5min内达到干点，或2～4min内达到终馏点；在蒸馏航空煤油、煤油或轻柴油的过程中，当量筒内的馏出液达到95mL时，不要改变加热速度，从95mL到终馏点所需时间不超过 3min；达到终馏点，停止加热。

(5) 测试最大回收百分数

当停止加热后，冷凝管下端末梢仍然有馏出液流下，每隔 2min 观察一次量筒的体积，直至两次观察的体积一致为止，精确读出量筒体积（精确至 0.1mL），作为最大回收百分数。

(6) 测试残留物体积

测试结束时，取出蒸馏烧瓶并且冷却 5min 后，将残留物倒入 5mL 的量筒中冷却到常温，记录量筒中残留物的体积（精确至 0.1mL），作为残留物百分数。

(7) 计算回收百分数

最大回收百分数和残留物百分数之和称为总回收百分数，用 100%减去总回收百分数即得回收百分数。

(8) 温度修正

当实训时大气压超出 100.0～102.66kPa（750～770mmHg）范围时，馏出温度受大气压影响，需要按下列公式进行修正：

$$t_0 = t + C \tag{1-8}$$

$$C = 0.0009(101.3 - p)(273 + t) \tag{1-9}$$

式中 t_0——在 101.3kPa 下的馏出液温度，℃；

t——在实训条件下温度计读数，℃；

C——温度修正系数，℃，查 GB/T 255—88 标准；

p——测试时大气压，kPa。

(9) 计算结果

试油的馏程用平行测定结果的算术平均值表示，平行测定的两个结果允许误差为：初馏点为 4℃；干点为 2℃；中间馏分为 2℃、1mL；残留物为 0.2mL。

(10) 实训记录表

试油名称：__________ 实训者：__________ 实训时间：__________

体积	温度/℃	校正后温度/℃	时间	时间间隔	体积	温度/℃	校正后温度/℃	时间	时间间隔
初馏点					60%				
10%					70%				
20%					80%				
30%					90%				
40%					干点				
50%					总馏出量：____ mL 残留物：____ mL 损失：____ mL				

小问题 什么是欧佩克？

“欧佩克”即石油输出国组织。它是一个自愿结成的政府间组织，对其成员国的石油政策进行协调、统一。欧佩克旨在通过消除有害的、不必要的价格波动，确保国际石油市场上石油价格的稳定，保证各成员国在任何情况下都能获得稳定的石油收入，并为石油消费国提供足够、经济、长期的石油供应。

图 1-23 欧佩克维也纳总部

欧佩克是1960年9月14日在伊拉克首都巴格达成立的，创始成员国有5个，它们是：伊朗、伊拉克、科威特、沙特阿拉伯和委内瑞拉。1962年11月6日，欧佩克在联合国秘书处备案，成为正式的国际组织。其总部设在维也纳，如图1-23所示。

欧佩克组织条例规定："在根本利益上与各成员国相一致、确实可实现原油净出口的任何国家，在为全权成员国的三分之二多数接纳，并为所有创始成员国一致接纳后，可成为本组织的全权成员国。"

该组织条例进一步区分了3类成员国的范畴：创始成员国——1960年9月出席在伊拉克首都巴格达举行的欧佩克第一次会议，并签署成立欧佩克原始协议的国家；全权成员国——包括创始成员国，以及加入欧佩克的申请已为大会所接受的所有国家；准成员国——虽未获得全权成员国的资格，但在大会规定的特殊情况下仍为大会所接纳的国家。

目前，欧佩克共有11个成员国（括号内为加入欧佩克的时间），它们是：阿尔及利亚（1969年）、印度尼西亚（1962年）、伊朗（1960年）、伊拉克（1960年）、科威特（1960年）、利比亚（1962年）、尼日利亚（1971年）、卡塔尔（1961年）、沙特阿拉伯（1960年）、阿拉伯联合酋长国（1967年）和委内瑞拉（1960年）。

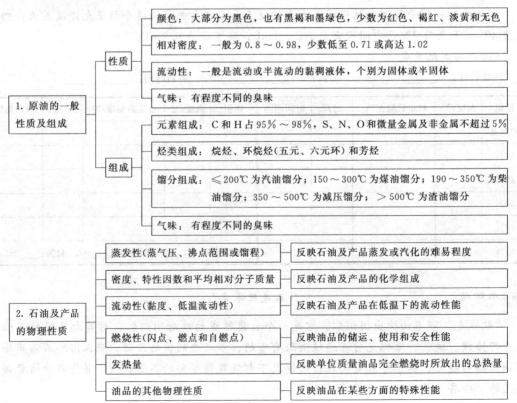

项目小结

- 1. 原油的一般性质及组成
  - 性质
    - 颜色：大部分为黑色，也有黑褐和墨绿色，少数为红色、褐红、淡黄和无色
    - 相对密度：一般为0.8～0.98，少数低至0.71或高达1.02
    - 流动性：一般是流动或半流动的黏稠液体，个别为固体或半固体
    - 气味：有程度不同的臭味
  - 组成
    - 元素组成：C和H占95%～98%，S、N、O和微量金属及非金属不超过5%
    - 烃类组成：烷烃、环烷烃(五元、六元环)和芳烃
    - 馏分组成：≤200℃为汽油馏分；150～300℃为煤油馏分；190～350℃为柴油馏分；350～500℃为减压馏分；＞500℃为渣油馏分
    - 气味：有程度不同的臭味
- 2. 石油及产品的物理性质
  - 蒸发性(蒸气压、沸点范围或馏程) — 反映石油及产品蒸发或汽化的难易程度
  - 密度、特性因数和平均相对分子质量 — 反映石油及产品的化学组成
  - 流动性(黏度、低温流动性) — 反映石油及产品在低温下的流动性能
  - 燃烧性(闪点、燃点和自燃点) — 反映油品的储运、使用和安全性能
  - 发热量 — 反映单位质量油品完全燃烧时所放出的总热量
  - 油品的其他物理性质 — 反映油品在某些方面的特殊性能

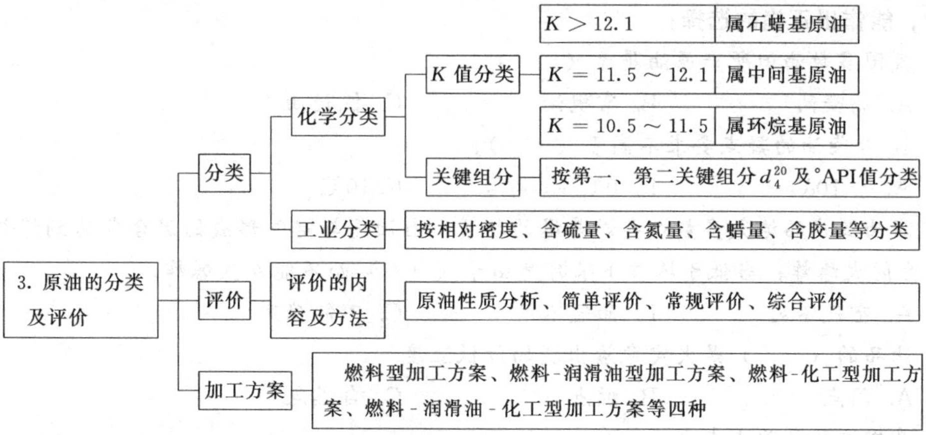

自测与练习

考考你，横线上应该填什么呢？

1. 在通常条件下，烃分子里的碳原子数：______为气态；______为液态；______为固态。

2. ______点和______点是评价原油、柴油、润滑油、重油等油品低温流动性能的指标。

3. ______点是表征柴油在低温下堵塞发动机滤网可能性的指标。

4. 闪点、燃点与油品的______性有关，自燃点与油品的______性有关。

5. 油品馏分越轻，其闪点和燃点就越______。

6. 油品馏分越轻越______氧化，越重越______氧化。

7. 含烷烃多的油品自燃点较______，含芳烃多的油品自燃点较______。

8. 油品的氢碳比越大，热值越______。

9. 在飞机油箱体积一定，要求飞机达到最大飞行距离时，燃料的体积热值越大，飞机油箱中的热能储量越______。

10. 在船舰上的油柜容量一定的条件下，使用的燃料热值愈______，续航里程就愈远。

11. 原油常用的分类方法有______、______。

12. 原油加工方案的基本类型有______、______、______、______。

考考你，能回答以下这些问题吗？

1. 目前，世界十大石油储量大国是哪些国家（按储量由大到小排列）？这些国家主要分布在哪个洲？

2. 我国十大油田分布在哪些省、市、地区？

3. 如何对原油进行分类？

4. 为什么要进行原油综合评价？

5. 原油评价的内容有哪些？

6. 石油分馏可以得到哪些物质？

7. 石油产品分为哪几类？

8. 石油馏分为什么要脱蜡？脱蜡的方法有哪些？

9. 研究石油物理性质有什么意义？

10. 石油有哪些危险特性？

相信你，能作出正确的选择！

1. 我国多数油田所产原油属于（　　）。

A. 高凝油　　B. 常规油　　C. 低凝油

2. 10号柴油的凝点要求不高于（　　）。

A. −10℃　　B. 0℃　　C. 10℃

3. 石油及产品绝大多数是易燃易爆的物质，当油气与空气形成的混合气达到爆炸极限，就会发生闪火爆炸；当低于爆炸下限时是由于（　　）而不能发生爆炸。

A. 空气不足　　B. 油气不足　　C. 不能确定

4. 油品的（　　）是火灾危险出现的最低温度。

A. 闪点　　B. 燃点　　C. 自燃点

5. 易燃液体的闪点在（　　）。

A. 25℃以下　　B. 35℃以下　　C. 45℃以下

6. 可燃液体的闪点在（　　）。

A. 25℃以上　　B. 35℃以上　　C. 45℃以上

7. 轻馏分自燃点比重馏分的（　　）。

A. 低　　B. 高　　C. 不能确定

8. 高热值的燃料，其燃烧产物中的水呈（　　）。

A. 气态　　B. 气液混合　　C. 液态

9. 低热值的燃料，其燃烧产物中的水呈（　　）。

A. 气态　　B. 气液混合　　C. 液态

10. 汽油的抗爆性用（　　）表示。

A. 蒸气压　　B. 辛烷值　　C. 十六烷值　　D. 90%馏出温度

11. 柴油的抗爆性用（　　）表示。

A. 蒸气压　　B. 辛烷值　　C. 十六烷值　　D. 10%馏出温度

12. 石油及产品绝大多数是易燃、易爆的物质，当油气与空气形成的混合气达到爆炸极限，就会发生闪火爆炸；当高于爆炸上限时是由于（　　）而不能发生爆炸。

A. 空气不足　　B. 油气不足　　C. 不能确定

请三思，判断失误有时会出问题！

1. 闪点过低会带来着火的隐患。（　　）

2. 水分的存在会影响燃料油的凝点，随着含水量的增加，燃料油的凝点逐渐上升。此外，水分还会影响燃料机械的燃烧性能，可能会造成炉膛熄火、停炉等事故。（　　）

3. 灰分是燃烧后剩余不能燃烧的部分，特别是催化裂化循环油和油浆掺入燃料油后，硅铝催化剂粉末会使泵和阀磨损加速。另外，灰分还会覆盖在锅炉受热面上，使传热性变坏。（　　）

4. 燃料油中的含硫量过高会引起金属设备腐蚀和环境污染。（　　）

5. 机械杂质会堵塞过滤网，造成抽油泵磨损和喷油嘴堵塞，影响正常燃烧。（　　）

6. 燃料油的燃点越高，其饱和蒸气压越大。（　　）

7. 残炭值是指油品中焦炭的含量值。（　　）

8. 灰分较大的油品在使用中会增加机件的磨损、腐蚀和结垢积炭，因而灰分是要严格控制的。（　　）

9. 通常我们在加油站看到标号为 90、93、97 的汽油，指的是汽油的辛烷值，辛烷值越大，说明汽油的抗爆震燃烧性能越好。 （ ）

10. 煤油是压燃式发动机的燃料。 （ ）

11. 柴油是喷气式发动机的燃料。 （ ）

12. 进行原油评价，就是评判原油现有的市场价。 （ ）

项目二

石油的粗加工

知识目标

- 熟悉原油加工的一次加工、二次加工和深加工的内容；
- 了解原油进行粗加工的目的；
- 熟悉原油三段汽化常减压蒸馏工艺流程；
- 了解石油精馏塔的特点；
- 了解原油常减压蒸馏工艺的特点。

能力目标

- 判断原油加工的一次加工、二次加工和深加工的内容；
- 掌握原油进行粗加工的目的；
- 分析常减压操作的特点。

看一看下面这些图片中的生产装置（如图 2-1、图 2-2 所示），你是否认识？

图 2-1　典型的常减压装置

图 2-2　1000t/a 常减压装置

石油是由多种烃类化合物组成的，直接利用的途径很少，只能用作燃料来烧锅炉。这样使用石油，是极大的浪费。将石油加工成不同的产品，则能物尽其用，可以充分发挥其效能。从油田把预处理后的原油送到炼油厂进行加工，生产出汽油、煤油、柴油、润滑油（脂）及沥青等。

各炼油厂的总流程不尽相同，有的简单，有的复杂。例如，生产燃料用油的石油炼制流程中有三个装置，即蒸馏、裂化和焦化装置；生产润滑油的装置主要有四个，即丙烷脱沥青、溶剂脱蜡、溶剂精制和白土精制装置。

任务1
了解加工原油的“六大件法宝”

古人云“工欲善其事，必先利其器”。加工任何东西都需要有得心应手的工具。例如加工金属要用车、钳、铆、焊等各种手段；而加工木材就少不了斧子、锯子和刨子等。那么加工石油需要什么工具呢？加工原油主要有六大件法宝：加热炉、塔器、机泵、反应器、换热器和容器。

1. 加热炉

石油加工的大多数过程都是在高温下进行的，有时温度高达500℃以上。要把常温下的原料提升到那么高的温度，就要使用专门的炉子加热，因此，一进炼油厂就会看到许多炉子的烟囱。这些炉子称为管式加热炉，炉内布满了垂直的或水平的、能耐高温的合金钢管，管子里流动的是各种油料。在炉子的底部或者侧面装有一些燃烧器，燃烧器中的火嘴能喷出温度高达上千摄氏度的火焰，用以加热管子里流动的油料。加热炉所用的燃料是炼厂的副产气体和燃料油，充分利用燃料的热能是降低炼油成本的重要途径之一。所以，要设法使燃料能燃烧完全，同时尽量回收包括燃烧产生的高温烟气中的热量，使之提高热能的利用率。

目前，炼油厂使用较广泛的管式加热炉有圆筒炉、立式炉、无焰炉和大型方炉等。

（1）圆筒形管式加热炉

圆筒炉的结构分别如图2-3～图2-5所示。

图2-3 圆筒形管式加热炉

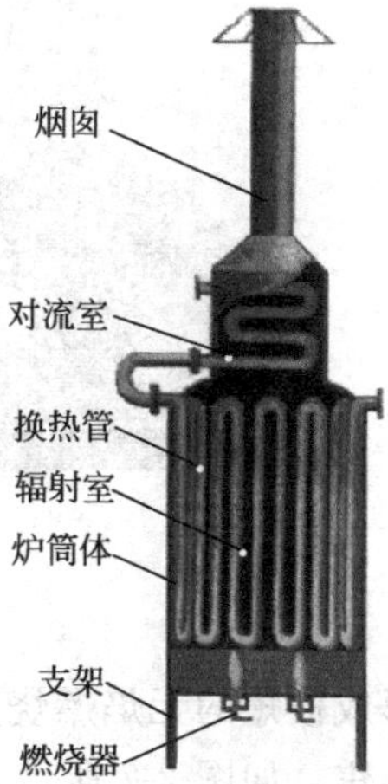

图2-4 圆筒形管式加热炉内部结构图

（2）立式加热炉

立式炉又称为箱式炉，其类型与结构如图2-6所示。

（3）无焰燃烧炉

该炉的辐射室炉管排在炉膛中间，燃烧器（又称火嘴）排在两边；气体燃料通过无焰燃

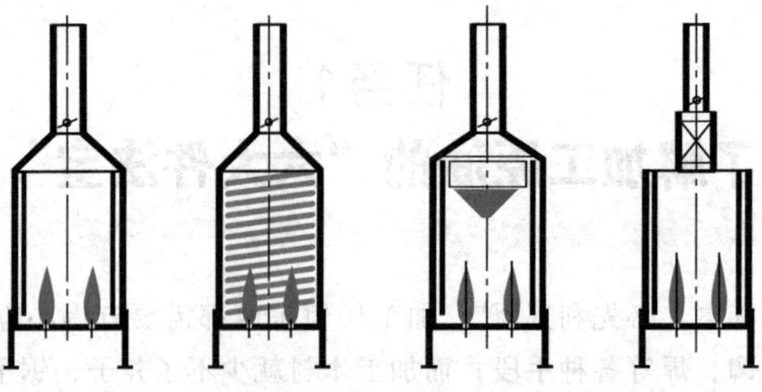

(a) 立管纯辐射炉　(b) 螺旋管炉　(c) 立管有反射锥炉　(d) 立管无反射锥炉

图 2-5　各种类型的圆筒形管式加热炉

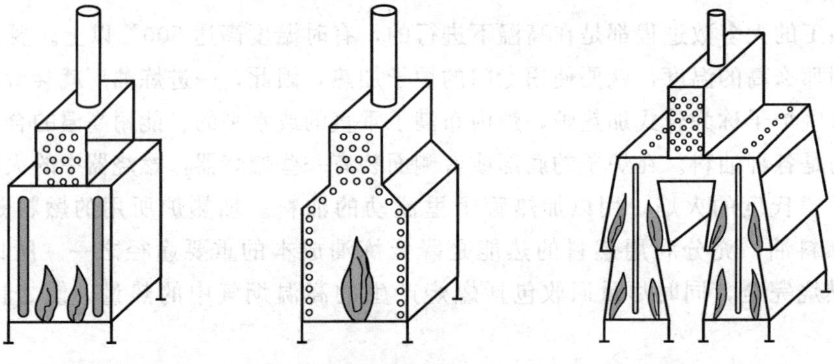

(a) 底烧竖管立式炉　(b) 底烧横管立式炉　(c) 阶梯炉

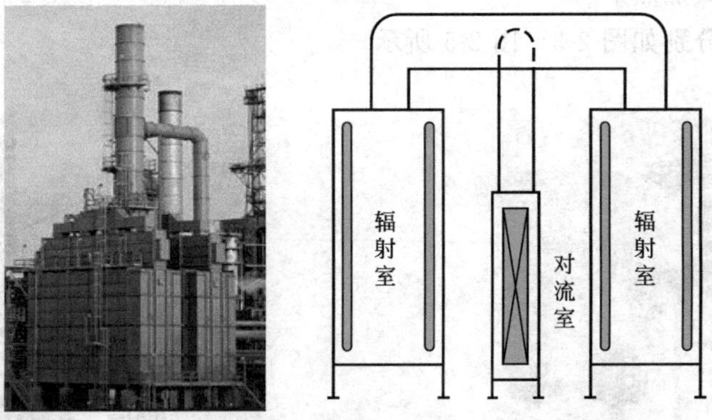

(d) BIPM 型炉

图 2-6　立式加热炉的类型

烧器喷入，形成极短的无焰燃烧火焰，使炉管双面均匀受热，尽可能减少渣油原料在炉管内壁因过热而结焦。如图 2-7 所示。

(4) 大型方炉

该炉与一般加热炉比较，其内部设有多个辐射室（即几个小型的加热炉集合在一起），每个辐射室可按加热油品的需要各自控温，而这些辐射室共同使用一个对流室，其目的是集中回收辐射室高温烟气的能量，便于综合利用，以节约能量，提高加热炉的热效率。其外观和结构如图 2-8 所示。

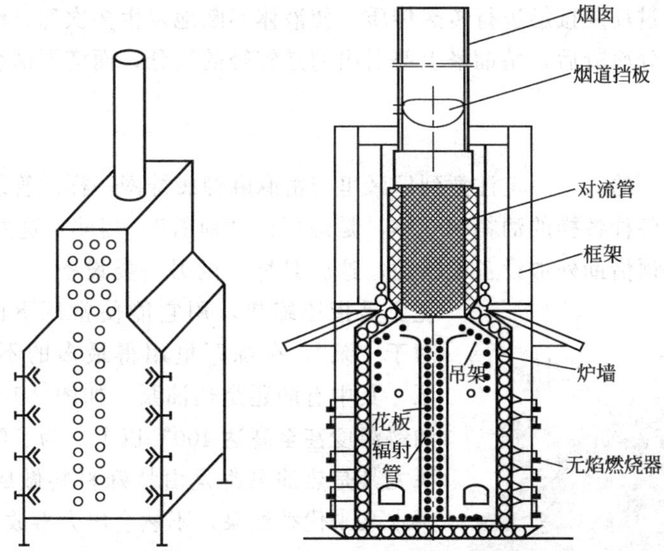

(a) 无焰燃烧炉外观　(b) 无焰燃烧炉剖面图

图 2-7　无焰燃烧炉

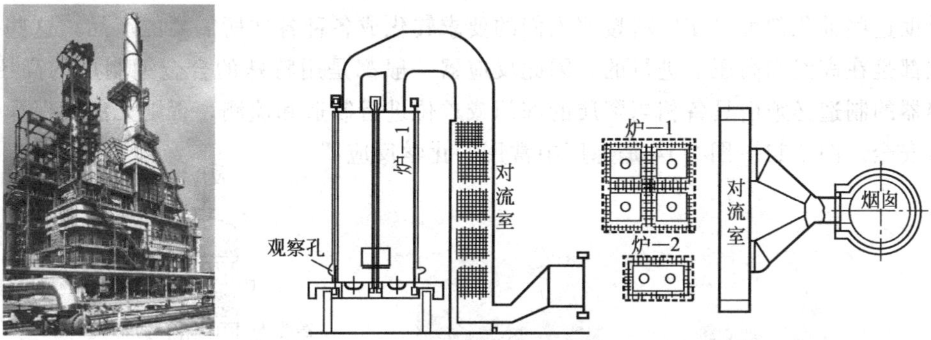

(a) 大型方炉外观　(b) 大型方炉的剖面图

图 2-8　大型方炉

2. 塔器

为了能合理利用原油并使产品达到一定的质量标准，通常需要把油料按照其沸点范围的高低进行分离、抽提、精制等，通常在这些过程中，物质发生了质量的传递，称为传质，常用的传质设备有各种塔器，例如精馏塔、吸收塔和抽提塔等。如图 2-9 所示。

图 2-9　某炼厂的塔群

各种塔器就像宝塔一样耸立着，有的高达几十米。其直径从不到 1m 的“细高个”，到十几米的“大胖子”。

各种塔器的主要组成部分是塔体和塔板或填料。也就是说，塔器内部并不是空的，有的塔内填装了形状各异的填料称为填料塔；有的塔内则像宝塔一样分为许多层，每一层上面还安装有形式不同的构件称为板式塔。塔板或填料的主要作用是提供气-液或液-液进行质量的交换或热量交换的场所。

例如：精馏塔操作时，液体从上往下流动，蒸气从下往上升，气液两相经过反复接触进行传热传质，使液体不断地发生多次部分汽化，同时蒸气也不断地发生多次部分冷凝后，精馏塔上部引出的是较轻的组分，而塔下部引出的则是较重的组分。

3. 机泵

凡是去过炼油厂的人，一定注意到厂区里密密麻麻像蜘蛛网一样的管线。这些管子里按一定方向流动着的各种各样的油料和气体，是炼厂的“血管”。当然，这些液体和气体绝不会自发地流动，必须借助外加设备来驱动，这就是炼厂的另一类设备——机泵。所谓“机”主要是指压缩机，用它能使常压下的气体提高压力。对于“泵”，在炼厂里用得最多的不是水泵，而是油泵，其中有的还是热油泵，如图 2-10 所示，所泵送的油料温度甚至高达 400℃以上。为了防止渗漏，这些油泵尤其是热油泵都是由特殊材料做成的，因而绝不能用水泵来代替油泵，不然会出大事故。

图 2-10　RY 型风冷式热油泵

4. 反应器

要进行化学反应就需要使用一种叫做反应器的设备。反应器内部大都装有具有各种功能和形状的催化剂，借助这些催化剂可以使原料按照人们的要求转化成各种各样所需要的产品。这些化学反应往往都是在高温和高压下进行的，因此反应器一般都是用特殊的合金钢制成的高压容器。这些容器的制造必须由具备相当资质的部门或单位进行制造和监测，否则无法确保操作人员的人身安全。图 2-11～图 2-14 是炼厂中常用的化学反应器。

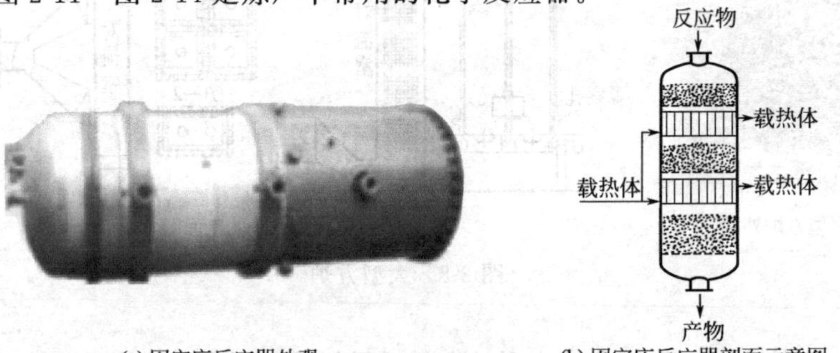

(a) 固定床反应器外观　　(b) 固定床反应器剖面示意图

图 2-11　三级绝热式固定床反应器

图 2-12　列管式反应器

图 2-13　某炼厂流化床装置

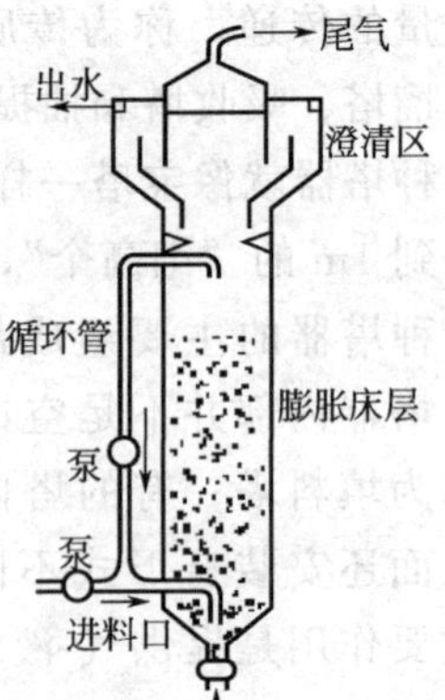

图 2-14　流化床反应器剖面示意图

5. 换热器

把热量从高温流体传给低温流体的设备，称为热交换器或换热器。在炼厂中使用大量的换热器，其目的是为了原料及油品的加热、冷凝、冷却，以及热能的综合利用，节约能源。如图 2-15 和图 2-16 所示。

图 2-15 某炼厂换热器群组 1

图 2-16 某炼厂换热器群组 2

在炼油装置中，用以制作各种换热器的钢材用量占炼厂工艺设备总用量的 40%以上。

根据换热器使用的目的不同，可将换热器分为加热器、冷凝器、冷却器、蒸发器、再沸器、锅炉、废热锅炉等。将介质加热升温的设备叫加热器；将介质从蒸气状态冷凝成为液体的设备叫冷凝器；将介质冷却降温的设备叫冷却器；通过加热使溶液浓缩，即溶液中的溶剂汽化的设备叫蒸发器；将蒸馏塔底部的液体加热并产生部分蒸气的设备叫再沸器；将水加热汽化的设备叫锅炉；锅炉所用的热源为生产中的废热或余热的设备叫废热锅炉。

换热器的类型很多，在炼油装置中采用较多的是管壳式换热器和空气冷却器。如图 2-17～图 2-20 所示。

图 2-17 具有补偿圈的固定管板式换热器

图 2-18 浮头式管壳换热器

图 2-19 再沸器

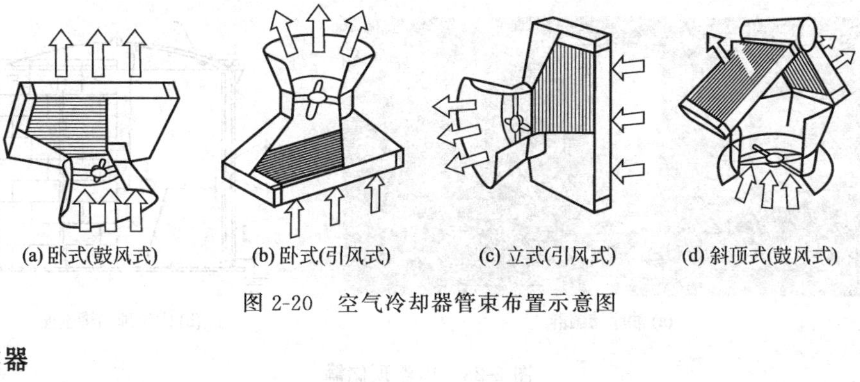

(a) 卧式(鼓风式)　(b) 卧式(引风式)　(c) 立式(引风式)　(d) 斜顶式(鼓风式)

图 2-20 空气冷却器管束布置示意图

6. 容器

在炼厂中，容器主要用于储存各种油品、液化石油气或其他物料，其中储油罐的用量最大。炼油装置中的有些容器（罐）用于气和液、油和水的分离，以及作为某些物流的缓冲罐。根据物料量和用途的不同，容器的大小从小不足 1m^3，大到几万甚至十几万立方米。如图 2-21～图 2-28 所示。

图 2-21　某大型石化企业罐区

图 2-22　10 万吨原油储罐

图 2-23　LPG 球罐

图 2-24　LPG 储罐

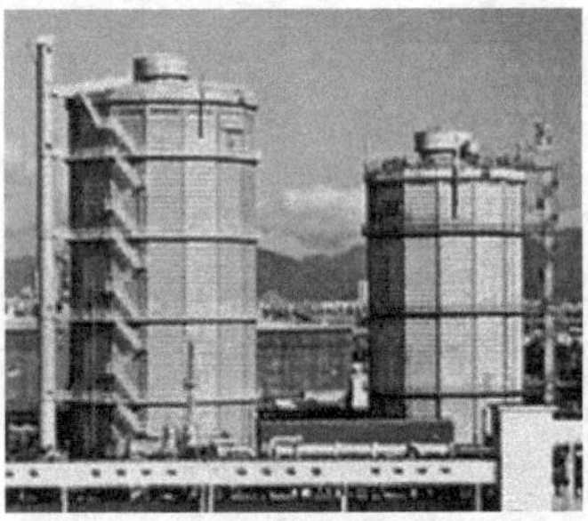

图 2-25　干式气柜

图 2-26　钢制湿式螺旋升降气柜

图 2-27　软体可折叠油罐

(a) 油库储罐群　　(b) 内浮顶储罐剖面

图 2-28　内浮顶储罐

1—罐底；2—内浮盘；3—密封装置；4—罐壁；5—固定罐顶

任务2 掌握石油加工过程的内容

在炼厂中，采用各种加工过程的组合不同，就构成不同类型的石油炼厂的主体部分。

习惯上，将石油炼制过程不很严格地分为一次加工、二次加工、气体加工三种加工过程。

1. 一次加工过程

将原油用蒸馏的方法分离成为轻重不同馏分的过程，称为原油的一次加工，也称为原油蒸馏。它包括原油预处理、常压蒸馏和减压蒸馏等过程。一次加工产品可以粗略地分为：①轻质馏分油（即“轻质油”），指馏程约370℃以下的馏出油，如粗汽油、粗煤油、粗柴油等；②重质馏分油（即“重质油”），指馏程约在350℃以上的重质馏出油，如重柴油、各种润滑油馏分、裂化原料等；③渣油（又称残油），习惯上将原油经过常压蒸馏所得的塔底油称为重油（也称常压渣油、半残油、拔头油等）。该加工过程亦称为石油的粗加工，属于物理加工过程。

在通常情况下，石油被加热到350℃送入常压塔，其中沸点较低的烃，逐渐汽化后，经过一层一层的塔盘直至上升到塔顶。由于塔内的操作温度是由下而上逐渐降低的，所以，当石油蒸气自下而上经过塔盘时，不同的烃就按各自沸点的高低分别在不同温度的塔盘里凝结成液体。这样，使得石油“大家庭”中的烃成员实现了第一次“分家”，人们即在其中获得了不同的产品。留在塔底的是没有被汽化、沸点在350℃以上的重油。众所周知，大气压力越低，水的沸点就越低。设法降低加热炉和精馏塔里的压力，使重油的沸点降低，下一步给重油中烃“成员”分家，就可获得润滑油、石蜡等产物。由于这部分产物含蜡较高，所以又叫减压馏分油。如图 2-29 所示。

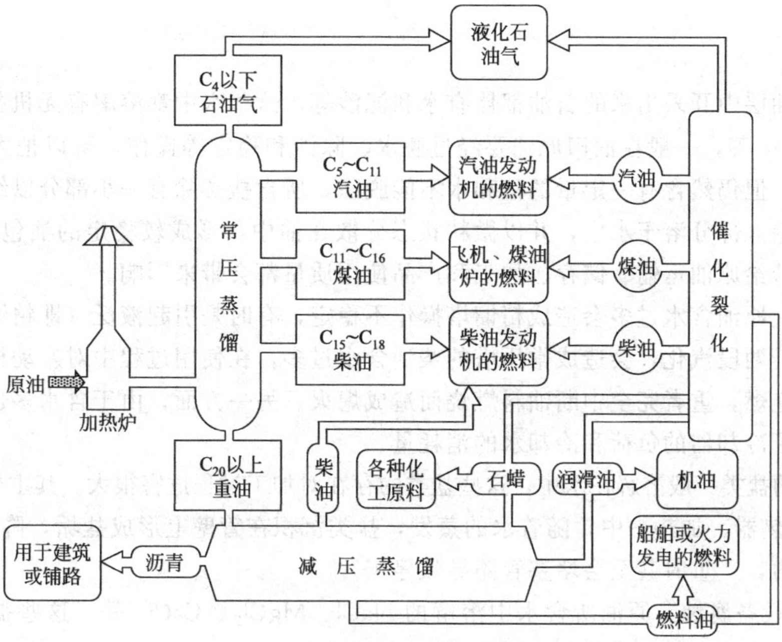

图 2-29 石油分馏及油品用途示意图

2. 二次加工过程

将一次加工所得的主要产物进行再加工的过程，称为二次加工过程。该过程主要是将常压重质馏分油和渣油经过各种裂化生产轻质油的过程，它包括催化裂化、热裂化、石油焦化、加氢裂化等。其中石油焦化本质上也是热裂化，但它是一种完全转化的热裂化，产品除轻质油外还有石油焦。二次加工过程有时还包括催化重整和石油产品精制。前者是使汽油分子结构发生改变，用于提高汽油辛烷值或制取轻质芳烃（苯、甲苯、二甲苯）；后者是对各种汽油、柴油等轻质油品进行精制，或从重质馏分油制取馏分润滑油，或从渣油制取残渣润滑油等。该过程亦称为石油的精加工，属于化学加工过程。

3. 气体加工过程

主要是将一、二次加工产生的各种气体进一步加工（即炼厂气加工），以生产高辛烷值汽油馏分和石油化工原料的过程，称为深加工过程。它包括石油烃烷基化、烯烃叠合、石油烃异构化等。该过程亦称为石油的细加工。

小问题　*石油炼制能力和石油加工能力有何区别？*

石油炼制能力　可以理解为原油的初提炼能力，即第一步把石油进行粗分离，就是炼制能力。

石油加工能力　是在初提炼出的各种成分油的基础上进一步加工，或者深加工的能力。换言之，是用石油的初步产品向下游延伸的工业产能、技术能力的总概括。

任务3　了解原油蒸馏前需要进行脱盐脱水预处理的原因

从地底油层中开采出来的石油都伴有水和泥沙等，这些水中都溶解有无机盐，如 $NaCl$、$MgCl_2$、$CaCl_2$ 等，一般在油田原油要经过脱水、除沙和稳定等操作，可以把大部分水及水中的盐脱除，但仍然含有一定量的盐和水不能脱除，所含盐类除有一小部分以结晶状态悬浮于油中外，绝大部分溶于水中，并以微粒状态分散在油中，形成较稳定的油包水型乳化液。原油含水含盐给原油运输、储存、加工和产品使用质量都会带来影响。

一方面，原油含水过多会造成精馏塔操作不稳定，有时是引起液泛（即精馏塔冲塔）的主要原因，若两段汽化，会造成常压塔的柴油含水过多，在使用过程中对发动机轻者造成火焰的迸散、逆燃，重者完全中断油料燃烧而造成熄火。另一方面，由于含水多也增加了热能消耗，增大了冷却器的负荷和冷却水的消耗量。

原油中的盐类一般溶解在水中，这些盐类的存在对加工过程危害很大。其主要表现如下。

① 在换热器、加热炉中，随着水的蒸发，盐类沉积在管壁上形成盐垢，降低传热效率，增大流动阻力，严重时甚至会堵塞管路导致停工。

② 造成设备腐蚀。原油所含水中溶解的 $NaCl$、$MgCl_2$、$CaCl_2$ 等，这些盐类在原油蒸馏过程中会发生水解反应，生成具有强腐蚀性的 HCl：

$$MgCl_2 + 2H_2O \xrightarrow{120℃} Mg(OH)_2 + 2HCl\uparrow$$

$$CaCl_2 + 2H_2O \xrightarrow{175℃} Ca(OH)_2 + 2HCl\uparrow$$

$$NaCl + H_2O \xrightarrow{<300℃} NaOH + HCl\uparrow$$

在加工含硫原油时，精馏装置的塔顶系统中硫化氢含量将加剧上升。如果氯化氢水溶液中同时有硫化氢存在，由于硫化氢的类似催化作用，将使腐蚀程度加剧。当硫化氢浓度较高时，可发生下述反应：

$$Fe + H_2S \longrightarrow FeS\downarrow + H_2\uparrow$$

$$FeS + 2HCl \longrightarrow FeCl_2 + H_2S\uparrow$$

③ 原油中的盐类在蒸馏时，大多残留在渣油和重馏分中，将会影响石油产品的质量。

根据上述原因，目前国内外炼油厂要求原油进入炼油装置之前，要将原油中的含盐量脱除至小于 3mg/L，含水量小于 0.2%。

任务4 了解原油乳化液的形成和类型

油和水是两种互不相溶的液体，如果其中一种液体在外力的作用下，以微小液滴的形式分散于另一种液体中，便形成了乳化液体系。如果同时有乳化剂存在，则这种系统可以稳定地存在相当长的时间。

原油在开采过程中，油、水和原油中的乳化剂（如沥青质、蜡、胶质、环烷酸、二氧化硅、硫化铁、铁的氧化物，以及微小固体杂质等）受泵、阀门的机械作用，或在管道中的湍流作用下，可形成比较稳定的乳化液。

乳化液可分三种类型：W/O 型（水在油中）、O/W 型（油在水中）、多相乳化液。

1. W/O 型乳化液

含水原油乳化主要是形成油包水型乳化液。这种乳化液呈黏稠液体状，电导率低，连续介质（原油）可被油溶性颜料染色，因此可通过染色法进行判定。

2. O/W 型乳化液

主要表现为含油污水，其特征为电导率高，连续介质（水）可被水溶性颜料染色，可通过测定电导率和用染色法进行鉴别。

3. 多相乳化液

这种乳化液是 W/O 型和 O/W 型两种乳化液同时存在于一个物系中，破乳相当困难。

任务5 了解一些原油乳化液的破乳方法

采取一些措施，设法破坏或减弱油水界面上乳化剂的稳定性，便可以达到破乳的目的。

这些措施包括：控制工艺条件，使乳化剂分解；加入化学药剂与乳化剂反应，使其失去或减弱乳化能力；提高温度，增加乳化剂在原油中的溶解度，从而减弱油水界面上乳化膜的强度并影响乳化剂的定向排列等。

1. 化学方法

原油中加入破乳剂是一种常见的化学破乳方法。破乳剂在原油中分散后，逐渐接近油水界面并被油面膜吸附。由于它有比天然乳化剂更高的活性，因而可将乳化膜中的天然乳化剂替换出来，新形成的膜是不牢固的，界面膜容易破裂而发生聚结作用，实现油水分离。破乳剂还有湿润原油中固体颗粒的作用，使其脱去外部油膜进入水相而脱掉。

2. 电场法

乳化液在电场中破乳主要是静电力作用的结果。无论是在交流还是在直流电场中，乳化液中的微小水滴都会因感应产生诱导偶极，即在顺电场方向的两端带上不同电荷，接触到电极的微滴还会带上静电荷，因而在相邻的微滴间和微滴与电极板间均产生静电力。微滴在静电力作用下运动速度加快，动能增加，相互碰撞的机会增多，最终动能和静电力位能克服乳化膜障碍，彼此实现聚结。

3. 其他方法

除上述破乳方法外，还有离心分离法：利用分散相和分散介质的密度差，在离心力作用下实现分离；加压过滤法：使乳化液通过吸附层（如硅铝酸盐烧结材料等），乳化剂被吸附层吸附，乳化膜被破坏，实现分离；泡沫分离法：使分散相油滴吸附在泡沫上，浮到水面，进行油水分离。

目前，大型工业化电脱盐装置的破乳过程可分为两个阶段：第一阶段为小水滴相互聚集和靠近，即絮凝阶段；第二阶段为两个或多个小水滴聚结长大，变成大水滴，如图 2-30 所示。

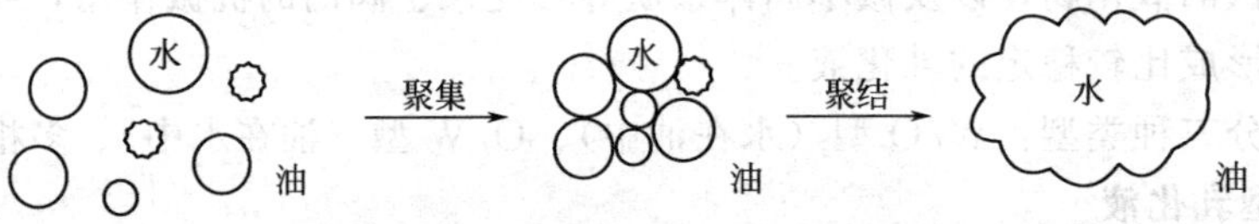

图 2-30 乳化液的破乳过程示意图

任务6
了解原油电脱盐方法的基本原理

原油中的盐大部分溶于所含水中，故脱盐脱水是同时进行的。为了脱除悬浮在原油中的盐粒，在原油中注入一定量的新鲜淡水（注入量一般为 5%），充分混合后，通过电化学进行脱盐的过程称为电脱盐。

在图 2-31 中，380V 交流电源经升压整流变为电压 5.85～11.25kV 的直流电送至电极，并在极板间形成直流强电场。同时，在极板与水层之间形成交流弱电场。图中两电极间并没有形成回路，但由于在电极板正负转换断电瞬间电压下降时有延时现象，所以在电极与水面之间有交变电场存在。而且，因为是半波整流，所以每组电极之间的电压只有交流电压的

45%，脱盐电耗也只有全波整流电脱盐的一半。

原油乳化液通过高压电场时，在分散相水滴上形成感应电荷，带有正、负电荷的水滴在作定向位移时，相互碰撞而合成大水滴，加速沉降。水滴直径越大，原油和水的相对密度差越大；温度越高，原油黏度越小，沉降速度越快。在这些因素中，水滴直径和油水相对密度差是关键，当水滴直径小到使其下降速度小于原油上升速度时，水滴就不能下沉，而随油上浮，达不到沉降分离的目的，如图 2-32 所示。

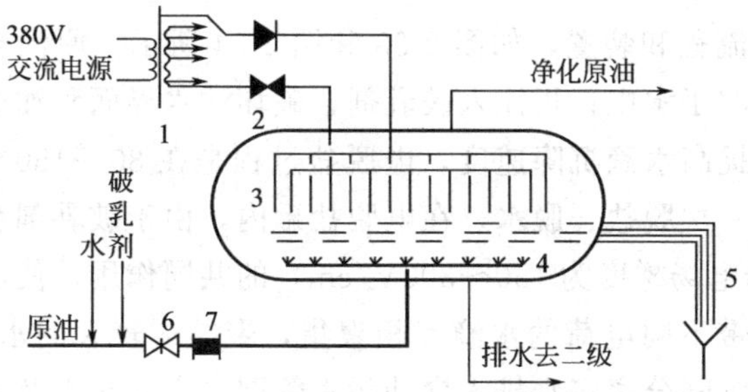

图 2-31 交直流脱盐器结构示意图

1—变压器；2—整流器；3—电极板；4—分布管；5—界位管；6—混合阀；7—混合器

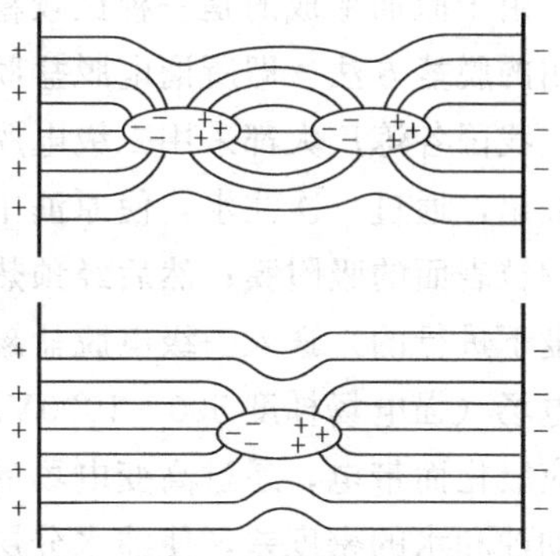

图 2-32 高压电场中水滴的偶极聚结

应用电化学分离或加热沉降方法脱除原油所含水、盐和固体杂质的过程，主要目的是防止盐类（钠、钙、镁的氯化物）离解产生氯化氢而腐蚀设备和盐垢在加热炉的炉管、输送管道、管件和阀件内沉积。

任务7 了解原油常减压工艺过程的“一脱三注”

HCl 和 H_2S 的沸点都非常低（标准沸点分别为−84.95℃和−60.2℃）。在原油加工过程中形成的 HCl 和 H_2S 均伴随着油气集聚在常减压蒸馏装置“三顶”，即初馏塔、常压塔和减压塔塔顶。在 110℃以下遇到蒸汽冷凝水会形成 pH=1～1.3 的强酸性腐蚀介质，对设备产生腐蚀。对于碳钢为均匀腐蚀，对于 0Cr13 钢为点蚀，对于奥氏体不锈钢则为氯化物应力腐蚀开裂。

以防护 H_2S-HCl-H_2O 型腐蚀为主的工艺有“一脱四注”或“一脱三注”。由于常减压蒸馏装置塔顶腐蚀环境中氯离子的浓度较高，再加上各种应力的影响，极易造成氯离子应力腐蚀开裂，所以低温轻油部位的材质较难升级。国内绝大部分炼厂常减压塔顶冷凝冷却系统仍采用碳钢，因此以“一脱四注”为核心内容的传统工艺防腐蚀手段显得异常重要。考虑到钠离子对二次加工装置加工工艺的影响，炼厂已将“一脱四注”改为“一脱三注”。

原油常减压工艺过程“一脱三注”系统包括：原油电脱盐、分馏塔顶注氨、注水、注缓蚀剂等工艺过程，其目的是为了脱除原油中的盐，减轻设备、管道、管件和阀件等腐蚀。

1. “一脱”——原油电脱盐

“一脱”是原油深度脱盐，一方面是深度脱除钠盐，由于钠离子易引起加氢脱硫催化剂的中毒，因此对原料油中的钠离子含量要求很严格。另一方面，为减轻塔顶 HCl 带来的腐蚀，要求电脱盐装置不仅脱钠离子，而且有效脱除钙、镁、铁离子，尽量降低塔顶冷凝冷却系统 HCl 的生成量。

由于原油形成的是一种比较稳定的乳化液，炼厂广泛采用的是加破乳剂和高压电场联合作用的脱盐方法，即所谓电脱盐脱水。

我国各炼厂大都采用二级电脱盐脱水流程和装置，如图 2-33 和图 2-34 所示。原油自油罐抽出，通过一次注水，使原油中的盐分溶于水中；再注入破乳剂，破坏油水界面和油中固体颗粒表面的吸附膜；然后经预热（为了提高水滴沉降速度，电脱盐过程是在 80～150℃的温度下进行的）送入一级电脱盐罐进行第一次脱盐、脱水。在电脱盐罐内，由于破乳剂和高压电场（强电场梯度 500～1000V/cm，弱电场梯度为 150～300V/cm）的共同作用，使水滴感应极化而带电，通过高变电场的作用，带不同电荷的水滴互相聚集，聚结成较大的水滴，借助油和水的密度差，使油水分层，通过沉降分离将水排入含油污水管网（主要是水及溶解在其中的盐，还有少量的油）。一级电脱盐的脱盐效率约为 90％～95％。经一级脱盐后的原油再与破乳剂及水混合后送入二级电脱盐罐进行第二次脱盐、脱水。通常二级电脱盐罐排出的水含盐量不高，可将它回流到一级混合阀前，这样既节省用水又减少含盐污水的排出量。在电脱盐罐前一次注水（注入量一般为 5％）的目的在于溶解悬浮在原油中的结晶盐粒，同时也可减弱乳化剂的作用，有利于水滴的聚集。二次注水是为了增大原油中的水量，以增大水滴的偶极聚结力。一般控制脱盐后原油含盐量＜3mg/L，脱后原油含水量＜0.2％。

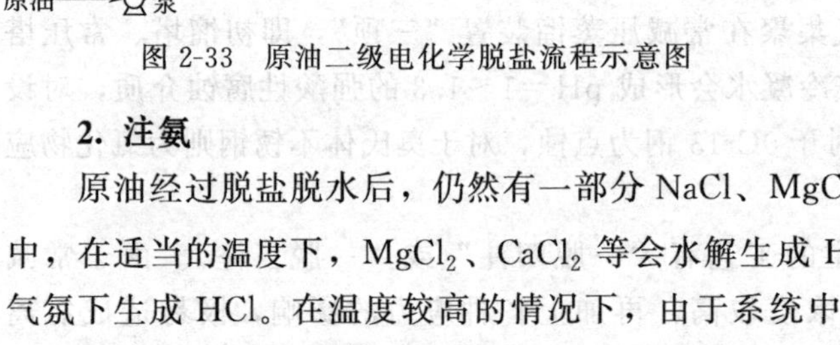

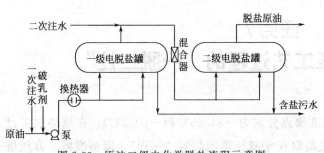

图 2-33　原油二级电化学脱盐流程示意图

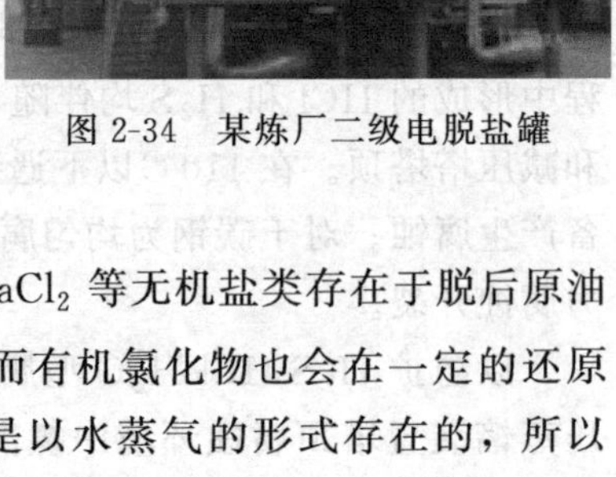

图 2-34　某炼厂二级电脱盐罐

2. 注氨

原油经过脱盐脱水后，仍然有一部分 NaCl、$MgCl_2$、$CaCl_2$ 等无机盐类存在于脱后原油中，在适当的温度下，$MgCl_2$、$CaCl_2$ 等会水解生成 HCl，而有机氯化物也会在一定的还原气氛下生成 HCl。在温度较高的情况下，由于系统中的水是以水蒸气的形式存在的，所以 HCl 不能和水形成盐酸溶液，因而此时的 HCl 不会对设备造成腐蚀。

在常减压蒸馏装置“三顶”系统中，由于随温度的降低，系统中的水蒸气逐步冷凝而形成液态水至回流罐与油气分离，而 HCl 的凝析特性又是极易溶于水的，因而大量的 HCl 均进入少量的初期冷凝水中，使露点位置的初期冷凝水 pH 非常低，对设备造成非常严重的腐蚀。随系统温度的进一步降低，冷凝水的量逐步增加，高浓度的盐酸被稀释，对设备的腐蚀将比露点位置轻。这也是经常看到回流罐的腐蚀并不严重，而最严重的腐蚀经常发生在空冷器和水冷器附近的原因。

注氨的目的是中和 HCl、H_2S 等酸性气体以减轻设备腐蚀，并通过注氨量来调节 pH 以充分发挥缓蚀剂对设备的保护作用。中和反应式如下：

$$NH_3 + HCl \longrightarrow NH_4Cl$$

$$H_2S + 2NH_3 \longrightarrow (NH_4)_2S$$

注氨是在常减压蒸馏装置“三顶”的馏出线处注入过量的氨水。但注氨中和效果差，生成的 NH_4Cl 容易结垢，一方面容易引起堵塞，另一方面容易产生垢下腐蚀（据统计，垢下腐蚀破坏占设备破坏的 80%左右）。若加工进口含硫原油后，塔顶冷凝冷却系统中 H_2S 含量增加，结垢和腐蚀的问题更为突出。有的炼厂采用注有机胺，取得了很好的中和效果，但有机胺价格昂贵，因此有的炼厂采用氨和有机胺按一定比例混注的方法，效果也较好。

3. 注水

在常减压装置中，注水的意义有：一是在电脱盐时注水，使原油中的盐分溶于水中，再通过注入破乳剂和在高压电场的作用下，使微小水滴逐步聚集成较大水滴，借重力从油中沉降分离，达到脱盐脱水的目的；二是在挥发线气相馏出管线上注水，可以冲洗掉注氨所生成的铵盐，以减轻污垢下的腐蚀，还可以使冷凝冷却器的露点部位外移，稀释腐蚀介质浓度，从而保护冷凝设备。

4. 注缓蚀剂

缓蚀剂是一种具有长烷基链和极性基团的有机化合物。它吸附在金属表面上，形成单分子层抗水性保护膜，使腐蚀介质不能与金属表面直接接触，从而保护设备免遭腐蚀。

塔顶系统使用的缓蚀剂有水溶性或油溶性的。水溶性缓蚀剂，其“极性”头部附着于金属表面，尾部则溶于水中，在某些“极性”头部排列不紧密的地方，水分子仍有可能接触并攻击金属表面，造成腐蚀。油溶性缓蚀剂在进入系统后，其“极性”头部附着于金属表面，非极性尾部则伸入油中，形成水分子难以渗入的保护层，即使在某些“极性”头部排列不甚紧密的地方，由于非极性尾部所在油层的保护，水分子依然难以接触到金属表面，有效地保护了设备表面。

成膜缓蚀剂的品质表现在两个方面：一是“极性”头部与金属表面结合的强度，二是对系统中缺陷膜的修复能力。由于塔顶物流的 90%以上是油，油溶性缓蚀剂更容易在物流中分散，起到保护和修复作用。

塔顶挥发线注缓蚀剂可以对注入点以后一系列设备进行防护，如果塔顶内部腐蚀严重，应在塔顶回流系统注入缓蚀剂。缓蚀剂用量过高，能够造成系统乳化，使油水分离出现困难，影响正常操作，因此对特定的缓蚀剂应该进行评价，控制注入量，达到既控制腐蚀又不影响正常操作。

任务8
掌握原油的常减压蒸馏工艺流程

所谓工艺流程，就是一个生产装置的设备（如塔、反应器、加热炉）、机泵、工艺管线按生产的内在联系而形成的有机组合。

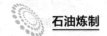

在常减压装置中，都有一个“高瘦”和一个“矮胖”这样两个直立着的塔器，它们都属于精馏塔。“高瘦”者称为常压分馏塔（简称常压塔）；“矮胖”者称为减压分馏塔（简称减压塔）。简单地说，原油经过常压加热炉加热后，先送入常压塔进行分馏，然后将常压塔塔底的产物，经减压加热炉加热后再送入减压塔进行分馏。这个过程在炼油厂就称为原油蒸馏过程。

从图 2-29 中得知，从原油常压蒸馏得到的产物，通常称作直馏产品，这是人们促使石油“大家庭”在第一次“分家”中所获得的第一代产品。这些产品的数量有限。对我国的石油组成来说，一般可获得 25%～40% 的直馏轻质油品和 20%～30% 的蜡油。原油蒸馏所剩下的渣油，虽然可供锅炉、电站等当燃料，这显然没有合理充分地利用宝贵的石油资源。

目前，炼厂最常采用的原油蒸馏流程有两段汽化流程和三段汽化流程两种类型。原油蒸馏流程的两段汽化流程只包括两个部分，即常压蒸馏和减压蒸馏。而原油蒸馏流程的三段汽化流程包括三个部分，即原油初馏、常压蒸馏和减压蒸馏等。

1. 初馏塔的作用

原油蒸馏是否采用初馏塔，应根据具体条件对有关因素进行综合分析而定。初馏塔有以下几个作用。

（1）拔出原油中的较轻组分

如果原油所含的轻馏分较多，则原油经过一系列热交换后，温度升高，轻馏分汽化，会造成管路巨大的阻力，其结果是要将原油泵的出口压力升高，换热器的耐压能力也要增加。

如果能将原油换热过程中已经汽化的较轻组分及时分离出来，使这部分较轻馏分不必再进入常压炉等后续设备和管路中，可减少管路阻力，降低能耗。因此，当原油含汽油馏分≥20%时，需采用初馏塔。

（2）进一步解决原油脱水效果欠佳

如果原油脱盐脱水效果不好，进入换热系统后，尽管原油中轻馏分含量不高，但水分的汽化也会造成管路中相当大的阻力，其结果与（1）相似。

（3）减少催化剂被砷中毒

如果进入重整装置的原料油中含砷量超过 200μg/g，仅靠预加氢精制很难降低砷含量，而重整催化剂极易被砷中毒而永久失活。

（4）进一步解决含硫、含盐原油对设备和管路的腐蚀

若加工含硫原油时，在温度超过 160～180℃的条件下，某些含硫化合物会分解而释放出 H_2S，原油中的盐分则可能水解而析出 HCl，造成分馏塔顶部、气相馏出管线与冷凝冷却系统等低温部位的严重腐蚀。设置初馏塔可使大部分腐蚀介质转移到初馏系统，从而减轻了后续设备和管路的腐蚀，降低了设备维修费用，这在经济上是合理的。

要从根本上解决腐蚀问题，就需要加强脱盐、脱水和防腐措施，这样可以大大地减轻常压塔的腐蚀而又不必设初馏塔。采用两段汽化蒸馏流程时，这些现象都会出现，给操作带来困难，影响产品质量和收率。

2. 原油蒸馏的三段汽化流程

在大型炼厂的原油蒸馏装置中多数采用三段汽化流程，如图 2-35 和图 2-36 所示。

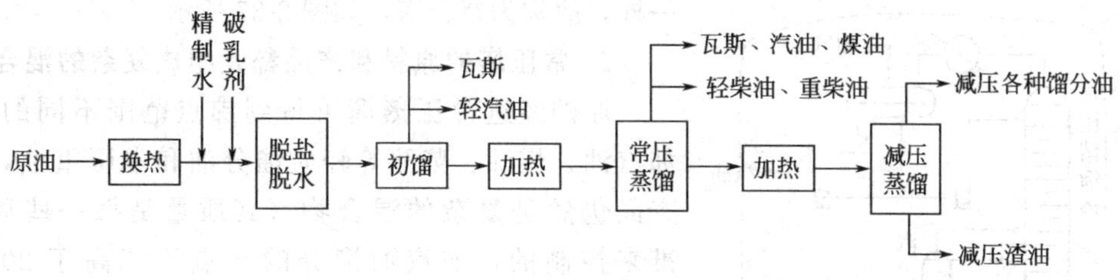

图 2-35 原油三段汽化常减压蒸馏工艺流程方框图

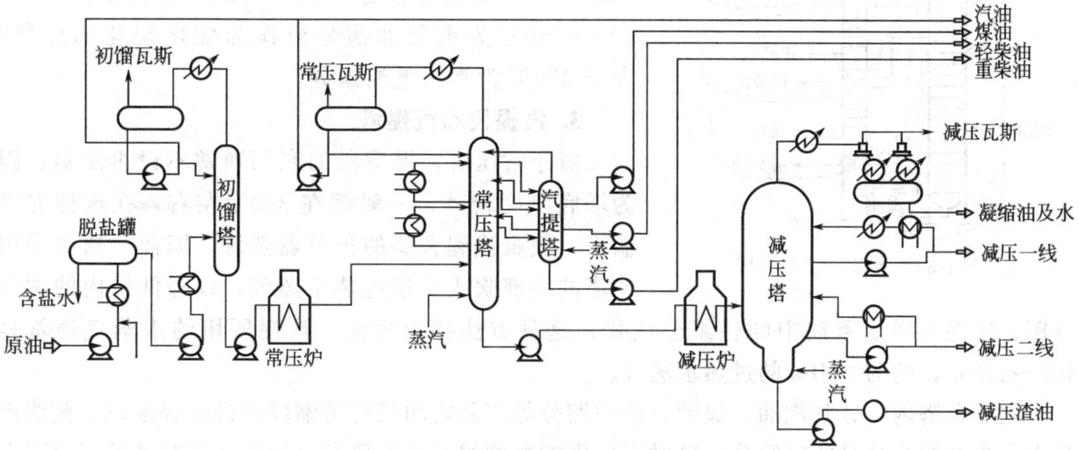

图 2-36 原油三段汽化常减压蒸馏工艺流程图

原油经预热至 200～240℃后，送入初馏塔进行初步的分离。在初馏塔塔顶蒸出的是轻汽油和水的混合蒸气，经过冷凝冷却后，引入油水分离器分离出水和不凝气体（即瓦斯），得轻汽油（国外称“石脑油”）。不凝气体称为“原油拔顶气”，占原油质量的 0.15%～0.4%，可用作燃料或生产烯烃的裂解原料。初馏塔底油，经常压加热炉加热至 360～370℃，进入常压塔，塔顶引出的油气经过冷凝和气液分离得到汽油，第一侧线出煤油，第二侧线出柴油。将常压塔釜重油在减压加热炉中加热至 380～400℃，进入减压蒸馏塔。采用减压操作是为了避免在高温下重组分的分解裂化。减压塔侧线油和常压塔三、四线油，总称“常减压馏分油”，用作炼厂的催化裂化等装置的原料。

任务9
了解原油的常压蒸馏工艺的特点

原油的常压蒸馏就是原油在常压（或稍高于常压）下进行的分馏，所用的蒸馏设备叫做原油常压分馏塔，简称常压塔。它具有以下工艺特点。

1. 常压塔是一个复合塔

原油通过常压蒸馏进行切割成汽油、煤油、轻柴油、重柴油和重油等四、五个油品馏分。按照一般的多元精馏办法，需要有 $n-1$ 个精馏塔才能把原料分割成 n 个馏分。而常压塔却是在塔的侧面开有若干个侧线引出口，以得到如上所述的多个油品馏分，就像 n 个塔叠加在一起

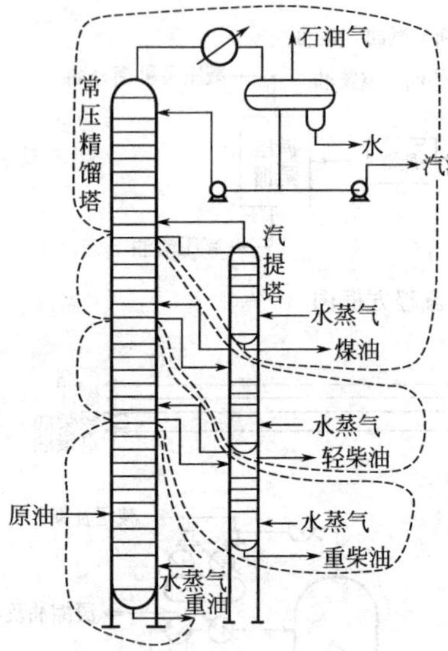

图 2-37　原油蒸馏复合塔

一样，故称为复合塔，如图 2-37 所示。

2. 常压塔的原料和产品都是组成复杂的混合物

原油经过常压蒸馏可得到沸点范围不同的馏分，如汽油、煤油、柴油等轻质馏分油和常压重油，这些产品仍然是复杂的混合物（其质量是靠一些质量标准来控制的，如汽油馏分的干点不能高于 205℃）。35～150℃为石脑油馏分或作为催化重整的原料，130～250℃为煤油馏分，250～300℃为轻柴油馏分，300～350℃为重柴油馏分或作为催化裂化的原料，大于 350℃为常压重油馏分。

3. 汽提段和汽提塔

对于常压塔，提馏段的底部通常不设再沸器。因为塔底温度较高，一般都在 350℃左右，在这样的高温下，很难找到合适的再沸器热源，因此，通常采用向塔的底部吹入少量过热水蒸气，以降低塔内的油气分压，使混入塔底重油中的轻组分汽化，这种方法称为汽提。汽提所用的水蒸气通常是 400～450℃，约为 3MPa 的过热水蒸气。

在复合塔内，分割汽油、煤油、柴油馏分等产品之间只有精馏段而没有提馏段，侧线产品中会含有相当数量的轻馏分，这样不仅影响本侧线产品的质量（如煤油和柴油的闪点不合格），而且还会影响前一馏分的收率。因此，通常在常压塔的旁边设置若干个侧线汽提塔，其作用相当于各侧线的提馏段。汽提塔内装有 4～6 块塔板。这些汽提塔重叠在一起，但相互之间是分隔开的，侧线产品从常压塔中部抽出，送入汽提塔上部，从该塔下部通入 280～420℃的水蒸气进行汽提，汽提出的低沸点组分同水蒸气一起从汽提塔顶部引出返回常压塔，侧线产品由汽提塔底部抽出送出装置。

4. 中段循环回流

在常压塔中，除了采用塔顶回流外，通常还设有 2～3 个中段循环回流，即从常压塔上部的精馏段引出部分液相热油，经过与其他冷流体换热或冷却后再返回常压塔中，返回口比抽出口通常高 2～3 层塔板。

中段循环回流的作用是，在保证产品分离效果的前提下，取走精馏塔中多余的热量，这些热量因温度较高，因而是价值很高的可利用热源。采用中段循环回流的好处是：在相同的处理量下可缩小塔径，或者在相同的塔径下可提高塔的处理能力。

任务10
了解原油蒸馏的减压塔的特点

与一般的精馏塔和原油常压塔相比，减压塔有以下几个特点。

1. 减压下蒸馏不易发生分解反应

原油在常压下蒸馏，只能够得到各种轻质馏分。常压塔底产物（即常压重油）是原油中比较重的馏分，沸点一般高于 350℃，而各种高沸点馏分，如裂化原料和润滑油馏分等都存在其中。要想从重油中分离出这些馏分，就需要把温度提高到 350℃以上，而在这一高温下，原油中的稳定组分和一部分烃类就会发生分解，降低了产品质量和收率。为此，将常压重油在减压条件下蒸馏，蒸馏温度一般限制在 420℃以下。降低压力使油品的沸点相应下降，上述高沸点馏分就会在较低的温度下汽化，从而避免了高沸点馏分的分解。减压塔是在压力低于 100kPa 的负压下进行蒸馏操作。

2. 减压塔分燃料油型与润滑油型两种

如图 2-38 所示，为燃料油型减压塔，主要生产二次加工的原料。例如，生产催化裂化或加氢裂化的原料。它对分离精度要求不高，希望在控制杂质含量的前提下。例如，残炭值低、重金属含量少等，尽可能提高馏分油的拔出率。

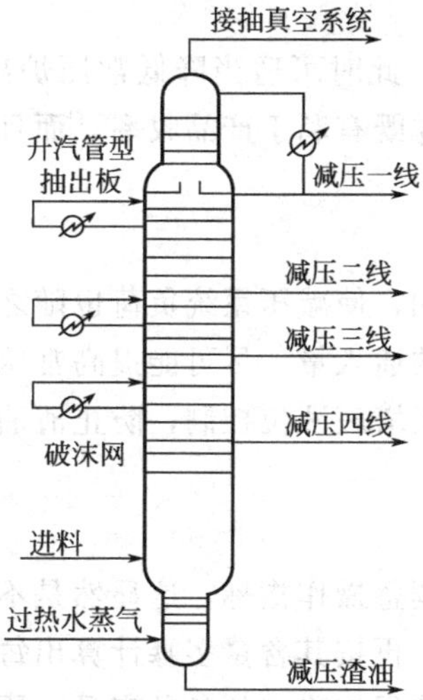

图 2-38　燃料油型减压塔

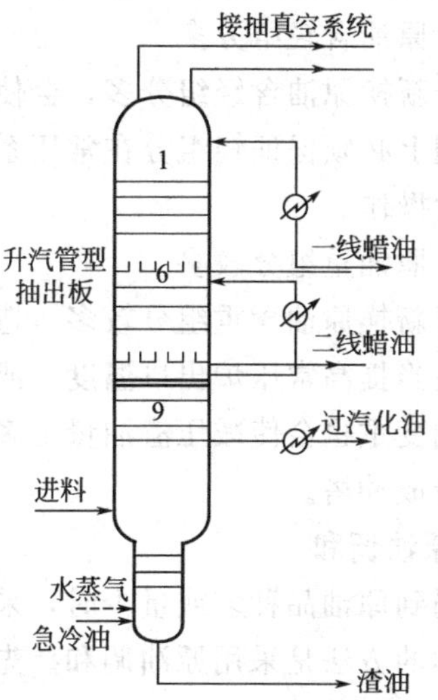

图 2-39　润滑油型减压塔

如图 2-39 所示，为润滑油型减压塔，以生产润滑油料为主。其目的是希望得到黏度合适、残炭值低、颜色浅、安定性好和馏程较窄的润滑油料。因此不仅要求拔出率高，还要具有较高的分离精度。

3. 减压塔的真空度高、阻力小、塔径大、塔板数少

减压塔中，为了尽量提高馏分的拔出率而又避免分解，要求减压塔在经济合理的条件下尽可能提高汽化段的真空度。因此，一方面要在塔顶配备强有力的抽真空设备，另一方面还要减小塔板的阻力。减压塔内应采用阻力较小的塔板，常用的有舌型塔板、网孔塔板等。减压馏分之间的分馏精度要求一般比常压塔的要求低，因此通常在减压塔的两个侧线馏分之间只设 3～5 块精馏塔板。在减压条件下，一方面塔内的油气、水蒸气、不凝气的体积变大，减压塔径也变大；另一方面由于压力低，各组分的沸点也相应地降低，易于分离，与常压塔相比，减压塔的塔板数要少。

4. 缩短渣油在减压塔内的停留时间

减压塔底部的减压渣油是最重的馏分，馏程一般在 390℃左右，减压渣油如果在高温下停留时间过长，其分解和缩合等反应会进行得比较显著，导致不凝气增加，使塔的真空度下降，塔底容易结焦，影响塔的正常操作。因此，减压塔底部常用缩小直径的办法，以缩短渣油在塔底的停留时间。此外，由于减压塔顶不出产品，减压塔的上部气相负荷较小，通常也采用缩径的办法，使减压塔成为一个中间粗、两头细的精馏塔。

任务11
了解原油品种变化的应对方法

我们知道，一个炼油企业，不可能只是加工某一个品种的原油。当遇到原油品种变化时，可以采取以下应对方法。

1. 按新换原油性质重新确定操作指标

(1) 原油含轻组分多

由于新换原油含轻组分多，会使常压系统负荷加大，此时可适当降低常压炉出口温度。但在原则上必须保证轻组分在常压系统内充分蒸发。这样既有利于产品收率，而且不影响减压系统的操作。

(2) 原油重组分较多

由于新换原油含重组分较多，造成常压塔重油量增加，使减压系统负荷也随之增大，这时应该适当提高常压炉出口温度，或加大常压塔水蒸气的通入量，尽可能提高常压塔的拔出率。原油变重也会使减压渣油量增多，操作中要注意减压塔底液位控制，防止渣油泵送量不及时而造成冲塔。

2. 原油调和

如遇到原油品种多或量少时，采用上述方法频繁地调整操作指标，这显然是不科学的。

科学的方法是采用原油调和。先分析各原油的性质，再按其含量多寡计算出每一种原油的调和比例范围，然后制定出适宜的操作范围，从而可获得较稳定的各种产品。原油调和可以解决上述诸多问题。

任务12
了解原油蒸馏馏分的分布及主要产品用途

我们在“项目一”中已经学习了石油的物理性质、组成、评价和加工方法等方面的知识。石油经过常减压蒸馏——石油的第一次“分家”后，其分割出来的石油馏分的分布及用途见表2-1。

表2-1　原油蒸馏馏分分布及用途

馏出位置	馏分名称	主要用途
初馏塔顶	汽油馏分(石脑油)	二次加工和化工原料、汽油调和组分
常压塔顶	汽油馏分(石脑油)	

续表

馏出位置	馏分名称	主要用途
常压塔侧一线	煤油馏分	喷气机燃料、煤油
常压塔侧二线	柴油馏分	轻柴油
常压塔侧三线	柴油馏分	轻柴油、变压器油原料
常压塔侧四线	常压重馏分	裂化和裂解原料
常压塔底	常压渣油	减压蒸馏原料、催化裂化原料、燃料油
减压塔顶	柴油馏分	轻柴油
减压塔侧一至四线	减压馏分油(减压重柴油)	润滑油原料、裂化原料
减压塔底	减压渣油	溶剂脱沥青原料、石油焦化原料、燃料油
初馏塔、常压塔、减压塔顶	初馏气体	炼厂气加工原料

阅读小资料　　**瓦斯油和凝析油的区别**

瓦斯油是指炼油厂内原油分馏得到的一种馏分，沸点范围为200～500℃。从常压塔蒸馏出的瓦斯油称作常压瓦斯油（AGO）或粗柴油，一般是200～380℃的馏分，用于生产航空煤油、轻柴油和重柴油。由减压塔蒸馏出来的瓦斯油称作减压瓦斯油（VGO）或蜡油，用于生产润滑油、变压器油。为了从原油中得到更多的汽油和柴油，大部分炼厂把减压瓦斯油作为催化裂化或加氢裂化的原料。为了弥补裂解原料石脑油的不足，瓦斯油也是生产烯烃的裂解原料之一，但它的乙烯收率较低，其他副产物较多。

凝析油是指从凝析气田的天然气凝析出来的液相组分，又称天然汽油。其主要成分是C_5～C_8的烃类混合物，并含有少量大于C_8的烃类以及二氧化硫、噻吩类、硫醇类、硫醚类和多硫化物等杂质，其馏分多在20～200℃，挥发性好，是生产溶剂油的优质原料。而城市煤气厂的冷凝液称为人造凝析油，有时也简称为凝析油。

任务13
了解三段汽化原油蒸馏工艺流程的特点

与一般蒸馏一样，原油蒸馏也是利用原油中各组分相对挥发度的不同而实现各馏分的分离。但原油是复杂烃类混合物，各种烃（以及烃与烃形成的共沸物）的沸点由低到高几乎是连续分布的，用简单蒸馏方法极难分离出纯化合物，一般是根据产品要求按沸点范围分割成轻重不同的馏分，因此，三段汽化原油蒸馏塔与分离纯化合物的精馏塔不同，其特点为：

① 初馏塔顶产品轻汽油一般作催化重整装置进料。

由于原油中含砷的有机物质随着原油温度的升高而分解汽化，因而初馏塔顶汽油的砷含量较低，而常压塔顶汽油含砷量很高。砷是重整催化剂的有害物质，因而一般含砷量高的原油生产重整原料均采用初馏塔。

② 常压塔可设3～4个侧线，生产溶剂油、煤油（或喷气燃料）、轻柴油、重柴油等馏分。

③ 减压塔侧线出催化裂化或加氢裂化原料，产品较简单，分馏精度要求不高，故只设2～3 个侧线，不设汽提塔。

④ 减压蒸馏可以采用干式减压蒸馏工艺。

所谓干式减压蒸馏，即不依赖注入水蒸气以降低油气分压的减压蒸馏方式。干式减压蒸馏一般采用填料而不是塔板。与传统湿式减压精馏相比，它的主要特点有：填料压降小，塔内真空度提高，加热炉出口温度降低使不凝气减少，大大降低了塔顶冷凝器的冷却负荷，减少冷却水用量，降低能耗等。如图 2-40 所示。

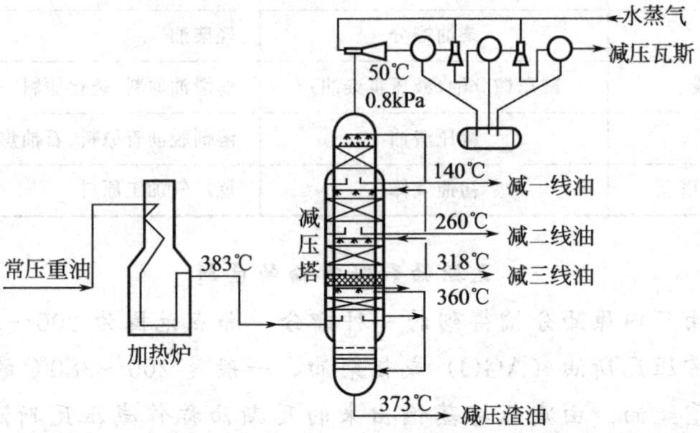

图 2-40　干式减压蒸馏工艺流程

任务14
了解电脱盐系统的基本操作与维护
基本要点

1. 电脱盐系统正常开工操作

① 准备工作；

② 贯通试压；

③ 开工引油；

④ 投用电脱盐系统；

⑤ 调整电脱盐操作。

2. 电脱盐系统的正常停工操作

① 降温的同时停止破乳剂的注入，变压器断电，停止注水（视冷却降温方式决定是否停注水）。

降温的目的：一是防止退油因水汽化抽空；二是避免油品罐因油温过热造成水汽化出现冒罐事故。

② 提前将退油线盲板拆除，扫通退油线。

③ 降温完毕，打开副线阀，关闭出入口阀门，将电脱盐罐甩掉。

④ 改好退油流程，切除罐内界位。

⑤ 开启退油泵（若电脱盐单独切出系统进行退油，一般压力下降后需通入蒸汽补压或及时打开放空，防止容器内形成真空而损坏设备）。

⑥ 经常从看样口检查罐内油量。

⑦ 待原油抽干后，停止蒸汽，打开放空。

向罐内冲水以洗涤罐内的存油，再开泵抽走，通入蒸汽扫通退油线。

⑧ 罐内注水、煮罐、清存油。

向罐内冲水，攒起一定的液位（不要过高），同时打开蒸汽，开始煮罐，注意罐内温度不能长时间超过 150℃，中间至少将水置换 3 次。煮罐 12h 后，停止蒸汽，打开罐底直排，将脏水放掉。

⑨ 打开人孔通风。

3. 电脱盐的正常操作

① 检查脱盐罐液位、压力、温度、混合阀差压。

② 检查破乳剂的注入量、油水乳化情况。

③ 各处是否有泄漏现象。

④ 检查脱盐送电情况。

⑤ 检查注水、排水情况。

⑥ 检查脱盐各注剂槽的液位情况。

⑦ 各机泵的运行情况。

⑧ 仪表指示与现场是否一致。

⑨ 电脱盐罐的反冲洗操作。

⑩ 原油电脱盐率的因素及调节。

⑪ 脱盐后原油含水量高的原因及调节方法。

⑫ 电脱盐罐三相电流出现较大差异的原因及调节方法；电脱盐罐变压器跳闸的原因及采取的措施；电流升高的原因。

⑬ 电脱盐切水带油的原因及调节。

⑭ 原油电脱盐温度的调整原则。

4. 电脱盐的事故处理和紧急停工

（1）脱盐原油中含盐量太高（脱后盐）

可能原因	① 混合压降太低，盐没充分溶解于水中 ② 注水量不足 ③ 操作温度太低 ④ 原油性质变化剧烈 ⑤ 原油处理量大，停留时间短
处理原则	① 提高一级或二级混合压降 ② 提高一级或二级注水流量 ③ 提高脱前原油的温度 ④ 进行破乳剂筛选工作，更换破乳剂配方 ⑤ 联系调度，协调罐区调整，增加原油在罐内的沉降时间

（2）脱盐原油中含水量太高

可能原因	① 混合压降太大 ② 注水量太大 ③ 脱前原油沉积物及水含量太高,油水分离不足 ④ 电场强度太低 ⑤ 破乳剂加入量不足,或者应改变破乳剂类型 ⑥ 界位太高
处理原则	① 降低混合压降 ② 降低注水量 ③ 加强罐区脱水,电脱盐罐进行反冲洗 ④ 检查电气系统是否有运行问题,或者适当地调高电压挡位 ⑤ 提高破乳剂注入量,或者改变破乳剂类型 ⑥ 标定界位指示仪表

(3) 脱盐原油中脱水带油

可能原因	① 混合压降太大 ② 脱盐温度太低,破乳效果不好 ③ 破乳剂加入量不足,或者改变破乳剂类型 ④ 界位太低
处理原则	① 降低混合压降 ② 调整换热流程,或者联系改变原油品种 ③ 提高破乳剂注入量,或者改变破乳剂类型 ④ 标定界位指示仪表

(4) 脱盐罐送不上电

可能原因	① 有电器故障 ② 极板短路
处理原则	① 消除电器故障 ② 极板故障,需要将电脱盐系统停工进行进罐处理。如果只是单一变压器送不上电或电流高于其他变压器,也说明该变压器的输出端或绝缘棒附着有杂质,提高了导电性,造成短路

(5) 脱盐罐电压电流出现大的波动

可能原因	① 油/水界面控制阀运行不正常 ② 破乳剂加入量不足,或者破乳剂类型不对 ③ 变压器套管、进线套管或者绝缘子出现电弧现象 ④ 混合压降太大 ⑤ 乳化层的存在 ⑥ 原油发生大幅变化
处理原则	① 检查控制阀,要作适当的调校 ② 调节破乳剂加入量,或者改变破乳剂类型 ③ 如套管或绝缘子脏污,其表面有可能在几分钟内断断续续地出现打火现象,若导致永久性的破坏,则电压势必降到一个非常低的数字,此时就必须更换套管或绝缘棒 ④ 降低混合压降 ⑤ 切除乳化层 ⑥ 平稳原油量

(6) 脱盐罐超压

事故现象	① 电脱盐罐压力指示上升、超程，压控前现场表指示压力升高 ② 电脱盐罐安全阀启跳
可能原因	① 原油控制阀突然开大或停风(风关闭) ② 原油大量带水，水被加热、汽化 ③ 原油脱盐后换热系统操作不当造成憋压 ④ 原油脱盐后分支控制阀因故障关闭
处理原则	① 迅速关小原油控制阀，若室内不能动作，可现场关小手阀 ② 停原油注水，开大电脱盐切水 ③ 检查流程，排除憋压原因 ④ 打开原油脱盐后分支控制阀。如果一级罐压力迅速上升，而二级压力未有大的变化，此时要检查二级混合阀是否关闭

(7) 电脱盐罐电极棒击穿

事故现象	① 该电极变压器关不上电 ② 电极处漏密封绝缘油，或者着火 ③ 原油喷出，或者着火
可能原因	① 电极棒质量差或用久老化，绝缘耐压能力下降而击穿 ② 电脱盐经常跳闸，送电频繁而反复受冲击被击穿，或电流经常大幅度变化而击穿 ③ 电极棒附着水滴或导电杂质而击穿
处理原则	① 迅速停电(或电工停电)、灭火 ② 切出该电脱盐罐，适当切水降低罐内压力至不再向外喷原油 ③ 电脱盐罐退油，处理后进行检修

(8) 电脱盐罐变压器跳闸

可能原因	① 混合强度过大，乳化严重，造成原油带水，增加了导电能力引起跳闸 ② 界位假指示，实际界位已进入现场 ③ 原油较重，破乳困难，水难脱出来 ④ 电器故障 ⑤ 原油中重金属含量高，电导率上升
处理原则	① 首先现场检查界位是否正确 ② 如果界位降下来后，依然投不上，检查乳化层的厚度，可以继续降低界位直至乳化层切出 ③ 如果原油降量后或更换品种后，变压器仍投不上，说明电器出现故障。电脱盐罐退油，处理后进行检修 ④ 排除电器故障

任务15 掌握原油常减压蒸馏装置的基本操作与维护基本要点

1. 常减压蒸馏装置的正常开车操作

① 引油；

② 建立原油循环；

③ 升温热紧；

④ 循环升温、切换原油，常压建立回流开侧线；

⑤ 减压抽真空开侧线，减压建立回流开侧线；

⑥ 调整操作。

2. 常减压蒸馏装置的正常停车操作

① 停工前的准备工作；

② 停工前的操作调整；

③ 原油降量、降温；

④ 减压系统降温停侧线；

⑤ 常压系统降温停侧线；

⑥ 系统循环降温、退油；

⑦ 停原油泵；

⑧ 停工吹扫；

⑨ 水洗、蒸塔。

3. 常减压蒸馏装置的正常操作维护

① 检查原油带水；

② 检查塔顶回流油带水；

③ 检查塔顶空冷风机突然停车；

④ 检查原油突然中断；

⑤ 检查初馏塔发生冲塔；

⑥ 检查侧线油颜色变深；

⑦ 检查蒸汽喷射器的串汽；

⑧ 检查干式减压塔回流油喷嘴头堵塞。

4. 常减压蒸馏装置的常见操作事故和处理原则

（1）原油带水

事故现象	① 电脱盐电流上升，上升速度和原油带水量多少相关联，直至跳闸 ② 电脱盐罐压力上升，脱水控制阀开度变大，直至全开 ③ 初馏塔进料温度下降，换热器憋压甚至泄漏，原油量由于憋压而减少 ④ 初馏塔塔顶压力迅速上升，或安全阀启跳；初顶温度下降，初顶回流罐和产品储罐界位升高，排水量升高 ⑤ 初馏塔塔底温度下降。如果塔底温度下降太多，降至150℃以下会发生抽空 ⑥ 常压塔塔顶压力上升，温度下降，界位升高。由于炉出口温度变化，会影响侧线抽出质量 ⑦ 严重带水时，初馏塔塔顶会出现冲塔；而常压塔由于有初馏塔的缓冲，不会轻易发生因带水而造成的冲塔 ⑧ 如果水量过大，被初馏塔底部的油带走，在经过换热器、加热炉后，其中的乳化液也会被全部汽化，造成炉管压降升高，初底油泵开始晃量，甚至抽空；初底油置换后温度下降，常压炉出口温度大幅上升
可能原因	① 罐区切水不彻底，或原油在罐内沉降时间过短，造成原油携带大量明水进入装置 ② 原油性质恶劣，乳化严重，经过电脱盐也不能破乳，乳化水被带入初馏塔，这种水化验也无法分析出来 ③ 混合压降设置过高，引起原油乳化加剧 ④ 电脱盐罐液位过高，或者界位假指示，造成水被带入初馏塔

续表

处理原则	轻度带水时： ① 原油降量,降低注水量,联系调度更换原油罐 ② 电脱盐罐加大切水,降低液位,如果乳化层过厚,将乳化层切掉。稍后送电,尽量维持电脱盐的正常操作 ③ 初馏塔顶界位控制阀开副线加强切水,降低塔顶回流量,平稳塔顶压力 严重带水时： ① 原油大幅降量,联系调度更换原油罐 ② 电脱盐停止注水,快速降低液位,降低混合强度 ③ 初馏塔顶放火炬以降低压力,如果安全阀启跳,则须在压力降下来后检查安全阀是否复位。加强初馏塔顶储罐的切水,降低塔顶回流量 ④ 关小初馏塔底油泵的出口阀,如果抽空,处理抽空 ⑤ 塔顶汽油视塔顶温度和颜色的情况,决定是否转污油线;侧线关闭馏出液控制阀,避免污染产品。如泵压力表处或者采样口处颜色已变黑,联系调度转污油线 ⑥ 降低常压炉出口温度。常压塔顶减少回流量,加强切水 ⑦ 等待原油性质变好,尽快恢复生产,注意检查换热器是否泄漏

(2) 进装置原油突然中断

事故现象	① 原油量指示为0,原油控制阀处、电脱盐罐顶处压力迅速下降 ② 初馏塔底部液位迅速降低
可能原因	① 油品罐区操作失误,阀门关闭 ② 原油泵过滤器堵塞,原油不能通过 ③ 原油量控、电脱盐混合压降控制阀故障,自动关闭 ④ 脱盐前、脱盐后换热流程中阀门被误关闭 ⑤ 原油泵故障
处理原则	① 大幅度降低初馏塔底油量 ② 迅速查明中断原因,快速排除故障。开启原油泵,恢复生产 ③ 如果原油进料没有恢复,而初馏塔底液位已到低限或有抽空迹象,需马上将加热炉灭火,同时停掉常压塔底泵、减压塔底泵,侧线停止抽出,塔顶汽油外送降量以保持液位以备恢复打回流用 ④ 如果原油中断还未恢复,按紧急停工处理

(3) 初馏塔冲塔

事故现象	① 初馏塔塔顶压力迅速上升,甚至安全阀启跳 ② 初馏塔塔顶温度、侧线温度迅速上升 ③ 侧线产品、塔顶汽油颜色变深,甚至变黑
可能原因	① 原油大量带水 ② 初馏塔塔顶界位过高,造成回流带水 ③ 原油量过大,超过设计负荷
处理原则	① 迅速降低原油量 ② 加大初馏塔底油流量,减小塔顶回流量 ③ 关闭侧线抽出阀,产品转污油 如果常压塔发生冲塔,在处理时按照上面的原则,同时降低加热炉出口温度,停掉汽提用的过热蒸汽

(4) 塔顶储罐装满(溢油)

事故现象	① 塔顶储罐液面指示满程,报警或指示假象,现场玻璃板(或浮球)显示液面满 ② 塔顶压力突然上升 ③ 如果是减压塔顶储罐满,则会造成减压塔顶真空度下降,加热炉低压瓦斯带油,炉膛、炉出口温度上升,烟囱冒黑烟,火嘴漏油造成炉底着火 ④ 初馏塔、常压塔塔顶油水分离罐满,石脑油会随低压瓦斯送到轻烃回收装置

续表

可能原因	① 仪表失灵，指示呈假象，而实际已满罐 ② 石脑油外送困难，液面上升 ③ 塔顶油气量突然增加，来不及外排
处理原则	① 如果是初馏塔或者常压塔顶的石脑油储罐满，可将塔顶瓦斯改火炬，关掉通往轻烃回收的手阀。此时应注意三点： 其一，如果改就地放空，要注意石脑油和不凝性气体喷出，如果洒落到重油线就会马上着火，引起更大的事故； 其二，如果改放空或火炬过快，储罐内压力骤降，会造成石脑油汽化，石脑油泵抽空，而且不易上量； 其三，将初馏塔和常压塔塔顶的不凝性气体要分开排放，防止互串 ② 如果是减压塔塔顶储罐满，就关闭通往加热炉瓦斯的阀门，打开放空，同样要注意轻油的喷溅 ③ 增加塔上部中段回流量，降低塔顶负荷 ④ 尽量放低液位，腾出多余的空间 ⑤ 处理机泵，如果不能马上启动，原油应降量，或者采取降低加热炉出口温度的方法 ⑥ 如果是石脑油后路堵塞，就将石脑油从污油管线送走

（5）塔顶回流油带水

事故现象	① 塔顶回流罐水界面满（现场玻璃板满） ② 塔顶压力上升，严重时安全阀启跳，而常压塔顶温度及常一、常二线等侧线温度下降，塔顶回流量下降，常一线泵有时抽空
可能原因	①（初馏塔、常压塔）塔顶回流罐界位控制过高，或者仪表失灵造成水界位过高，水被塔顶回流带入塔内 ② 塔顶有水冷却器时，因腐蚀等原因泄漏，由于水的压力超过塔顶压力，水会漏入油气中 ③ 原油带水量大，而回流罐脱水不及时，水面超高带水 确认方法：塔顶回流控制阀放空采样，检查是否带水，无水正常，有水即为回流带水
处理原则	① 塔顶回流罐加大切水（可开现场阀直排），迅速降至正常位置 ② 检查仪表控制是否准确，冷却器有无泄漏 ③ 关小塔底吹汽，视情况调整空冷，控制塔顶压力，防止安全阀启跳 ④ 适当提高塔顶或常一线温度，加速水分蒸发（赶水），侧线不合格改次品

（6）塔内塔盘吹翻或堵塞

事故现象	① 塔顶温度和压力无法稳定，变化无常 ② 侧线和中段回流抽出量不稳 ③ 塔内分馏效果变坏，馏分重叠严重 ④ 塔进料压力变大 ⑤ 在开停工过程中，吹汽流量过大，可听到塔内有金属的碰撞声音
可能原因	① 操作不稳，波动太大 ② 原料或过热蒸汽大量带水 ③ 开工时抽真空速度过快，造成真空度剧烈波动 ④ 原油中的氮化物，在高温下分解生成铵盐，堵塞塔盘或降液管 ⑤ 塔盘安装质量差，或塔盘腐蚀严重
处理原则	① 不严重时可适当地降低原油处理量，尽量平稳操作，不造成人为的波动 ② 如果是减压塔塔顶储罐满，就关闭通往加热炉瓦斯的阀门，打开放空，同样要注意轻油的喷溅 ③ 增加塔上部中段回流量，降低塔顶负荷 ④ 尽量放低液位，腾出多余的空间 ⑤ 处理机泵，如果不能马上启动，原油应降量，或者采取降低加热炉出口温度的方法 ⑥ 如果是石脑油后路堵塞，就将石脑油从污油管线送走

（7）塔底泵抽空

事故现象	① 轻微抽空时，泵出口压力、流量波动大，泵体伴有振动，声音异常或间歇式异常，塔底液面上升 ② 严重出口时，泵出口压力很低或无压力，流量为零，泵体振动较大，声音异常，塔底液面迅速上升 ③ 当泵抽空时间较长时，容易抽坏密封，发生泄油着火。这种事故比较常见
可能原因	① 塔底液面低或液面指示假象，而实际液面已很低 ② 塔底油轻组分较多，部分在泵体内汽化 ③ 泵入口扫线蒸汽内漏蒸汽或冷凝水 ④ 备用泵预热时有凉油，或预热循环量太大 ⑤ 封油过轻，含水或注入量过大 ⑥ 机械故障
处理原则	① 轻微抽空时，关闭泵出口阀，憋压处理 ② 严重抽空时，关闭泵出口阀憋压，检查塔底液面，关闭备用泵出入口阀，切断备用泵影响。如果还不行，启用备用泵，看是否能够上量。若长时间两台泵都不上量，应按紧急停工处理 ③ 针对泵抽空的几种原因，全面检查，逐步消除

（8）管网瓦斯带油

事故现象	① 加热炉炉膛及炉出口温度急剧上升 ② 炉子烟囱冒黑烟 ③ 瓦斯火嘴下部滴油着火
可能原因	① 装置外瓦斯油气分离不好 ② 汽油或液态烃串入瓦斯管线
处理原则	① 立即停烧瓦斯，关闭各炉瓦斯控制阀的上、下游阀一个 ② 联系调度及管网车间查明原因 ③ 安全地将瓦斯分液罐中的油倒出 ④ 待正常后，开汽向瓦斯罐扫线，再逐个火嘴引烧瓦斯

（9）管网瓦斯带油

事故现象	① 加热炉炉膛及炉出口温度急剧上升 ② 炉子烟囱冒黑烟 ③ 瓦斯火嘴下部滴油着火
可能原因	① 装置外瓦斯油气分离不好 ② 汽油或液态烃串入瓦斯管线
处理原则	① 立即停烧瓦斯，关闭各炉瓦斯控制阀的上、下游阀一个 ② 联系调度及管网车间查明原因 ③ 安全地将瓦斯分液罐中的油倒出 ④ 待正常后，开汽向瓦斯罐扫线，再逐个火嘴引烧瓦斯

技能训练建议　　　　常减压蒸馏装置仿真实训

• 实训目标

（1）通过实训，使学习者熟悉智能控制（IPC）模块操作方法；

（2）熟悉常减压蒸馏装置工艺流程及相关流量、温度、压力和液位等控制和调节方法；

(3) 掌握常减压蒸馏装置的冷态开车、正常停车及常见事故的处理方法。

• 实训准备

(1) 认真阅读吴重光编著的《化工仿真实习指南——仿真培训》第一、二和十四章内容，熟练掌握仿真实训软件的使用方法；

(2) 阅读石油炼制常减压蒸馏装置概述及工艺流程说明，熟悉仿真软件中各个流程画面符号的含义及操作方法；

(3) 熟悉仿真软件中控制组画面、手操器组画面、指示仪组画面的内容及调节方法。

• 实训步骤（要领）

(1) 了解装置概况

(2) 冷态开车实训

① 开车前准备工作；

② 进油及原油循环操作；

③ 一号加热炉（F-1）开车操作；

④ 二号加热炉（F-2）开车操作；

⑤ 常压塔开车操作；

⑥ 减压塔开车操作；

⑦ 初馏塔开车操作及调节平稳；

⑧ 系统调整操作。

(3) 正常停车实训

① 降量（减少进料量，关小燃料量，保持进料温度不变）；

② 降低采出量；

③ 降温（关闭燃料）；

④ 加热炉 F-1 出口温度小于 310℃时，关常减压塔、汽提塔吹汽，自下而上关侧线；

⑤ 加热炉 F-2 出口温度小于 350℃时，关闭注汽；

⑥ 停各塔中间循环；

⑦ 减压塔撤真空；

⑧ 初馏塔、常压塔顶温小于 80℃时，停止塔顶冷回流；

⑨ 退油、停泵；

⑩ 其他整理工作。

(4) 常见事故设置及处理实训

① 常压塔塔顶冷却水停；

② 加热炉 F-2 熄火；

③ 减压塔真空停；

④ 减压塔塔釜出料泵坏；

⑤ 常压塔二线出料泵坏。

以上各个实训内容，在实训时均可调用系统评分信息，查找自己在操作过程中的失误与不足之处，以便于进行反复练习。

(5) 考核方式

将学员站与教师机通过网络进行连接，进行统一考核，以“冷态开车＋事故处理”进行组题，在考核过程中，屏蔽学员站的系统评分信息。

小问题 重油与渣油有什么区别？

重油又称燃料油，呈暗黑色液体，主要是以原油加工过程中的常压油、减压渣油、裂化渣油、裂化柴油和催化柴油等为原料调和而成的中间油料。重油直接产品可概分为渔船用油及锅炉用燃油两种。经过处理后则可生产润滑油、柏油、石油焦、汽油、液化石油气、CO、合成气、H_2 及丙烯等。常压重油（亦常压塔底油）可作为减压蒸馏、裂化、焦化、沥青氧化等装置的原料。

渣油泛指 C_{21} 以上的原油加工混合物，是原油经过常减压蒸馏、裂化后剩余的最重的组分，常温下呈固态，有的蒸馏装置没有减压蒸馏，剩余的就是常压渣油 AR，根据性质可做催化原油，或者卖给其他炼厂深加工；有减压蒸馏的，剩余的就是减压渣油 VR，其根据性质和用途不同可作为焦化、裂化、渣油加氢、溶剂脱沥青、减黏等装置的原料，而作为燃料油需要满足一定的质量标准（如含硫量、灰分等）才能使用；常减压蒸馏产生的减压渣油可作为燃料油、重型机械的燃料油，如船舶的燃料。

项目小结

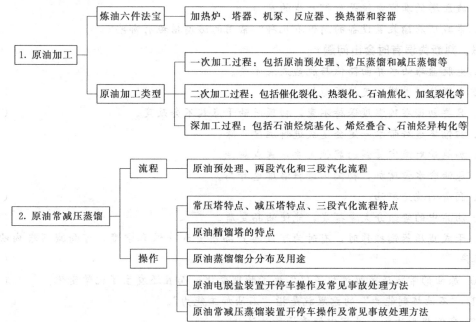

- 1. 原油加工
  - 炼油六件法宝
    - 加热炉、塔器、机泵、反应器、换热器和容器
  - 原油加工类型
    - 一次加工过程：包括原油预处理、常压蒸馏和减压蒸馏等
    - 二次加工过程：包括催化裂化、热裂化、石油焦化、加氢裂化等
    - 深加工过程：包括石油烃烷基化、烯烃叠合、石油烃异构化等

- 2. 原油常减压蒸馏
  - 流程
    - 原油预处理、两段汽化和三段汽化流程
  - 操作
    - 常压塔特点、减压塔特点、三段汽化流程特点
    - 原油精馏塔的特点
    - 原油蒸馏馏分分布及用途
    - 原油电脱盐装置开停车操作及常见事故处理方法
    - 原油常减压蒸馏装置开停车操作及常见事故处理方法

自测与练习

考考你，横线上应该填什么呢？

1. 原油加工过程一般分为______、______、______三类。
2. 典型三段汽化原油蒸馏工艺过程中采用的蒸馏塔为______、______、______。
3. 原油脱盐脱水常用的方法有______、______、______。
4. 原油常减压工艺过程的“一脱三注”，“一脱”指的是____，“三注”指的是____、____和____。

5. 原油电脱盐的目的是为了脱除原油中的______，以减轻设备、管道、管件和阀件等的______。

6. 原油蒸馏装置中多数采用三段汽化流程，其中三段汽化指的是______、______和______。

7. 常压塔塔底汽提蒸汽压力越______，汽提效果越好，但是塔压会______。

8. 初馏塔顶和常压塔顶得到的轻汽油和重汽油，称为______，也称为______。

9. 原油蒸馏中的干式减压蒸馏，是不依赖注入______以降低油气______的减压蒸馏方式。

考考你，能回答以下这些问题吗？

1. 原油预处理的目的是什么？
2. 湿式减压蒸馏与干式减压蒸馏有什么区别？
3. 在原油精馏中，为什么采用复合塔代替多塔系统？
4. 原油精馏塔底为什么要吹入过热水蒸气？它有什么作用与局限性？
5. 中段循环回流有何作用？为什么在油品分馏塔上经常采用？
6. 原油常减压蒸馏中采用初馏塔的原因是什么？
7. 减压塔有什么特征？
8. 减压塔的真空系统是如何产生的？
9. 常减压蒸馏装置设备的腐蚀有几种？常用的防腐措施有哪些？

请三思，判断失误有时会出问题！

1. 电脱盐罐油水界面高低与脱盐效果无关。 ( )
2. 电脱盐罐进罐温度越高越好。 ( )
3. 只要初馏塔顶温度保持不变，初顶汽油干点就不会改变。 ( )
4. 初馏塔进料带水一定会造成进料温度下降。 ( )
5. 加热炉对流室管线的腐蚀主要是露点腐蚀。 ( )
6. 原油含水量增加，初馏塔进料温度也升高。 ( )
7. 润滑油就是机油。 ( )
8. 油品中的轻组分大量挥发，能使油品变质。 ( )
9. 干式减压蒸馏操作时，有时为了改善产品质量和降低真空度，可向减压塔内吹入适当的蒸汽。 ( )
10. 原油的常减压蒸馏过程不仅发生了物理变化，而且还发生了化学变化。 ( )
11. “石油炼制能力”的意思就是指“石油加工能力”。 ( )
12. 我们将原油加工过程中的重油称为渣油。 ( )

用图说话很方便！

1. 根据前面所学，完成下面原油三段汽化常减压蒸馏工艺流程方框图的内容。

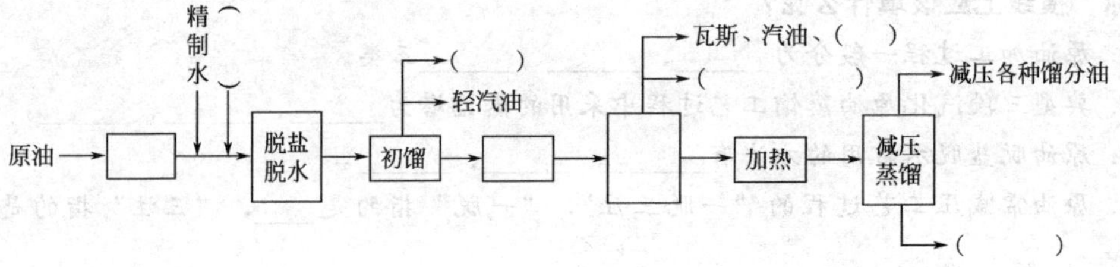

2. 根据下面的图示，填写括号的内容。

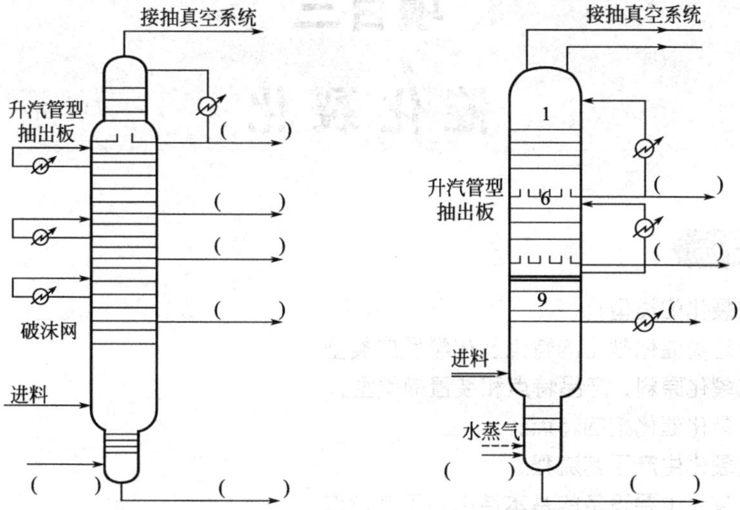

(a) (　　)型减压塔　　　　(b) (　　)型减压塔

项目三

催化裂化

知识目标

- 熟悉石油裂化的类型；
- 了解石油烃类催化裂化的特点及化学反应类型；
- 熟悉催化裂化原料、产品特点和装置的类型；
- 了解催化裂化催化剂的特点；
- 了解催化裂化生产工艺流程；
- 了解催化裂化主要设备的基本结构与工艺特点；
- 了解再生器基本类型、结构与工艺特点。

能力目标

- 判断石油裂化的类型；
- 掌握催化裂化原料和产品特点；
- 区别催化裂化装置中反应-再生两器的类型。

看一看，你见过下面哪套装置（如图 3-1～图 3-4 所示）？

图 3-1　同高并列式重油催化裂化装置

图 3-2　同轴式重油催化裂化装置

图 3-3　高低并列式重油催化裂化装置

图 3-4　年产 300 万吨重油催化裂化装置

任务1 掌握对石油“大家庭”进行变更的原因及办法

为了能从石油中获取更多的轻质油，也为了提高油品质量和增加产品的品种，人们就想了许多改造原有烃的办法，使石油“大家庭”的烃，按人们对产品产量、质量、品种的要求，改变其原来“面貌”，变成新的烃或做重新的组合。也就是说，通过实行新办法之后，可从石油“大家庭”中获得第二代石油产品。那么，现在有哪些办法呢？

1. 办法一——裂化

一种使烃类分子分裂为几个较小分子的反应过程，称为裂化。就像把一条很长的链子剪断，变成几段较短的链子一样。烃类分子可能在碳-碳键、碳-氢键、无机原子与碳或氢原子之间的键处分裂。在工业裂化过程中，主要发生的是前两类分裂。采用这种办法，可使石油“大家庭”增加许多低分子烃的新成员，这不仅可增加轻质油产量，而且是当今石油化工业制取烯烃的重要途径。

单纯的裂化反应是吸热反应，如果在裂化反应同时又发生大量的催化加氢反应（如加氢裂化），则为放热反应。

2. 办法二——改变产品中三大“家”族的组合

改变石油“大家庭”中三大“家”族（烷烃、环烷烃、芳烃）在产品中的组合情况，以提高产品质量。例如：在石油第一次“分家”中获得的直馏汽油含直链烷烃较多，性能不能满足飞机、汽车的要求，人们就采用“重整”的办法来解决。重整就是将直链烃类重新调整成为带侧链的烃类或环状的烃类。经过重整的汽油，质量能大大地提高。而且从重整油的芳香烃中还可获取苯、甲苯及二甲苯等重要化工原料。

3. 办法三——精制

这种方法是清除第一次“分家”所得产物中的有害物质，以便提高产品质量。这在炼厂就叫精制。例如：直馏汽油、柴油等油品，由于含有硫化物，会产生腐蚀性，必须经过精制才能使用，另外，从减压塔得到的各种润滑油，也只是半成品，同样必须通过精制才能成为合格产品。

4. 办法四——烃类的“分”与“合”

通过对石油“大家庭”中的烃，采取有“分”、有“合”的措施，从而获取大量而重要的化工原料和产品。当采用热裂化或催化裂化等办法加工，将长链烃剪短，“分”可得到大量短链烯烃后，再使这些烯烃在一定的条件下相互连接起来，像一个个铁环形成一条锁链一样，这在化学上叫聚合反应。

重油通过热裂化或催化裂化等过程，可获得乙烯、丙烯和丁二烯等“三烯”化工原料。例如：乙烯（$CH_2=CH_2$）是最简单的烯烃，本来是一种带有甜香味的无色气体，但是经过聚合反应，成千上万的乙烯分子就会“手拉手”地聚合成平均相对分子质量高达3000000～6000000的线型聚乙烯，称为超高平均相对分子质量聚乙烯。聚乙烯与乙烯的性质完全不同，再也不是气体，而是一种手感似蜡的固体。超高平均相对分子质量聚乙烯的强度非常高，可以用来做防弹衣。

在石油加工中，通过对石油“大家庭”的第一次分家和以后对石油“大家庭”的变更等办法，使石油真正发挥出“宝库”的作用。

任务2
熟悉石油裂化的类型

工业上，烃类裂化过程是在加热，或同时有催化剂存在，或在临氢的条件下进行的，这就是石油炼制过程中常用的热裂化、催化裂化和加氢裂化等三种类型的裂化反应。热裂化反应按自由基链反应机理进行，催化裂化反应按碳正离子链反应机理进行。这两类反应的产品性质和产率各不相同。

1. 热裂化

完全依靠高温（无催化剂）条件，使烃类分子发生碳链断链或脱氢反应，生成相对分子质量较小的烯烃和烷烃的过程，称为热裂化。热裂化的原料通常有天然气、炼厂气、烃油、柴油、重油、渣油甚至原油；所使用的设备比较简单，成本比较低。通过热裂化，主要可以得到裂化气（炼厂气中的一种）和汽油、煤油、柴油等轻质油。但是，所得到的产品质量不够好。

2. 催化裂化

催化裂化是石油二次加工中最重要的过程之一。大分子烃类在450～530℃、0.1～0.3MPa和催化剂的作用下，裂化为较小分子的烃类过程，叫做催化裂化。由于催化剂就像人们蒸制馒头时加入酵母一样，能大大加快反应速率，所以，催化裂化比热裂化获得的轻质油多（如汽油产率可达60%左右），所产汽油辛烷值高（马达法80左右），安定性好，裂化气（一种炼厂气）含丙烯、丁烯、异构烃较多。

工业上常将用作催化裂化原料的重质油料统称为“蜡油”，其中有减压馏分、焦化柴油及石蜡等，也可使用常压重油；其主要产品有液化石油气、汽油、柴油、重质油和焦炭等。

3. 加氢裂化

加氢裂化是催化裂化技术的改进。在临氢条件下进行催化裂化，可抑制催化裂化时发生的脱氢缩合反应，避免焦炭的生成。操作条件为压力6.5～13.5MPa，温度340～420℃，可以得到不含烯烃的高品位产品，液体收率可高达100%以上（因有氢加入油料分子中），质量更好；而且原料没有严格的要求，可以是城市煤气厂的冷凝液（俗称凝析油）、重整后的抽余油、由重质石脑油分馏所得的粗柴油、催化裂化的回炼油及渣油等。缺点是设备要用特种钢来制造，投资大。

任务3
了解催化裂化在石油二次加工中的作用

一般情况下，原油经过一次加工（即常减压蒸馏）后可得到10%～40%的汽油、煤油及柴油等轻质油品，其余的是重质馏分和残渣油。如果不经过二次加工，它们只能作为润滑油原料或重质燃料油。但是国民经济和国防上需要的轻质油量很大，而内燃机的发展对汽油的质量提出更高的要求。直馏汽油（辛烷值≤40）一般难以满足这些要求。原油经过简单的一次加工所得到的轻质油品的数量和质量，与经济和生产发展所需要的轻质油品的数量和质量之间的矛盾，促使二次加工过程的产生和发展。

石油的二次加工包括：重油轻质化工艺的热裂化、焦化、加氢裂化和催化裂化、汽油的催化重整等。热裂化过程所得轻质油产率低、质量差、易生焦；而加氢裂化的技术先进、产品收率高、产品质量好、操作灵活性大，但设备复杂，制造成本高，耗氢量大，从技术和经济上均受到一定的限制。

催化裂化的主要目的是增加汽油的产量。该过程在炼厂中占有举足轻重的地位。据统计，目前国内外生产的汽油中，70%～80%来自于催化裂化。

任务4 了解催化裂化的原料

催化裂化原料的来源很广，包括原油经过蒸馏分离出的350～550℃的直馏馏分油、常压渣油和减压渣油，也有二次加工的馏分油，如焦化蜡油、脱沥青油、润滑油脱蜡蜡膏和蜡下油及抽出油等。

1. 直馏减压馏分油（VGO）

早期的催化裂化以生产航空煤油为目的，以轻柴油馏分（200～350℃）为原料，后因轻柴油的广泛应用而取消。一般情况下，以常减压侧线350～550℃直馏馏分油（VGO）为最常用的原料。石蜡基原油的VGO较好，环烷基原油的VGO较差，含硫原油的VGO需要经过加氢脱硫（ARDS）或缓和加氢处理。

2. 延迟焦化馏出油（CGO）

焦化分馏塔侧线320～500℃馏出油（CGO），也叫焦化蜡油。这种原料含氮量和芳烃含量都很高，属不理想的原料，不能单独作为裂化的原料，通常需要与直馏馏分油掺和作原料，掺炼比为15%～25%。

3. 润滑油溶剂精制的抽出油

这种油是润滑油生产过程中，由糠醛精制得到的，它的主要成分是烷烃和稠环芳烃，是很差的催化裂化原料。

4. 常压渣油（AR）

常压渣油（AR），其硫、重金属含量和残炭值较低时可以直接作为催化裂化原料。

若硫、重金属含量和残炭值较高的常压渣油，需通过加氢脱硫处理后，才能作为裂化原料，否则会影响操作。

5. 减压渣油（VR）

除某些原油外，一般原油中的金属污染物、高相对分子质量的沥青质和胶质以及硫、氮等杂原子化合物多集中在减压塔底渣油（VR）中，故一般VR不单独作为原料。VR一般与常减压馏分油（VGO）进行掺炼，或经过加氢脱硫（ARDS）处理后方可作为催化裂化原料。掺炼比视减压渣油的性质而定。

6. 脱沥青油（DAO）

采用溶剂脱沥青工艺，从减压渣油中提取60%的脱沥青油（DAO）作为原料已成为炼厂加工流程的一个组成部分。DAO的重金属含量远低于VR，改善了原料的性质。含硫原油的DAO最好经过加氢脱硫处理。

7. 催化裂化回炼油芳烃抽提后的抽余油

我国成功开发了芳烃抽提-催化裂化组合工艺，将催化裂化回炼油经过双溶剂抽提重芳烃后作为催化裂化原料，可明显提高催化裂化装置轻质油收率和产品质量。

任务5 了解催化裂化产品及特点

催化裂化的主要产品是轻质油品（汽油、柴油），同时还可获得液化气、油浆和干气，生成的焦炭在工艺过程中已被烧掉（即在催化剂再生时被烧除）。催化裂化产品及产品的特点见表3-1。

表3-1 催化裂化产品及产品的特点

产品名称	主要成分	含量		性质及用途
干气	C_1、C_2、H_2、H_2S	10%	10%～20%	用作燃料或化工原料
液化气	C_3、C_4	90%		用作燃料或化工原料
汽油	C_5～C_{11}	30%～60%		研究法辛烷值80～90，安定性好
柴油	C_{10}～C_{20}	<40%		含有较多的芳烃，十六烷值低，安定性较差，特别是渣油催化裂化
油浆	以稠环芳烃为主	5%～7%		化工利用
焦炭	缩合产物	5%～10%（掺渣油高）		再生过程已烧掉

任务6 了解催化裂化化学反应类型

催化裂化通常用重质馏分，如减压馏分、焦化柴油及蜡油等为原料，也可用预先脱沥青的常压重油为原料。催化裂化汽油性质稳定、辛烷值高，故用作航空汽油和高辛烷值汽油的基本组分。单体烃在催化剂作用下有以下几种主要化学反应类型。

1. 裂化反应

裂化反应是C—C键断裂反应，反应速率较快，换言之，是使重质烃转变为轻质烃的过程。例如：十四烷在催化裂化的条件下，首先分解为庚烷和庚烯。

$$C_{14}H_{30} \longrightarrow C_7H_{16} + C_7H_{14}$$

十四烷　　庚烷　　庚烯

2. 异构化反应

这种反应是在相对分子质量大小不变的情况下，烃类分子发生结构和空间位置的变化。例如：正庚烷变成异庚烷。

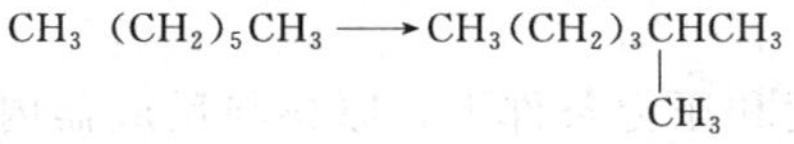

正庚烷　　异庚烷

又如：带侧链的环戊烷变成环己烷。

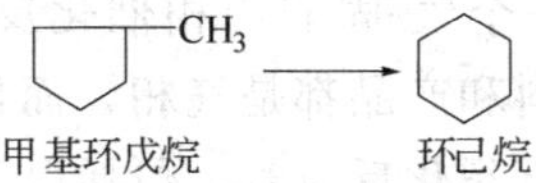

甲基环戊烷　　环己烷

异构化反应有利于五元环异构脱氢生成芳烃，提高芳烃产率。对烷烃来讲，异构化反应不能直接生成芳烃，但可以提高汽油的辛烷值。

3. 氢转移反应

即某一烃分子上的氢脱下来，立即加到另一烯烃分子上，使这一烯烃得到饱和的反应。例如：

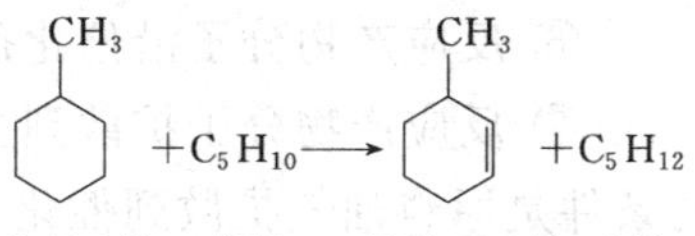

甲基环己烷　戊烯　3-甲基环己烷　戊烷

4. 芳构化反应

是指开链烷烃、烯烃变成环状化合物，环状化合物进一步脱氢生成芳烃等，使产品中的芳烃含量增加。例如：

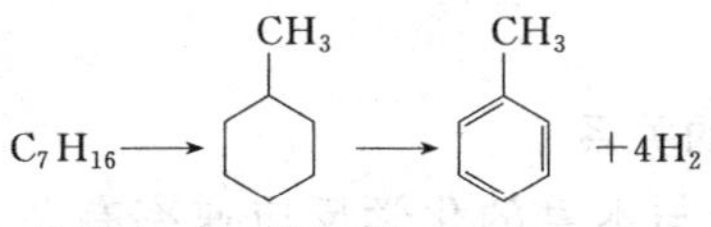

庚烷　甲基环己烷　甲苯

5. 缩合、生焦反应

单环芳烃可缩合成稠环芳烃，最后可缩合成焦炭，并且放出氢气，使烯烃饱和。例如：

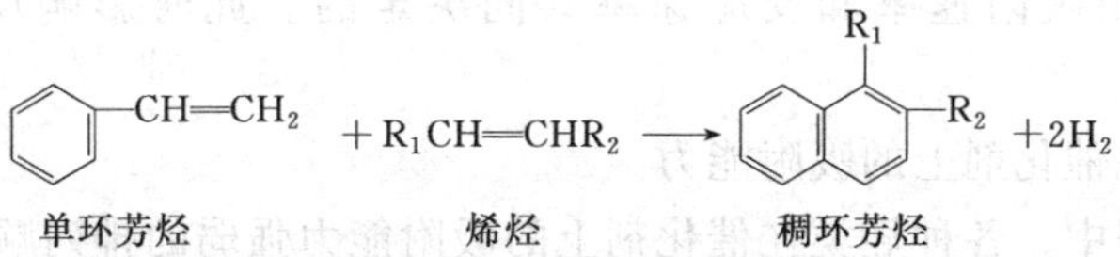

单环芳烃　　烯烃　　稠环芳烃

上述化学反应中，裂化反应、氢转移反应及缩合、生焦反应，是催化裂化的特征反应。

由上述反应中得知：烃类分子在催化裂化反应过程中，裂化反应可使大分子分解为小分子，这是催化裂化工艺成为重质油轻质化重要手段的根本依据；异构化和芳构化反应，可以使低辛烷值的直链烃转变为高辛烷值的异构烃和芳烃；而氢转移反应，可使催化汽油饱和度提高、安定性好。

除了上述反应外，分解反应的产物还可以进一步发生C—C键的断裂，生成碳原子数较少的裂化气。

任务7 了解催化裂化反应的特点

催化裂化是在一定的温度和压力条件下，原料与反应器内的高温催化剂接触，瞬时汽化，并裂化成产品。此类裂化反应过程有以下特点。

1. 烃类催化裂化是一个气-固非均相反应

石油馏分的催化裂化反应是一个气-固非均相催化反应，如图 3-5 所示。在反应器中，原料和产品都是气相，而催化剂是固相，因此在催化剂表面进行裂化反应时，包括以下七个步骤：

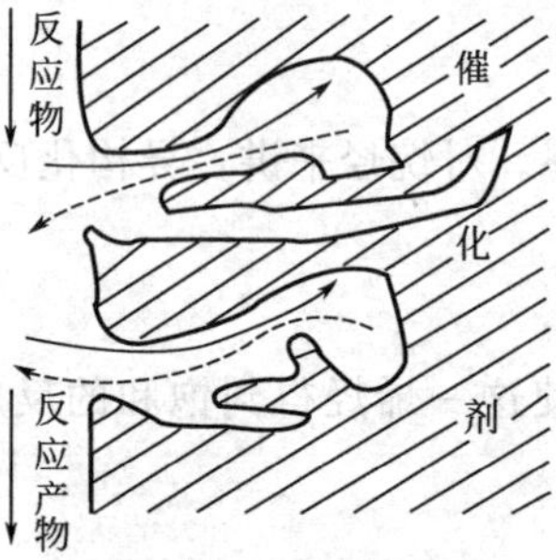

图 3-5 气-固非均相催化反应示意图

① 原料油气分子由主气流中扩散到催化剂外表面；

② 油气分子沿催化剂微孔向催化剂的内部扩散；

③ 油气分子被催化剂内表面吸附；

④ 被吸附的油气分子在催化剂内表面上发生化学反应；

⑤ 反应产物分子自催化剂内表面脱附；

⑥ 反应产物分子沿催化剂微孔向外扩散；

⑦ 反应产物分子扩散到主气流中去。

反应物进行催化裂化反应的条件是原料油气扩散到催化剂的表面上，并被其吸附，才可能进行以上的反应。

2. 各种烃类之间的竞争吸附和反应的阻滞作用

石油馏分催化裂化的结果，并非是各种烃类单独反应的综合结果，因为任何一种烃类的反应都要受到同时存在的其他烃类的影响，更重要的是，石油馏分的催化裂化反应是在固体催化剂表面上进行的。

(1) 吸附速率与反应速率的关系

某烃类的反应速率，不仅与本身的化学反应速率有关，而且还与它们的吸附和脱附能力有关。如果某种烃类难以在催化剂表面上被吸附（即吸附能力很慢）时，尽管它的化学反应速率很高，但是它的总反应速率不可能很大。换句话说，某烃类的催化裂化反应的总速率是由吸附速率和反应速率共同决定的。此时影响反应速率的因素是吸附速率。

(2) 各种烃类在催化剂上的吸附能力

在催化裂化过程中，各种烃类在催化剂上的吸附能力强弱的排列顺序是：

稠环芳烃＞稠环、多环环烷烃＞烯烃＞单烷基侧链的单环芳烃＞单环环烷烃＞烷烃

在同一族烃类中，大分子的吸附能力比小分子强。

(3) 各种烃类在催化裂化中的反应能力

在催化裂化过程中，各族烃类的化学反应速率，其快慢的排列顺序是：

烯烃＞大分子单烷基侧链的单环芳烃＞异构烷烃和环烷烃＞小分子单烷基侧链的单环芳烃＞正构烷烃＞稠环芳烃

(4) 各种烃类在催化裂化中的焦炭生成速率

通过比较可以看到：石油馏分中的芳烃，特别是稠环芳烃的反应速率最慢，但是它在催化剂表面的吸附能力却最强。在裂化原料中含有较多芳烃时，这些芳烃首先占据了催化剂的表面，它不但反应很慢，而且不容易脱附，易缩合成焦炭，沉积在催化剂表面上，这就大大地妨碍了其他烃类吸附的催化剂表面上进行反应，从而使整个石油馏分的反应速率减慢。在这种情况下，稠环芳烃对于催化裂化反应起着毒物作用。

芳烃和烯烃在各自单独进行催化裂化反应时，都能发生缩合反应直至生成焦炭；但在两者同时存在时，烯烃与芳烃的缩合反应加剧，促使生成更多的焦炭。

各种烃类焦炭生成速率递减排列顺序是：双环芳烃＞单环芳烃＞烯烃＞环烷烃＞烷烃

(5) 理想与不理想的催化裂化原料

综上所述，稠环芳烃是最差的催化裂化成分；其次是芳烃；而原料中的烷烃虽然有一定的化学反应速率，但是吸附能力最弱，也不是催化裂化的理想成分；最理想的是环烷烃，既有一定的吸附能力，又有一定的反应能力，成为催化裂化原料油中的理想成分。

3. 烃类催化裂化是一个复杂的平行-顺序反应

前面比较细致地从各种烃类的角度来讨论石油馏分的催化裂化反应，这是认识石油馏分的催化裂化反应的基础。在工业生产中，常常是从主要反应产物的变化来考察石油馏分的催化裂化反应。

一个化学反应可以同时向几个方向进行，称为平行反应。

原料初次反应的产物可以再继续的反应，称为顺序反应。

在高温下，单纯的裂化是不可逆反应。裂化反应的初次产品还会发生二次裂化反应，另外少量原料也会在裂化的同时发生缩合反应。因此，石油馏分的催化裂化反应属于一个复杂的平行-顺序反应类型，即单体烃在催化裂化时可以同时朝几个方向进行反应，而且初次反应的产物可以继续进行反应。

石油馏分的催化裂化反应中的平行-顺序反应如图 3-6 所示。

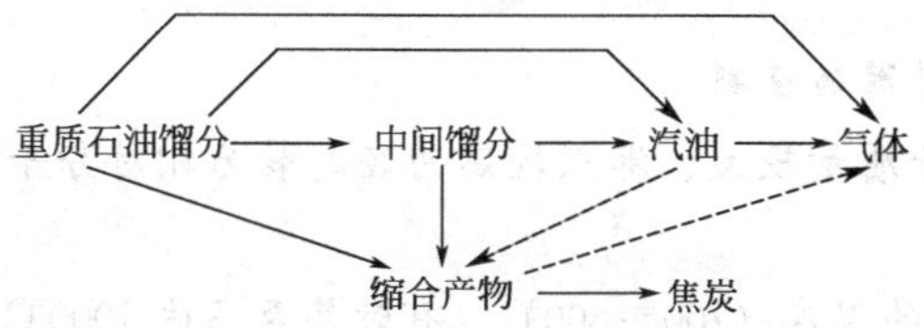

图 3-6 石油馏分的催化裂化反应中的平行-顺序反应
(虚线表示不重要的反应)

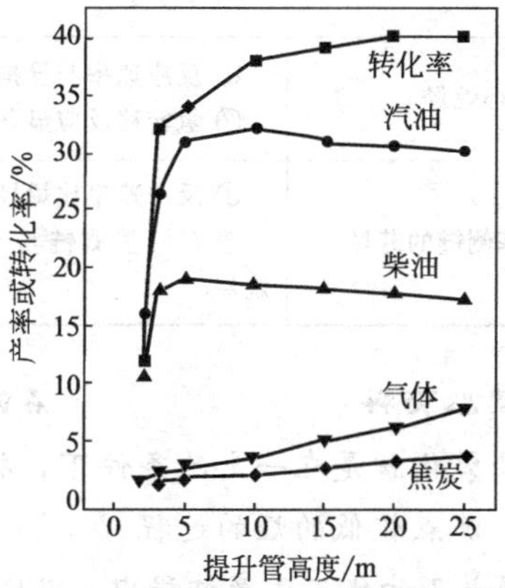

图 3-7 某石油馏分的催化裂化的结果

平行-顺序反应的一个重要特点是反应深度对各产品产率的分配有重要影响。由图 3-7 可知：随反应时间的增长，转化率提高，最终产物气体和焦炭的产率一直在增加，而汽油的产率开始时增加，经过一个最高点后就下降，这是因为到了一定的反应深度后，汽油分解成气体的速率就会高于生成汽油的速率。同理，对于柴油产率来说，也像汽油的产率曲线一样有一个最高点，只是这个最高点出现在转化率较低的时候。通常把初次反应产物再继续进行的反应叫做二次反应。

催化裂化的二次反应有些对产品有利，有的则是不利的。因此，应对反应加以适当的控制。

任务8 了解烃类催化裂化与热裂化的主要区别

催化裂化和热裂化均属于石油的二次加工过程，但两者在反应条件、反应机理和裂化产物分布上有着明显的差异。烃类催化裂化与热裂化的比较见表 3-2。

表 3-2 烃类催化裂化与热裂化的比较

裂化类型	催化裂化	热裂化
反应机理	正碳离子反应	自由基反应
反应条件	0.1～0.3MPa、450～530℃与催化剂接触	高压热裂化(20～7.0MPa、450～550℃) 低压热裂化(0.1～0.5MPa、550～770℃)
烷烃	① 异构烷烃反应速率比正构烷烃快很多 ② 产物中异构物多 ③ ≥C_4 的产物中 α-烯烃少 ④ 裂解气中 C_3、C_4 为多	① 异构烷烃反应速率比正构烷烃快得不多 ② 产物中异构物少 ③ ≥C_4 的产物中 α-烯烃多 ④ 裂解气中 C_1、C_2 多
烯烃	① 反应速率比烷烃快若干数量级 ② 氢转移反应显著，产物中烯烃，尤其是二烯烃较少	① 反应速率与烷烃相似 ② 氢转移反应几乎没有，产物中烯烃与二烯烃多
环烷烃	① 反应速率与异构烷烃相似 ② 氢转移反应显著，生成相当数量的芳烃	① 反应速率比正构烷烃还要慢 ② 氢转移反应不显著
带烷基侧链的芳烃	① 反应速率比烯烃快得多 ② 在烷基侧链与苯环连接处断裂（即脱烷基）	① 反应速率比烷烃慢 ② 烷基侧链断裂时，苯环上仍留有1～2个碳的短侧链

阅读小资料 **石油裂化和裂解的区别**

石油裂化就是在一定的条件下，将相对分子质量较大、沸点较高的烃断裂为相对分子质量较小、沸点较低的烃的过程。

裂解是石油化工生产过程中，以比裂化更高的温度（700～800℃，有时甚至高达1000℃以上），使石油分馏产物（包括石油气）中的长链烃断裂成乙烯、丙烯等短链烃的加工过程。

裂解是一种更深度的裂化。石油裂解的化学过程比较复杂，生成的裂解气是成分复杂的混合气体，除主要产品乙烯外，还有丙烯、异丁烯及甲烷、乙烷、丁烷、炔烃、硫化氢和碳的氧化物等。裂解气经净化和分离，就可以得到所需纯度的乙烯、丙烯等基本有机化工原料。目前，石油裂解已成为生产乙烯的主要方法。

任务9 了解重油催化裂化过程的特点

在催化裂化工艺中，以原料的不同可分为：馏分油催化裂化（简称轻油催化裂化或轻催）和重质馏分油催化裂化（简称重油催化裂化或重催）两种类型。我国现有催化裂化装置130多套，加工能力已超过1亿吨/年，居世界第二位。大多数装置掺炼常压渣油和减压渣油，其蜡油大多数含有溶剂（丙烷、C_4 或 C_5 作溶剂）脱沥青油、缓和热裂化油、焦化蜡油等，属于重油催化裂化装置。重油催化裂化装置有以下几方面的特点。

1. 焦炭产率高

重油催化裂化的焦炭产率高达8%～12%（质量分数），而馏分油催化裂化的焦炭产率通常为5%～6%（质量分数）。

2. 重金属污染催化剂

与馏分油相比，重油中含有较多的重金属，在催化裂化过程中，这些重金属会沉积在催化剂表面，容易导致催化剂受污染或中毒。

3. 硫、氮杂质的影响

重油中的硫、氮等杂原子的含量相对较高，导致裂化后的轻质油品中的硫、氮含量较高，影响产品的质量；另一方面，也会导致焦炭中的硫、氮含量较高，在催化剂烧焦过程中会产生较多的硫、氮氧化物，腐蚀设备，污染环境等。

4. 在催化裂化条件下重油不能完全汽化

重油在催化裂化条件下只能部分汽化，未汽化的小液滴会附着在催化剂表面上，此时的传质阻力不能忽略，反应过程是一个复杂的气-液-固三相催化反应过程。

任务10 了解馏分油催化裂化（轻催）过程的一般特点

馏分油催化裂化的原料是常减压馏分油，与重油催化裂化相比，其所得产品一般有以下几个特点。

1. 轻质油收率高

轻质油收率高，可达70%～80%（质量分数），而原油初馏的轻质油收率仅为10%～40%（质量分数）。

2. 辛烷值较高

与常减压蒸馏的直馏汽油相比，催化汽油的辛烷值较高，研究法辛烷值可达85以上，汽油的安定性也较好。而原油初馏的汽油的辛烷值约为50，而且安定性较差。

3. 十六烷值低

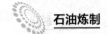

与常减压蒸馏的直馏柴油相比，催化柴油的十六烷值较低，通常与直馏柴油调和后才能使用，或者经过加氢精制以提高十六烷值。

4. 副产液化气

由于馏分油在催化裂化反应中的平行-顺序反应，得到催化裂化气体产品约占10%～20%（质量分数），其中90%（质量分数）是液化石油气（简称LPG），并且含有大量的C_3、C_4烯烃，这部分产品是优良的石油化工和生产高辛烷值汽油组分的原料。

根据所用原料、催化剂和操作条件的不同，催化裂化各产品的产率和组成略有不同，大体上，气体产率为10%～20%，汽油产率为30%～50%，柴油产率不超过40%，焦炭产率在5%～7%左右。

由以上产品产率和产品质量情况可以看出：催化裂化过程的主要目的是生产汽油。根据我国国情，交通运输和农业的发展，对柴油的需求量很大，通过调整操作条件或采用新的工艺技术，可在生产汽油的同时，尽可能提高柴油的产率，这也是我国催化裂化技术的一大特点。

任务11 了解碳正离子

1. 碳正离子的概念

到目前为止，碳正离子学说仍然被公认为解释烃类的催化裂化反应机理比较成熟的理论。其他虽然也有一些理论在某些方面是正确的，但是不能像碳正离子学说解释问题的范围那样广泛。

碳正离子就是指缺少一对价电子的碳所形成的烃离子，换句话说是一种带正电的极不稳定的碳氢化合物，也叫做带正电荷的碳离子。例如：

$$\mathrm{R}:\underset{+}{\overset{\mathrm{H}}{\overset{\cdot\cdot}{\mathrm{C}}}}:\mathrm{H}$$

2. 碳正离子的生成

（1）不饱和烃与B酸反应

$$\mathrm{H_2C{=}CHCH_3 + HX \rightleftharpoons H_3C{-}\underset{\underset{\displaystyle CH_3}{|}}{\overset{\overset{\displaystyle H}{|}}{C^+}}\quad + X^-}$$

烯烃

（2）饱和烃与B酸或L酸反应

$$\mathrm{RH + HX \rightleftharpoons R^+ + X^- + H_2}$$

$$\mathrm{RH + L \rightleftharpoons R^+ + LH^-}$$

（3）碳正离子链传递生成新的更稳定碳正离子

$$\mathrm{R_1^+ + R_2H \rightleftharpoons R_1H + R_2^+}$$

3. 碳正离子的稳定性

分析碳正离子，对发现能够廉价制造几十种当代必需的化工产品是至关重要的。科学家们研究发现了利用超强酸能使碳正离子保持稳定的方法，并且能够配制高浓度的碳正离子和研究它的一些规律：碳正离子与自由基一样，是一个活泼的中间体，即先形成碳正离子作为中间体，再反应生成产物，所以较稳定的碳正离子，会得到对应较多的产物，因此在反应过程中，能有利于生成较稳定的碳正离子，则使反应速率较快，转化率较高，有时为了形成的碳正离子更稳定，还会发生分子结构的重排。这一发现已经广泛用于提高炼油的效率、生产无铅汽油和研制新药物等。

各种碳正离子的稳定性由高到低的排序是：

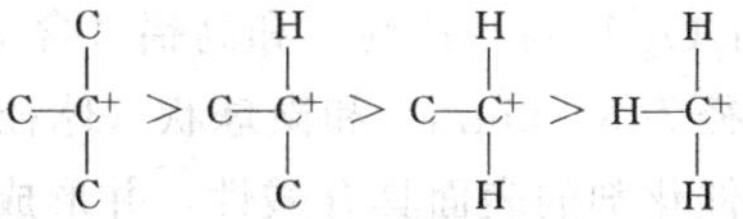

任务12 了解催化裂化催化剂及催化作用基本概念

催化裂化技术的发展密切依赖于催化剂的发展。例如：20 世纪 40 年代起，开发了 40～80μm 微球无定形硅酸铝催化剂，才出现了流化床催化裂化装置；沸石催化剂的诞生，才发展了提升管催化裂化；使用了含有促进 CO 燃烧组分的裂化催化剂，或 CO 助燃剂，可以使再生器中的 CO 全部转化为 CO_2，既回收了能量，又减少了 CO 对大气的污染，使高效再生技术得到普遍推广；抗重金属污染催化剂使用后，渣油催化裂化技术的发展才有了可靠的基础。选用适宜的催化剂对于催化裂化过程的产品产率、产品质量以及经济效益具有重大影响。

能够改变化学反应速率，而自身不发生化学变化的物质，称为催化剂。

催化剂改变化学反应速率的作用叫做催化作用。催化剂可以加快某些反应进行的速率，也可以抑制另一些反应的进行，其根本原因是改变了化学反应历程，降低了分子的活化能。加快反应速率称正催化作用，减慢反应速率称负催化作用。催化剂的催化作用具有以下特征。

① 催化剂积极参与化学反应，改变化学反应速率（加快或减慢），但反应前后其本身并不发生化学变化。

② 催化剂不能促进那些热力学看来不能进行的化学反应；对可逆反应，能促进正反应也能促进逆反应，即不能改变化学平衡。

③ 催化剂可以有选择性地加速某些化学反应，从而改变产品的分布。

④ 在反应过程中，催化剂基本上不消耗（从设备中跑损除外）。

任务13 了解催化裂化催化剂的种类、组成与结构

工业上，催化裂化催化剂按其发展历史可分为三大类。

1. 天然白土

最早使用的裂化催化剂是处理过的天然活性白土，其主要成分是硅酸铝（$Al_2O_3 \cdot 3SiO_2$）。

2. 无定形硅酸铝

这类催化剂是人工合成的硅酸铝催化剂，其稳定性和比表面积都优于天然白土，孔径为 $\phi 20 \sim 100\mu m$，比表面积 $500 \sim 700m^2/g$。

硅酸铝催化剂的主要成分是氧化硅（SiO_2）和氧化铝（Al_2O_3），根据含量不同可分为低铝（含 Al_2O_3 10%～13%）和高铝（含 Al_2O_3 约 25%）两种，根据颗粒大小不同可分为小球状（球径为 3～6mm）和微球状（球径为 40～80μm）。

硅酸铝催化剂的表面具有酸性，并形成许多酸性中心，催化剂的活性就来源于这些酸性中心，即催化剂的活性中心，如图 3-8 所示。

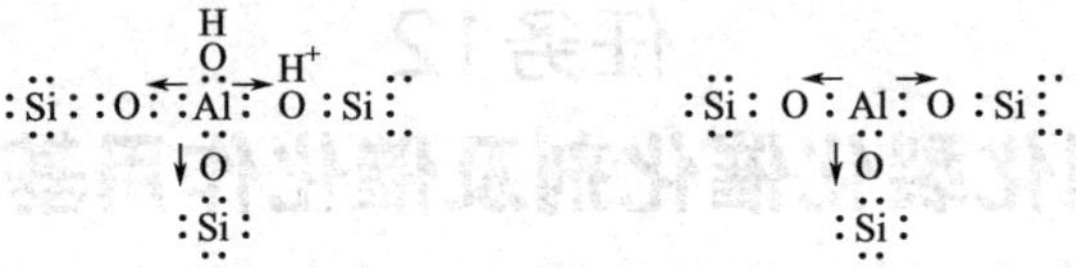

(a) 质子酸　　(b) 非质子酸

图 3-8　硅酸铝表面的质子酸与非质子酸结构示意图

3. 分子筛催化剂

分子筛催化剂是 20 世纪 60 年代发展起来的一种新型催化剂，它也是用含有硅和铝的原料制成的，它比无定形硅酸铝催化剂具有更好的使用性能。

分子筛又称为结晶型泡沸石，是一种有规则的结晶体结构的硅铝酸盐。普通硅酸铝催化剂的微孔结构是无定形的，即其中的空穴和孔径是不均匀的。

目前，工业上使用的主要是 X 型和 Y 型两种分子筛催化剂，如图 3-9 所示。这两种分子筛的晶格结构相同，其主要差别是其中的硅铝原子比不同，硅铝比提高，分子筛的热稳定性和水蒸气稳定性都随着提高。

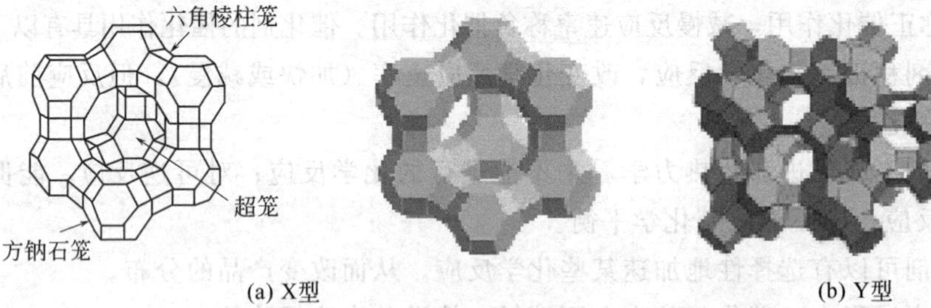

(a) X型　　(b) Y型

图 3-9　X 型、Y 型分子筛催化剂的晶体结构（八面沸石笼）

分子筛催化剂经过离子交换后使催化剂具有酸性，表面活性也是由质子酸与非质子酸引起的，从而引发碳正离子反应。

经过离子交换的分子筛催化剂，其活性比硅酸铝的活性要高出上百倍。当用某单体烃的裂化速度来比较时，分子筛催化剂的活性比硅酸铝催化剂高出上千倍，这样高的活性不宜直接用作裂化催化剂。作为裂化催化剂时，一般将分子筛催化剂均匀地分布在载体上，载体通常采用无定形硅酸铝、白土等具有裂化活性的物质。

使用分子筛催化剂时，可根据市场需要改变操作条件以得到最大量的汽油、柴油或液化气，见表 3-3。

表 3-3 催化裂化（以分子筛为催化剂）产品产率与温度的关系

产品	产品方案与相应温度		
	多产液化石油气(530℃)	多产汽油(510℃)	多产柴油(475℃)
干气(质量分数)/%	4.5	2.8	1.6
C_3～C_4(体积分数)/%	37	26.4	18.7
汽油(体积分数)/%	46	69.5	32.6
轻柴油(体积分数)/%	18	10	43.6
渣油(体积分数)/%	5	5	5

目前，工业上使用的分子筛催化剂中，只含 15% 的分子筛，其余的是载体，此类催化剂活性高的原因如下。

① 沸石分子筛的酸性中心浓度较高；

② 沸石分子筛的微孔结构吸附能力强，导致酸性中心附近的反应物浓度较高；

③ 沸石分子筛的微孔穴中有电场，会使 C—H 键极化而促进碳正离子的生成和反应。

另外，催化剂载体的作用有以下几方面。

① 有较大表面积和一定的孔分布，有一定的黏结性，通过喷雾干燥制成合适的筛分分布；

② 提供较好的磨损强度，减少催化剂的跑损，减少对环境的污染；

③ 作为热载体，在两器的循环过程中完成热量的储存与传送；

④ 对重油催化裂化过程，载体还是大分子反应的场所，因大分子不能进入分子筛的孔内。载体是催化剂组成的重要部分，其性能对催化剂有较大的影响。

综合上述分析，对分子筛催化剂与无定形硅酸铝催化剂的性能作一比较，见表 3-4。

表 3-4 分子筛催化剂与无定形硅酸铝催化剂的性能比较

性能	分子筛	无定形硅酸铝
活性	裂解和异构活性高	低
所需反应时间	短(1～4s)	长
选择性	好(焦炭产率低)	差(焦炭产率高)
热稳定性	好	较差
再生温度	高(约 700℃)	较低(约 600℃)
氢转移反应活性	很高	较低
抗重金属稳定性	较强	较弱
对再生催化剂含碳量的要求	不大于 0.2%	可在 0.5%左右

任务14 了解催化裂化催化剂的使用性能

催化裂化工艺对所用催化剂有诸多的使用要求。催化剂的使用性能包括：催化剂的活性、稳定性、选择性、密度、抗重金属污染性能、筛分组成或流化性能、抗磨性能等。

1. 催化剂的活性

活性：是指催化剂促进化学反应进行的能力。活性大小决定于催化剂的化学组成、制备方法、物理性质等。活性是评价催化剂促进化学反应能力的重要指标。

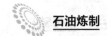

平衡活性：在实际生产中，催化剂受高温、积炭、水蒸气、重金属污染等影响后，其活性开始下降很快，以后下降逐渐变缓；另一方面，由于催化剂或损失而需要定期补充一些新鲜催化剂，因此在生产装置中的催化剂活性可持续在一个稳定的水平上，此时催化剂的活性称为平衡催化剂活性，简称平衡活性。

平衡活性低于新鲜催化剂的活性。平衡活性的高低取决于催化剂的稳定性和新鲜催化剂的补充量。

2. 催化剂的稳定性

催化剂的稳定性是指催化剂在使用条件下，保持活性和选择性的能力。在催化裂化过程中，催化剂需要反复经历反应和再生两个不同的阶段，长期处于高温和水蒸气作用下，这就要求催化剂在苛刻的工作条件下，其活性和选择性能够长时间地维持在一定水平上。

催化剂老化：是指生产过程由于高温及水蒸气的连续冲刷作用，催化剂小孔径的微孔结构遭到破坏，平均孔径变大，比表面减小，导致活性下降的现象。

一般高铝硅酸铝催化剂的稳定性比低铝好，而分子筛催化剂的稳定性更高。在分子筛催化剂中，其稳定性由高至低的排序为：超稳 Y 型分子筛＞Y 型分子筛＞X 型分子筛。

3. 催化剂的选择性

选择性：表示催化剂增加目的产品（汽油、柴油）和减少副产品（气体和焦炭）的选择反应能力。

活性高的催化剂，其选择性不一定好，所以不能单以活性高低来评价催化剂的使用性。

在重油催化裂化反应中，通常用“汽油产率/焦炭产率”或“汽油产率/转化率”来表示催化剂的选择性好坏。

选择性与催化剂表面结构有关，分子筛催化剂比无定形硅酸铝催化剂有更好的选择性，表现在气体和焦炭产率低、轻质油收率高、生产灵活性大、产品质量好。Y 型分子筛比 X 型分子筛的选择性好。

硅酸铝催化剂的再生温度为 590～610℃，而分子筛催化剂可达 650～680℃，对烧焦罐型再生器的操作温度可达到 700～760℃，这样可以提高再生时的烧焦速率，降低再生催化剂的含碳量。

4. 催化剂的密度

由于催化裂化催化剂是微小球状的多孔性物质，其密度有以下几种表示方法。

真实密度：催化剂颗粒的质量与骨架实际所占体积之比，又称为骨架密度，一般为 2000～2200kg/m^3。

颗粒密度：把催化剂微孔体积计算在内的单个颗粒的密度，一般为 900～1200kg/m^3。

堆积密度：催化剂堆积时，包括微孔体积和颗粒之间的空隙体积的密度，一般为 500～800kg/m^3。

催化剂的颗粒密度对催化剂的流化有着重要的影响。

5. 催化剂的抗重金属污染性能

催化裂化原料油中的镍（Ni）、钒（V）、铁（Fe）、铜（Cu）等金属的盐类，沉积或吸附在催化剂表面上，会大大降低催化剂的活性和选择性，称为催化剂“中毒”或“污染”，或“钝化”，从而使汽油产率大大下降，气体和焦炭产率上升。分子筛催化剂比硅酸铝催化剂具有更强的抗重金属污染能力。

催化剂上重金属的来源主要来自原料油，部分来自催化剂与设备的磨损。为了控制重金属污染，一方面应控制原料油中重金属含量，另一方面可使用金属钝化剂以抑制污染金属的活性等。

6. 催化剂的筛分组成或流化性能

在流化床催化裂化装置里，为了保证催化剂在流化床中具有良好的流化状态，要求催化剂有适宜的颗粒直径分布，即有一定的筛分组成。催化裂化催化剂的粒径分布在20～100μm。

催化剂的筛分组成要满足：容易流化，反应传热面积大，以及气流夹带催化剂损耗小。一般情况下新鲜催化剂的筛分组成大致为：

0～40μm 占 10%～25%

40～80μm 不超过 50%

＞80μm 占 15%～25%

小于 20μm 的催化剂在旋风分离器中不易回收；而大于 80μm 的催化剂过多时，使流化性能变差，而且对设备的磨损也大。在装置中催化剂之间的相互碰撞，以及颗粒与设备壁面之间的摩擦，导致有的大颗粒会变成小颗粒，所以筛分组成是变化的。适当的细粉含量可改善流化质量。

7. 催化剂的抗磨性能

为了避免运转过程中催化剂过度破碎，以减少损耗和保证良好的流化质量，要求催化剂具有一定的机械强度。我国采用“耐磨指数”来评价催化剂的机械强度。其测量方法是：将一定量的催化剂放在特定的仪器中，用高速气流冲击 4h 后，所生成的小于 15μm 细粉的质量占试样中大于 15μm 催化剂质量的百分数即为耐磨指数，或称为磨损指数。通常要求微球催化剂的磨损指数≤2。

任务15 了解裂化催化剂的失活

石油馏分在催化裂化过程中，由于各种错综复杂的化学反应和操作条件等诸多方面的影响，使催化剂的活性及选择性大大地降低，称为催化剂失活。裂化催化剂失活的原因有以下几方面。

1. 水热失活

水热失活是指催化剂在高温，特别是有水蒸气存在的条件下，裂化催化剂的表面结构发生变化，比表面积减小，孔容减小，分子筛的晶体结构遭到破坏，导致催化剂的活性和选择性下降。

水热失活是一个缓慢的过程，与停留时间有关，一旦发生是不可逆转的，通常只能控制操作条件以尽量减缓水热失活，比如避免超温下与水蒸气的反复接触等。无定形硅酸铝催化剂的热稳定性较差，当温度高于 650℃时失活较快。分子筛催化剂的热稳定性比稳定性硅酸铝催化剂的要高得多。例如：

REY 型沸石分子筛催化剂的晶体崩溃温度为 870～880℃；

超稳 Y 型（USY）分子筛催化剂的晶体崩溃温度高至 1010～1050℃。

在缓和、中等深度（816℃）的水处理时，两者的差别不大，而超过 870℃后稀土 Y 型晶体几乎全部崩溃，而超稳 Y 型晶体仍然保持较好。

在工业生产中，要严格控制分子筛催化剂的温度：一般在＜650℃水热失活很慢，当＞730℃失活问题比较突出。因此，一般催化剂再生不超过 730℃。

2. 结焦失活

结焦失活是指石油馏分催化裂化过程中，由于缩合反应和氢转移反应，产生高度缩合产物——焦炭，焦炭沉积在催化剂表面上覆盖活性中心，使催化剂的活性及选择性降低。

在工业催化裂化过程中所产生的焦炭，可认为包括四种焦炭。

① 催化炭：各类反应时生成的焦炭。催化炭随反应转化率的增大而增大。

② 附加炭：原料油中和生焦前身物（主要是稠环芳烃）吸附在催化剂表面上，经缩合反应生成的焦炭。附加焦与原料油的残炭值、转化率及操作方式等因素有关。

③ 可汽提焦：汽提不完全而残留在催化剂上的重质烃类。可汽提焦的量与汽提段的汽提效率、催化剂的孔结构状况等因素有关。

④ 污染焦：在催化裂化过程中，由于重金属沉积在催化剂的表面上，促进了脱氢和缩合反应而产生的焦炭。污染焦的量与催化剂上的金属沉积量、沉积金属类型及催化剂的抗污染能力等因素有关。

催化剂的结焦失活现象最为严重，速率也最快，一般在 1s 之内就能使催化剂活性丧失大半，不过此种失活属于“暂时失活”，再生后即可恢复。

3. 毒物引起的失活

在生产中，裂化催化剂的毒物主要是某些金属（如铁、镍、钒、铜等重金属及钙、钠）和碱性氮化物。

重金属使催化剂中毒由弱至强的排序为：铅＜铬＜铁＜钒＜钼＜铜＜钴＜镍

铁：含量虽多，但毒性很小。

铜：含量很小，不构成主要危害。

镍：具有脱氢活性，使催化剂的选择性发生变化。

钒：能与分子筛晶体形成低熔点的共熔物，破坏催化剂的结构，使活性下降。

钠：可中和催化剂的酸性中心，而且会降低催化剂结构熔点，使之在再生温度条件下发生熔化现象，把分子筛和基质一起破坏，使催化剂的稳定性变坏。

碱性氮化合物：会使催化剂的活性和选择性降低。

综合上述因素，通常把镍和钒作为重点防范的对象。镍对选择性的影响比钒大 4～5 倍。国外的催化裂化原料油中含钒多，比镍的影响大。我国原料中含镍高，含钒低。

任务16 了解裂化催化剂的再生

为使催化剂恢复活性以重复利用，必须用空气在高温下烧去沉积的焦炭，这个用空气烧去焦炭的过程称为催化剂再生。

在催化裂化装置中，催化剂是在反应器与再生器之间不断地进行循环，在实际生产中，离开反应器的催化剂含碳量约为1%左右，称为待生催化剂（简称待生剂），再生后的催化剂称再生催化剂（简称再生剂）。

对再生剂的含碳量有一定的要求：对无定形硅酸铝催化剂，要求再生剂含碳量小于0.5%；对分子筛催化剂，要求再生剂含碳量小于0.2%；对超稳Y型分子筛催化剂，要求再生剂含碳量低于0.05%。

1. 催化剂再生的重要意义

① 可恢复催化剂因结焦而丧失的活性以循环利用；

② 可恢复催化剂由于结构变化和金属污染而丧失的活性以重复利用；

③ 决定整个装置的热平衡；

④ 决定全装置的生产加工能力。

2. 再生反应和再生反应热

① 催化裂化反应生成的焦炭本身是多种化合物的混合物，主要成分是碳和氢；

② 再生反应就是用空气中的氧烧去沉积在催化剂表面上的焦炭，其产物是CO、CO_2和H_2O（蒸汽）；

③ 烟气中的$CO_2/CO=1.1\sim1.3$；

④ 在高温或使用CO助燃剂强化再生时，可使烟气中的CO_2几乎全部转化为CO。再生烟气中还有含硫（SO_2、SO_3）、含氮化合物（NO、NO_2）。

焦炭燃烧过程的总化学反应方程式如下：

$$\text{焦炭}\xrightarrow{\text{燃烧}}CO+CO_2+H_2O\uparrow$$

再生（燃烧）反应热：

$$C+O_2\longrightarrow CO+33873\text{kJ/kg}$$

$$C+\frac{1}{2}O_2\longrightarrow CO_2+10258\text{kJ/kg}$$

$$H_2+\frac{1}{2}O_2\longrightarrow H_2O+119890\text{kJ/kg}$$

从上述各反应式可以看出：催化剂再生过程中，焦炭燃烧放出大量热能，这些热量可供给反应所需，如果所产生的热量不足以供给反应所需要的热量，则还需要从外界补充热量（向再生器喷燃烧油）；如果所产热量有富余，则需要从再生器取出多余的部分热量作为别用，以维持整个系统的热量平衡。

通常氢的燃烧速率比碳快得多，当碳烧掉10%时，氢已经烧掉近一半，当碳烧掉一半时，氢已经烧掉90%多。因此，碳的燃烧速率是确定再生能力的决定因素。

3. 影响再生反应热的因素

再生反应热与焦炭的H/C有关，而H/C与反应深度有关，又与汽提效果有关。

再生反应热还与烟气的CO_2/CO有关，CO_2/CO越大反应热越大。

把焦炭视为稠环芳烃时的燃烧热为500～750kJ/kg，约占总热效的1%～2%，焦炭燃烧热并不是全部都可以利用，其中应扣除焦炭脱附热，工艺上的计算方法是：

再生反应净热效＝总热效－焦炭脱附热

焦炭脱附热＝焦炭吸附热＝焦炭燃烧热×11.5%

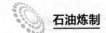

由此可知：烧焦时可利用的有效热量只有燃烧热的88.5%。

4. 影响烧焦的因素

① 流化床中气-固相间的传质速率；

② 鼓泡床中气泡相与乳化相间的传质；

③ 再生器的不同部位，其流动、传质、反应情况是不同的。

通常是先建立一个机理雏形，然后再对照工业实际数据进行拟合并做些修正。

任务17 掌握催化裂化操作的一些基本概念

在催化裂化过程中，经常使用转化率、总转化率、单程转化率、循环裂化、产品分布、选择性裂化、回炼比、进料比、剂油比、空速和反应时间等概念。

1. 转化率

转化率是指原料转化为产品的百分率。它是衡量反应深度的综合指标。转化率又有总转化率和单程转化率之分。总转化率是对新鲜原料而言，按惯例，工业上常用下式定义：

$$\text{转化率}=\frac{\text{气体产率}+\text{汽油产率}+\text{焦炭产率}}{100}\times 100\%$$

$$\text{单程转化率}=\frac{\text{气体产量}+\text{汽油产量}+\text{焦炭产量}}{\text{总进料量}}\times 100\%$$

$$=\frac{\text{气体产量}+\text{汽油产量}+\text{焦炭产量}}{\text{新鲜原料量}+\text{循环油量}}\times 100\%$$

$$\text{总转化率}=\frac{\text{气体产量}+\text{汽油产量}+\text{焦炭产量}}{\text{新鲜原料量}}\times 100\%$$

这里需要说明的是：上式中产品只列出气体、汽油和焦炭，其实柴油也是由重油转化而来的产品。那么，为什么会这样定义呢？这是因为早期的催化裂化是以柴油作为原料，因此就把当时的定义沿袭至今已成为习惯，本行业人员都很清楚这一点。然而，现在的催化裂化原料早已不再是柴油而是蜡油和重油，因此，这样表示的转化率已经名不副实，只能代表原料反应深度的大小。真正意义的转化率应该是原料油量减去未转化油的量与原料油量之比，称为重油转化率，一般在实验室使用。

$$\text{重油转化率}=\frac{\text{原料油总量}-\text{未转化油的量}}{\text{原料油总量}}\times 100\%$$

2. 回炼操作

回炼操作又叫循环裂化。由于新鲜原料经过一次反应后不能都变成要求的产品，还有一部分与原料油馏程相近的中间馏分。把这部分中间馏分送回反应器重新进行反应就叫做回炼操作。这部分中间馏分油就叫做回炼油（或称循环油）。如果这部分循环油不去回炼而作为产品送出装置，这种操作叫单程裂化。

在比较苛刻的操作条件下，例如催化剂活性高、反应温度和再生条件苛刻等，采用单程裂化的方式进行生产可以达到一定的反应深度；在比较缓和的条件下，采用回炼操作，也可使新鲜原料达到相同的转化率。两种方式对比，显然，采用回炼操作产品分布好，即轻质油收率高。这是因为回炼操作条件缓和，汽油和柴油二次裂化少。但是，回炼操作比单程裂化处理能力低，增加能耗。因为回炼油是已经裂化过的馏分，它的化学组成和新鲜原料有区别，芳烃含量多，较难裂化。

回炼比是指回炼油（包括回炼油浆）与新鲜原料油质量之比，即

$$回炼比=\frac{回炼油质量+回炼油浆质量}{新鲜原料油质量}\times 100\%$$

回炼比、单程转化率和总转化率三者之间的关系为：

$$单程转化率=\frac{总转化率}{1+回炼比}\times 100\%$$

回炼比的大小由原料油的性质和生产方案决定。通常，多产汽油方案采用小回炼比，多产柴油方案采用大回炼比。

3. 剂油比

在流化床催化裂化装置的反应-再生系统中，催化剂循环量与总进料量之比称为剂油比，用 C/O 表示：

$$C/O=\frac{催化剂循环量(t/h)}{总进料量(t/h)}$$

催化剂上的积炭量与剂油比（C/O）亦有关。实际上剂油比（C/O）反映了单位催化剂上有多少原料油进行反应并在其上沉积焦炭。在同一条件下，剂油比（C/O）越大，表明原料油与催化剂的接触机会越多，单位催化剂上的积炭越少，催化剂失活程度越小，从而使转化率越高，但剂油比（C/O）增大会使焦炭产率增加；剂油比（C/O）太小，增加热裂化反应的比例，使产品质量变差。高剂油比操作对改善产品分布和产品质量都有利，一般在实际生产中剂油比为 C/O＝5～10。

4. 空速和反应时间

在流化床的催化裂化中，常用空速表示原料油与催化剂的接触时间。其定义是每小时进入反应器的原料油量与反应器内催化剂藏量之比，即

$$质量空速=\frac{原料油总质量(t/h)}{反应器内催化剂藏量(t)}$$

$$体积空速=\frac{原料油总体积(m^3/h)}{反应器内催化剂藏量(t)}$$

空速单位为 h^{-1}，空速越高，表明催化剂与油接触时间越短，装置处理能力越大。

空速只是在一定程度上反映了反应时间的长短，人们常用空速的倒数相对地表示反应时间，称为假反应时间，即

$$假反应时间=\frac{1}{空速}$$

对提升管催化裂化，由于提升管内气速很高，催化剂密度很低，因此，通常用油气在提升管内的停留时间表示反应时间，但停留时间也并非真正的反应时间。

$$停留时间=\frac{提升管反应器体积(V_R)}{油气对数平均体积流量(V_{对})}$$

$$V_{对}=\frac{V_{出}-V_{入}}{\ln\dfrac{V_{出}}{V_{入}}}$$

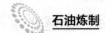

式中，$V_{出}$、$V_{入}$ 分别表示油气出、入提升管反应器的体积流量，m^3/h。

由于提升管催化裂化采用高活性的分子筛催化剂，需要的反应时间很短，油气在提升管内的停留时间一般为1～4s，大大低于床层裂化的假反应时间。反应时间过长会引起中间产物发生二次反应，副产物增加。因此，目前催化裂化特别是重油催化裂化趋向短反应时间，同时采用大剂油比和较高的反应温度。

5. 催化剂循环量

催化剂循环量是指单位时间内进入反应器的催化剂量，也就是离开反应器的催化剂量，通常以t/h表示。

6. 反应温度

如前所述，石油馏分的催化裂化反应总体上是强吸热反应，欲使反应过程顺利进行，必须提供热量使之在一定温度条件下进行。工业生产中石油馏分是在提升管反应器中进行的，由于反应过程中吸收热量和器壁散热，反应器进口和出口的温度是不相同的，进口温度高于出口大约20～30℃。

所谓反应温度通常是指提升管出口温度，根据所加工的原料和生产方案的不同，反应温度在470～520℃。通常，原料重应采用较高的反应温度，处理轻质原料采用较低的反应温度；以多产柴油为目的，应采用较低的反应温度，以生产汽油和液化气为主要目的则应采用较高的反应温度。

反应温度、反应时间和剂油比（C/O）是催化裂化加工过程中最重要的三个操作参数（或称为操作变量），无论改变其中哪一个参数，都能对反应过程的转化率和产品分布产生明显的影响，根据这三个参数各自对反应过程的影响规律、优化三者的匹配是开好催化裂化装置的精髓。

小问题　　什么是辛烷值？

辛烷值是表示汽油在汽油发动机中燃烧时的抗震性指标。常以标准异辛烷值规定为100，正庚烷的辛烷值规定为零，这两种标准燃料以不同的体积比混合起来，可得到各种不同的抗震性等级的混合液，在发动机工作相同条件下，与待测燃料进行对比。抗震性与样品相等的混合液中所含异辛烷百分数，即为该样品的辛烷值。汽油辛烷值越大，抗震性越好，质量越好。

任务18
了解催化裂化工艺流程

催化裂化是重质油轻质化的最重要的二次加工生产装置。该装置一般由三大系统组成，即反应-再生系统、分馏系统和吸收-稳定系统等。其中，反应-再生系统是催化裂化装置的核心部分，其装置类型主要有床层反应式、提升管式。提升管式又分为高低并列式和同轴式两种。尽管不同装置类型的反应-再生系统会略微有所差异，但是其原理都是相同的，下面就以高低并列式提升管催化裂化为例进行简单介绍。

以常压重油或减压馏分油掺入减压渣油为原料，与再生催化剂接触，在480～500℃的条件下进行裂化、异构化、芳构化等反应，生产出优质汽油、轻柴油、液化石油气及干气（作炼油厂自用燃料）。使用催化剂的主要成分是硅酸铝，现大都为高活性的分子筛催化剂。反应后的催化剂经700℃左右高温烧焦再生后循环使用。重油催化裂化反应-再生系统与分馏系统的生产工艺流程如图3-10、图3-11所示。

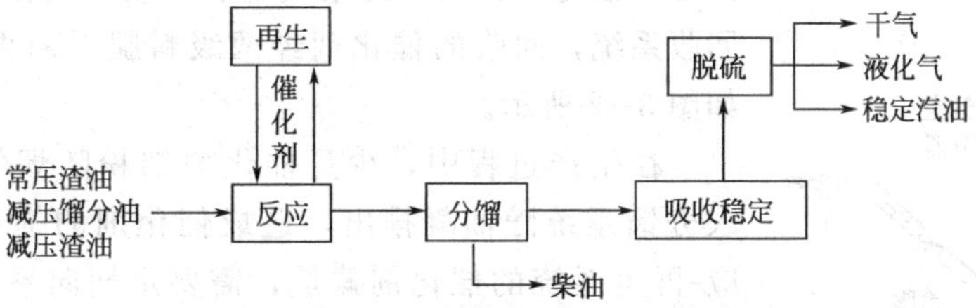

图 3-10 重油催化裂化生产工艺流程方框图

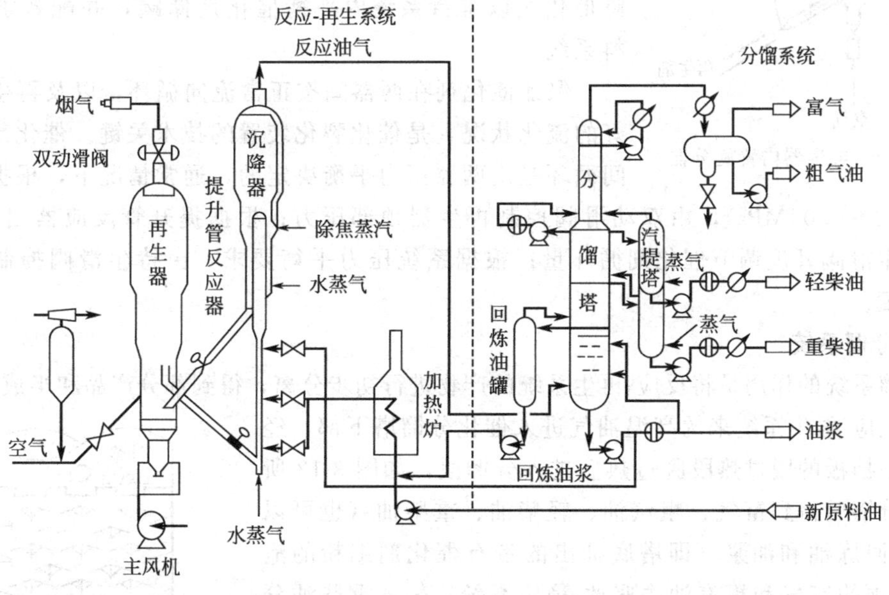

图 3-11 重油催化裂化反应-再生系统与分馏系统的生产工艺流程图

1. 反应-再生系统

新鲜原料油经过换热后与回炼油混合，经加热炉加热至300～400℃后进入提升管反应器下部的喷嘴，用蒸汽雾化后进入提升管下部，与来自再生器的高温催化剂（600～750℃）接触并随即汽化，油气与雾化蒸汽及预提升蒸汽一起携带着催化剂以5～8m/s的线速向上流动，边流动边进行化学反应，在470～520℃的提升管内停留时间2～4s，然后以10～15m/s的高线速通过提升管出口，经快速分离器，大部分催化剂被分出落入沉降器下部，反应后的油气携带少量催化剂经两级旋风分离器分出夹带的催化剂后进入集气室，通过沉降器顶部的出口进入分馏系统。

积有焦炭的待生催化剂（简称待生剂）落入沉降器下部的汽提段，用过热水蒸气进行汽提以脱除吸附在催化剂表面上的少量油气。待生剂经待生斜管、待生单动滑阀进入再生器下部，与来自再生器底部的空气（由主风机提供）接触形成流化床层，进行再生（烧焦）反应，同时放出大量燃烧热，以维持再生器足够高的床层温度（密相段温度约为650～

700℃)。再生器维持0.15～0.25MPa（表压）的顶部压力，床层线速约为0.7～1.0m/s。再生后的催化剂含碳量小于0.2%，甚至降至0.05%以下。再生催化剂（简称再生剂）经溢流管、再生斜管及再生单动滑阀返回提升管反应器循环使用。

烧焦产生的再生烟气，经再生器稀相段进入旋风分离器，经两级旋风分离器分出携带的大部分催化剂，烟气经集气室和双动滑阀排入烟囱或去能量回收系统，回收的催化剂经两级料腿返回再生器下部床层，如图3-12所示。

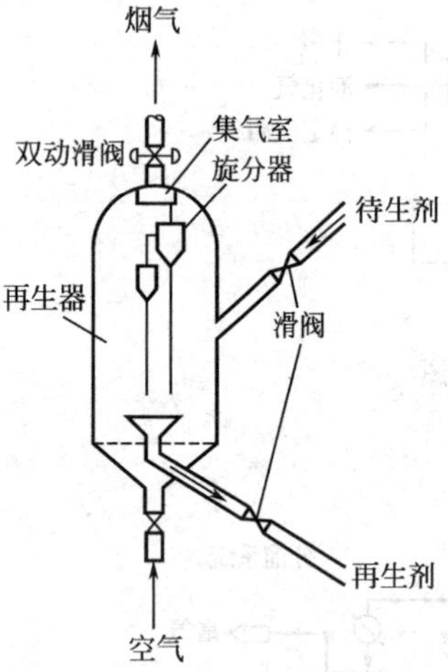

图3-12　再生器内置旋分器

在生产过程中，少量催化剂细粉随烟气排入大气或进入分馏系统随油凝排出，造成催化剂的损耗。为了维持反应-再生系统的催化剂藏量，需要定期向系统补充新鲜催化剂。即使是催化剂损失很低的装置，由于催化剂老化减活或受重金属的污染，也需要放出一些催化剂，补充一些新鲜催化剂以维持系统内平衡催化剂储罐，并配备加料和卸料系统。

保证催化剂在两器间按正常流向循环，以及再生器有良好的流化状况，是催化裂化装置的技术关键。催化剂在两器间循环是由两器压力平衡决定的，通常情况下，根据两器压差（0.02～0.04MPa)，由双动滑阀控制再生器顶部压力；根据提升管反应器出口温度，控制再生滑阀开度调节催化剂循环量；根据系统压力平衡要求，由待生滑阀控制汽提段料位高度。

2. 分馏系统

分馏系统的作用是将反应-再生系统的产物进行初步分离，得到部分产品和半成品。

由反应-再生系统来的高温油气进入催化分馏塔下部，经装有人字挡板的脱过热段脱过热后进入分馏段，如图3-13所示；经分馏后得到富气、粗汽油、轻柴油、重柴油（也可以不出)、回炼油和油浆（即塔底抽出的带有催化剂细粉的渣油)。塔顶的富气和粗汽油去吸收-稳定系统；轻、重柴油分别经汽提、换热或冷却后出装置，或将一部分经冷却后的轻柴油送往吸收-稳定系统的再吸收塔作为吸收剂（贫吸收油)，吸收了C_3、C_4组分的轻柴油（富吸收油）再返回分馏塔；回炼油返回反应-再生系统进行回炼；油浆的一部分送反应-再生系统回炼，另一部分经换热后循环回分馏塔（也可将其中一部分冷却后送出装置)。为了取走分馏塔的过剩热量以使塔内气、液负荷分布均匀，在塔的不同位置分别设有4个循环回流，即顶循环回流、一中段回流、二中段回流和油浆循环回流。

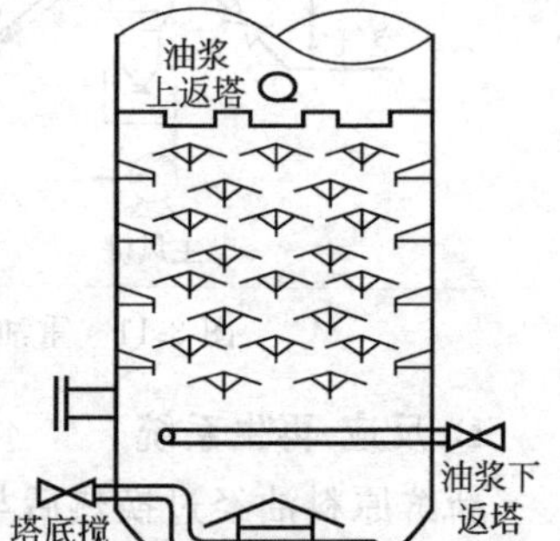

图3-13　分馏塔底人字挡板

与一般分馏塔相比，催化裂化装置的分馏塔有以下特点。

(1) 过热油气进料

分馏塔的进料是由反应-再生系统的沉降器来的460～480℃的过热油气，并夹带有少量催化剂细粉。为了创造分馏的条件，必须先把过热油气冷却至饱和状态并洗去夹带的催化剂细粉，以免在分馏时堵塞塔盘而影响操作。为此，在分馏塔下部设有脱过热段，其中装有人字挡板，由塔底抽出油浆经换热、冷却后返回挡板上方，与向上的油气逆流接触换热，达到冲洗粉尘和脱热的目的。

(2) 由于全塔剩余热量较多（由高温油气带入），而催化裂化产品的分馏精确度要求也不高，因此设置四个循环回流分段取热。

(3) 塔顶采用循环回流，而不用冷回流。其主要原因是：

① 进入分馏塔的油气中含有大量惰性气和不凝气，若采用冷回流会影响传热效果或加大塔顶冷凝器的负荷；

② 采用循环可减少塔顶流出的油气量，从而降低分馏塔顶至气压机入口的压力降，使气压机入口压力高，可降低气压机的动力消耗；

③ 采用塔顶循环回流可回收一部分热量。

3. 吸收-稳定系统

吸收-稳定系统的任务是利用吸收和精馏的方法将来自分馏部分的富气及粗汽油分离成干气（$\leqslant C_2$）、液化气（C_3、C_4）和蒸气压合格的稳定汽油。

吸收稳定系统包括吸收塔、解吸塔、再吸收塔、稳定塔和相应的冷却换热设备。如图3-14所示是典型催化裂化装置的吸收-稳定系统的双塔工艺流程。

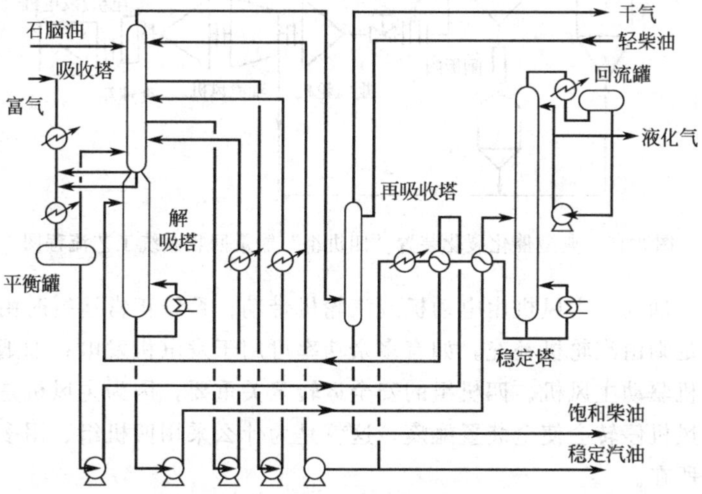

图 3-14　典型催化裂化装置的吸收-稳定系统的双塔工艺流程图

由分馏系统油气分离器出来的富气经气体压缩机升压后，冷却并分出凝缩油，压缩富气进入吸收塔底部，粗汽油和稳定汽油作为吸收剂由塔顶进入，吸收了 C_3、C_4（及部分 C_2）的富吸收油由塔底抽出送至解吸塔顶部。吸收塔设有一个中段回流以维持塔内较低的温度。吸收塔顶出来的贫气中尚夹带少量汽油，经再吸收塔用轻柴油回收其中的汽油组分后成为干气送燃料气管网。吸收了汽油的轻柴油由再吸收塔底抽出返回分馏塔。解吸塔的作用是通过加热将富吸收油中饱组分解吸出来，由塔顶引出进入中间平衡罐，塔底为脱乙烷汽油被送至稳定塔。稳定塔的目的是将汽油中 C_4 以下的轻烃脱除，在塔顶得到液化气，塔底得到合格的汽油（即稳定汽油）。

吸收解吸系统有两种流程，上面介绍的是吸收塔和解吸塔分开的所谓双塔流程，这种流程可以将吸收塔和解吸塔并列分别放置在地上，也可以将这两个塔重叠在一起，中间用隔板隔开；还有一种单塔流程，即一个塔同时完成吸收和解吸的任务。双塔流程优于单塔流程，它能同时满足高吸收率和高解吸率的要求。

4. 能量回收系统

除以上三大系统外，现代催化裂化装置（尤其是大型装置）大都设有烟气能量回收系统，其目的是最大限度地回收能量，降低能耗。常采用的手段有：①利用烟气轮机将高速烟气的动能转化为机械能；②利用CO锅炉（对非完全再生装置）使烟气中CO燃烧回收其化学能；③利用余热锅炉（对完全再生装置）回收烟气的显热，用以发生蒸汽。采用这些措施后，全装置的能耗可大大降低。

如图3-15所示，为典型催化裂化装置“四机组”能量回收系统工艺流程。“四机组”是指用于能量回收的四台大型设备：轴流风机（主风机）、烟气轮机、汽轮机（蒸气透平机）、电动机/发电机等通过轴承和变速箱连在一起称为同轴四机组。

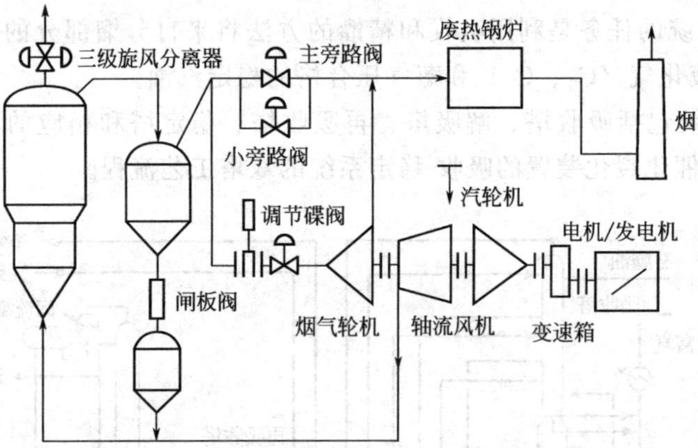

图3-15　典型催化裂化装置“四机组”能量回收系统工艺流程图

开工时无高温烟气，主风机由电动机或汽轮机带动；系统正常运行时由烟气轮机带动主风机，如功率不足则由汽轮机补充，如有多余功率可用于发电机发电；如烟机和汽轮机出现故障，则由电动机驱动主风机。四机组的安全运转至关重要，因为主风机是整个装置的最关键设备之一，主风机停转会使全装置瘫痪，这就是为什么采用四机组、用多种动力确保风机正常运转的原因所在。

烟气经过烟气轮机后，温度和压力都有所下降（温度约下降100～150℃），但还含有大量的显热，因此排出的烟气可进入废热锅炉（或CO锅炉）进一步回收热能，产生的水蒸气可供给汽轮机或装置内外其他部分使用。

任务19
了解催化裂化装置的主要设备

催化裂化装置设备较多，本任务只介绍其中的几个主要特殊设备。

1. 反应-再生器类型

流化床催化裂化反应-再生器有多种类型，按反应器（或沉降器）与再生器布置的相对位置的不同可分为两大类：①反应器和再生器分开布置的为并列式；②反应器和再生器架叠在一起的为同轴式。并列式又由于反应器（或沉降器）与再生器位置高低的不同而分为同高并列式和高低并列式两类。

流化床催化裂化反应-再生器类型
- 并列式
  - 同高并列式
    - 床层反应式
    - 提升管反应式
  - 高低并列式
    - 单提升管反应式
    - 双提升管反应式
    - 带烧焦罐式
- 同轴式
  - 汽提段在再生器稀相段上部外面
  - 汽提段在再生器稀相段内部

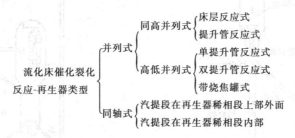

（1）同高并列式流化床催化裂化反应-再生器

这种装置的主要特点是：①催化剂由U形管密相输送；②反应器和再生器间的催化剂循环主要靠改变U形管两端的催化剂密度来调节；③由反应器输送到再生器的催化剂，不通过再生器的分布板，直接由密相提升管送入分布板上的流化床可以减少分布板的磨蚀。如图3-16所示。

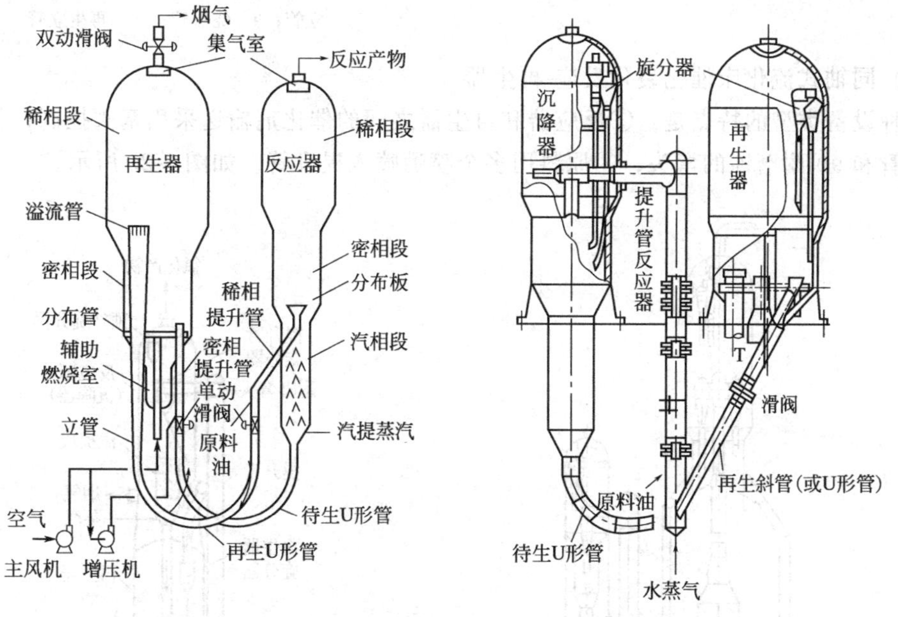

(a) 床层式反应器　　(b) 提升管式反应器

图3-16　同高并列式流化床催化裂化反应-再生器

床层式反应器分为稀相段、密相段和汽提段三个部分。密相段位于反应器筒体中部，分布板上方，气-固相在此区域形成密相流化床，约75%的反应需要在此进行（其余25%在稀相提升管内进行）；稀相段位于密相段上部分，由于直径扩大，气流速率降低，有些固体颗粒因自身重力沉降而与油气分离，从而减轻了旋风分离器的负荷。

（2）高低并列式流化床催化裂化反应-再生器

这种设备的特点是反应时间短，减少了二次反应；催化剂循环采用滑阀控制，比较灵活。如图3-17～图3-19所示。

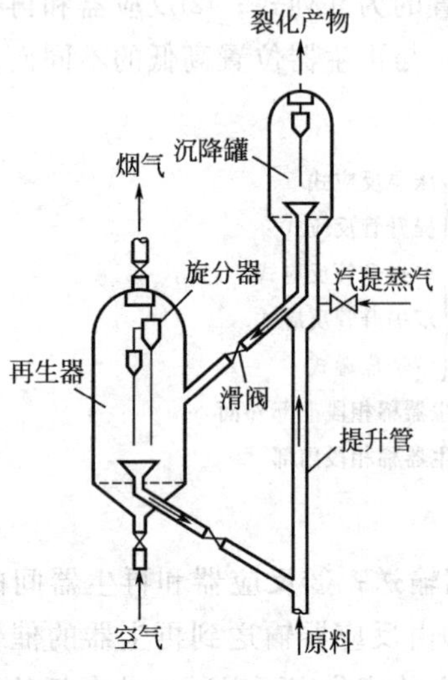

图 3-17 高低并列式单提升管反应器

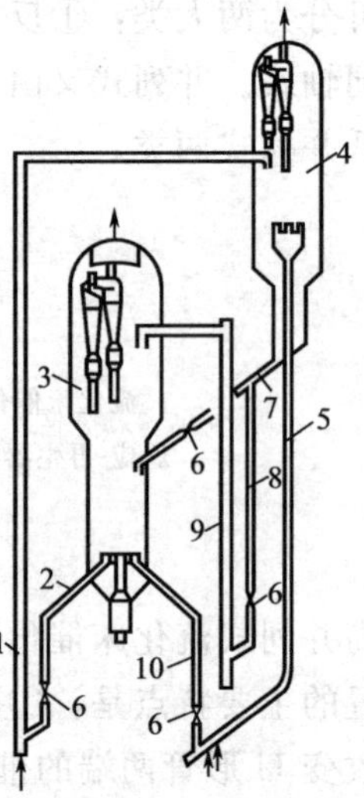

图 3-18 高低并列式双提升管反应器

1—蜡油提升管；2—再生斜管；3—再生器；4—沉降器；5—汽油提升管；6—单动滑阀；7—待生斜管；8—待生立管；9—烧焦管；10—再生立管

(3) 同轴式流化床催化裂化反应-再生器

这种设备类型的特点是：①反应器和再生器之间的催化剂输送采用塞阀控制；②采用垂直提升管和 90°耐磨蚀的弯头；③原料用多个喷嘴喷入提升管。如图 3-20 所示。

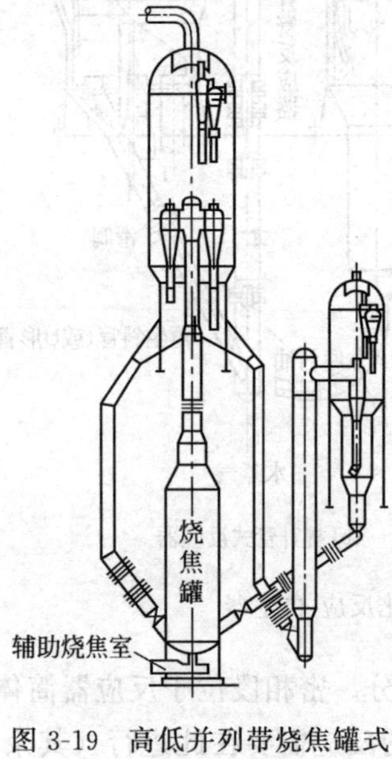

图 3-19 高低并列带烧焦罐式提升管反应-再生器

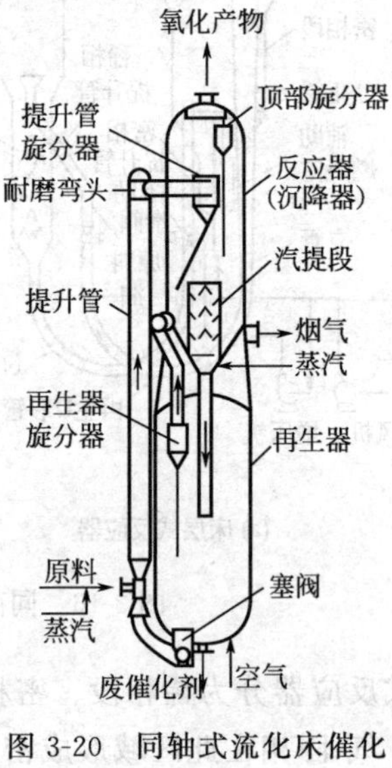

图 3-20 同轴式流化床催化裂化反应-再生器

2. 三器

(1) 提升管反应器

提升管反应器是进行催化裂化化学反应的场所，是催化裂化装置的关键设备。随装置类型不同，提升管反应器类型也不同，常见的提升管反应器类型有两种。

① 直管式提升管反应器。直管式提升管反应器是一根直立的管子，从沉降器汽提段插入沉降器内，如图 3-21 所示。

这种反应器的特点是：结构简单，阻力小，多用于高低并列式提升管催化裂化装置。直管式提升管反应器是一根长径比很大的管子，长度一般为30～36m，直径根据装置处理量决定，通常以油气在提升管内的平均停留时间1～4s为限，确定提升管内径。由于提升管内自下而上油气线速不断增大，为了不使提升管上部气速过高，提升管可做成上粗下细的异径形式，由下而上依次为预提升段、进料段和裂化反应区。

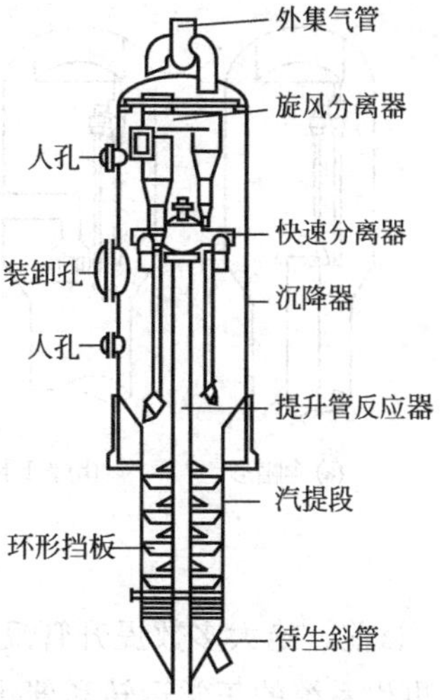

图 3-21 直管式提升管反应及沉降器

② 折叠式提升管反应器。折叠式提升管反应器设置在沉降器外，其上部拐90°直角插入沉降器的稀相段。拐角处为避免气流的严重冲蚀而设有直角气垫弯头。如图 3-22 所示。

这种反应器的特点是：在满足提升管长度要求下，可以降低设备的高度，多用于同轴式或由床层反应器改为提升管的装置。

如图 3-23 所示，是提升管反应器的内部结构剖面示意图。在提升管的侧面开有上下两个（组）进料口，其作用是根据生产要求使新鲜原料、回炼油和回炼油浆从不同位置进入提升管，进行选择性裂化。

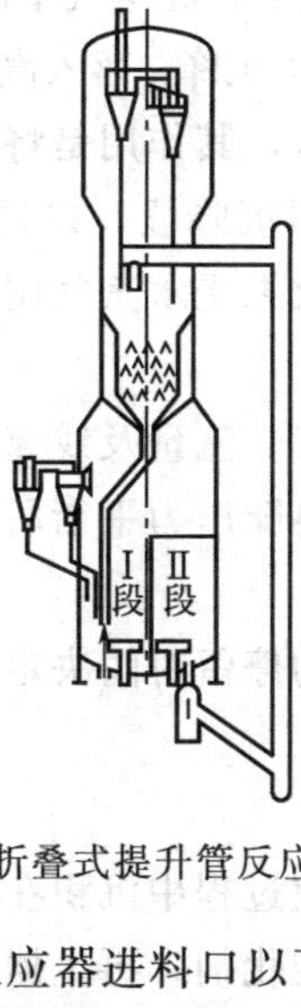

图 3-22 折叠式提升管反应及沉降器

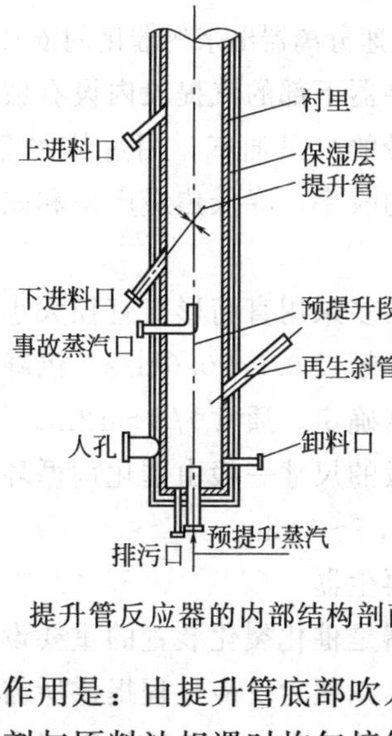

图 3-23 提升管反应器的内部结构剖面示意图

在提升管反应器进料口以下的一段称预提升段，其作用是：由提升管底部吹入的预提升蒸汽，使得从再生斜管下来的再生剂加速，以保证催化剂与原料油相遇时均匀接触。这种作用称为预提升。

为了使油气在离开提升管后立即终止反应，提升管出口均设有快速分离装置，其作用是使反应油气与大部分催化剂迅速分开。在工业上使用的快速分离器的类型很多，主要有：伞帽形、倒L形、T形、粗旋风分离器、弹射快速分离器和垂直齿缝式等形式的快速分离器，如图 3-24 所示。

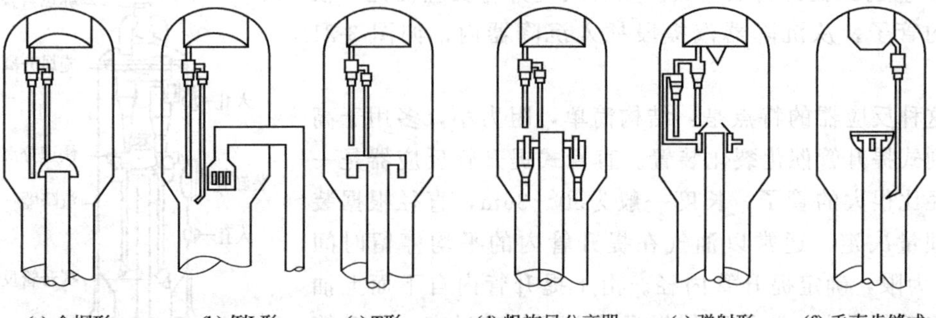

图 3-24 快速分离器的类型示意图

目前，绝大多数提升管反应器中采用粗旋风分离器。旋风分离器的性能优劣不仅与反应-再生系统的正常运转和催化剂跑损有直接关系，而且对分馏塔底油浆的固体含量有直接影响。

(2) 反应沉降器

反应沉降器在提升管反应器的上部，由提升管反应器出来的反应油气进入反应沉降器进行催化剂和油气的自由沉降分离，没有沉降下来的催化剂进入设在沉降器顶部的旋风分离器继续进行分离。沉降器的气体线速比较低，一般为 0.6～0.8m/s。

沉降器是用碳钢焊制成的圆筒形设备，上部分为沉降段，下部分为汽提段。沉降段内装有数组旋风分离器，顶部有内（或外）集气室并开设有油气出口。沉降器的作用是使来自提升管的反应油气与催化剂分离，油气经旋风分离器分离出所夹带的催化剂后，经集气室出口去分馏系统；由提升管快速分离器出来的催化剂依靠自身的重力在沉降器中向下沉降，落入汽提段。

在沉降器下部的汽提段内设有数层人字挡板和蒸汽吹入口，其作用是将催化剂颗粒间和空隙内夹带的少量油气，用过热水蒸气吹出（汽提），并返回沉降段，以便减少油气损失，提高油品的收率，降低焦炭产率和减小再生器的负荷。汽提效果受水蒸气用量和汽提段的结构影响。

沉降器多采用直筒形，直径大小根据气体（油气和水蒸气）流量及线速度决定，沉降段速度一般不超过 0.5～0.6m/s。沉降段的高度由旋风分离器料腿压力平衡所需料腿长度和所需沉降高度确定，通常为 9～12m。

汽提段的尺寸一般由催化剂循环量以及催化剂在汽提段的停留时间决定，一般情况下停留时间是 1.5～3min。

(3) 再生器

再生器是催化裂化装置的重要设备之一，其作用是把反应过程中沉积在催化剂表面上的焦炭烧掉，以便为反应过程提供所需热量和低含碳量的再生催化剂。再生器是决定整个装置处理能力的关键设备，其结构形式和操作状况直接影响烧焦能力和催化剂损耗。为了达到以上目的，对再生器的结构提出下列要求：

① 防止待生剂在再生器内短路，以保证充分烧焦；

② 空气要分布均匀，这样既可使再生剂含碳量降低至最少，又可提高空气的利用率；

③ 减少因烧焦产生的高温而导致催化剂活性下降，尤其要避免二次燃烧；

④ 减少烟气中携带的催化剂量，提高催化剂的回收率和减少损耗，以及对环境污染。

如图 3-25 所示，为常规再生器的结构示意图。再生器由筒体和内部构件组成。

① 筒体。再生器为筒形焊制设备，由于其内部经常处于高温和受催化剂颗粒冲刷，因此在筒体内壁敷设一层隔热、耐磨的衬里以保护设备材质。筒体上部为稀相段，下部为密相段，中间变径处通常叫过渡段。再生器的底部与辅助燃烧室连接。

a. 密相段。密相段是待生剂进行流化和再生反应的主要场所。在空气（主风）的作用下，待生剂在这里形成密相流化床层，密相床层气体线速度一般为 0.6～1.0m/s，采用较低气速的流化床叫低速床，采用较高气速的流化床称为高速床。

密相段直径大小通常由烧焦所能产生的湿烟气量（可计算得到）和气体线速度确定。密相段高度一般由催化剂藏量和密相段催化剂密度确定，一般为 6～7m。

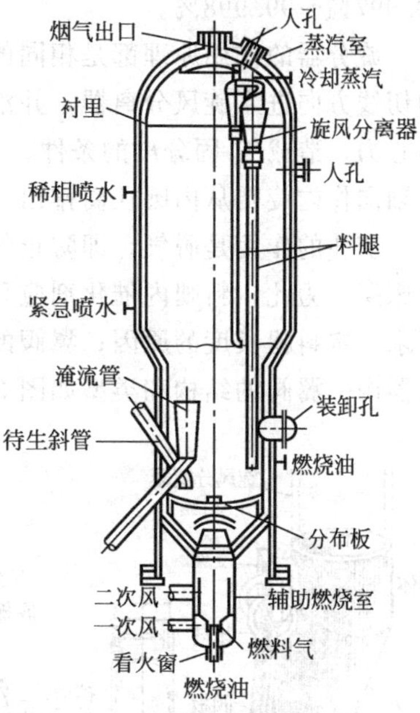

图 3-25　常规再生器的结构示意图

b. 稀相段。稀相段实际上是催化剂的沉降段。为了使催化剂易于沉降，稀相段直径通常大于密相段直径，而稀相段内气体线速度也不能太高，要求不大于 0.6～0.7m/s。稀相段的高度应由沉降要求和旋风分离器料腿长度要求确定，适宜的稀相段高度是 9～11m。

② 旋风分离器。在反应沉降器和再生器中都设有旋风分离器（简称旋分器），以分离出气体中携带的催化剂，达到净化气体、回收催化剂的目的。在反应沉降器和再生器中采用多组并联的二级旋分器，安装在两器内部的称为内旋分器，安装在两器外面的称为外旋分器。如图 3-26 和图 3-27 所示。

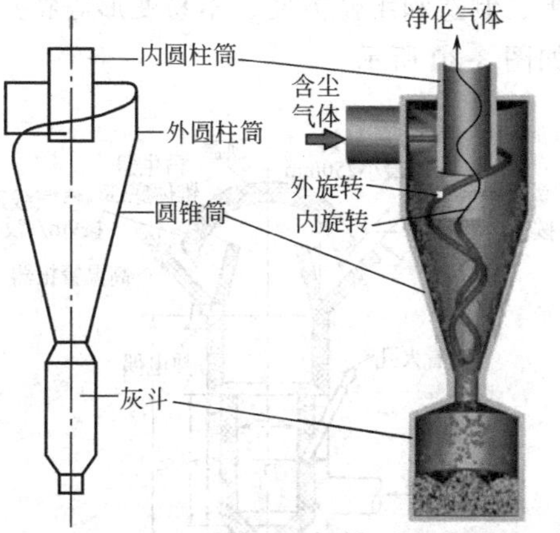

图 3-26　旋分器结构和工作原理示意图

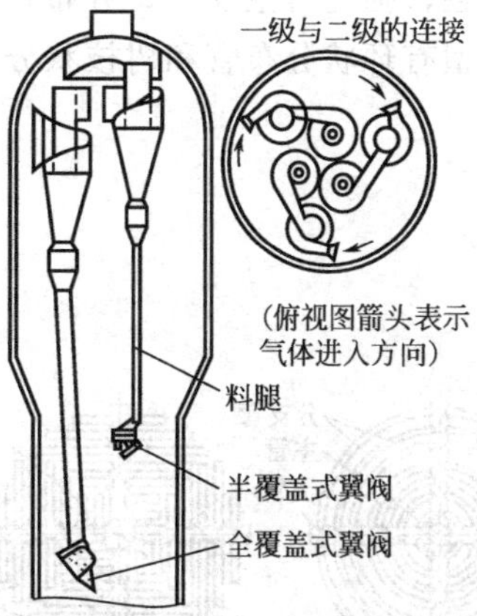

图 3-27　再生（或沉降）器内部旋分器的构成

旋分器的操作状况好坏直接影响催化剂耗量的大小，是催化裂化装置中非常关键的设备。

旋分器的类型很多，与国外各种旋分器相比，我国开发的旋分器具有结构简单、操作稳定、性能优越等特点，并建立了一套完整的优化设计方法，能对各部分尺寸进行优化匹配。针对不同的工况做出最佳设计，能在一定压力降下获得最好的分离效率，总分离效率高达

99.997%～99.998%。

旋分器的作用原理都是相同的，携带催化剂颗粒的气流以 15～25m/s 的高速从圆筒体的切线方向进入旋风分离器，并沿内外圆柱筒间的环形通道作双旋转运动，使固体颗粒产生离心力，造成气-固分离的条件，颗粒沿锥体内壁作下旋转进入灰斗，净化的气体自下而上沿轴向作内旋转从内圆柱筒排出。旋分器下部的灰斗、料腿和翼阀，都属于旋分器的组成部分。灰斗的作用是脱气，即防止气体被催化剂带入料腿；料腿的作用是将回收的催化剂输送回床层，为此，料腿内催化剂应具有一定的料面高度以保证催化剂顺利向下运动，这也就是要求一定料腿长度的原因；翼阀的作用是密封，即允许催化剂流出而阻止气体倒窜入旋风分离器内。翼阀的结构和类型如图 3-28 和图 3-29 所示。

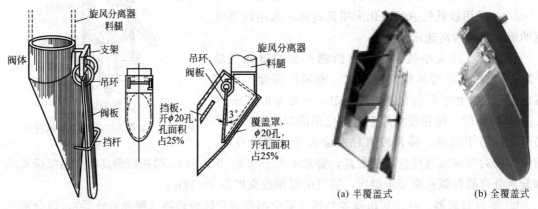

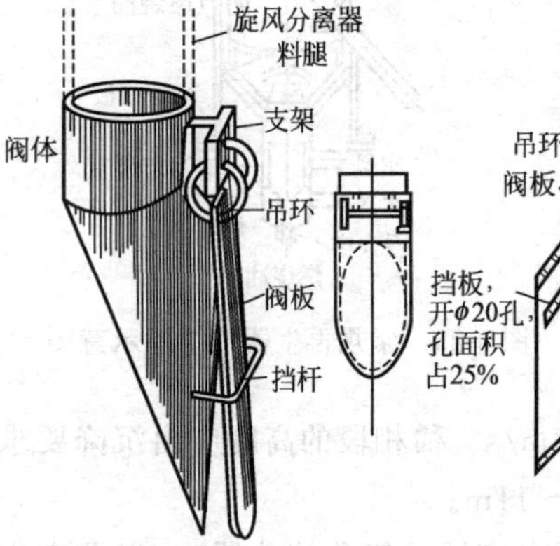

图 3-28 翼阀结构示意图

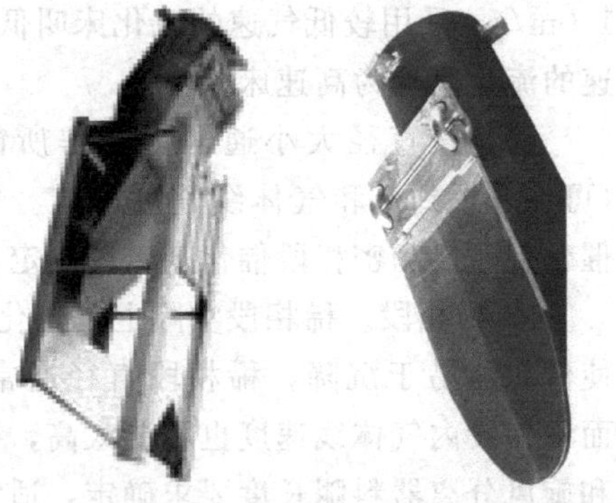
(a) 半覆盖式　　(b) 全覆盖式

图 3-29 翼阀的类型

③ 主风分布管。主风分布管是再生器的空气分配器，其作用是使进入再生器的烧焦主风沿整个床层截面均匀分布，防止气流趋向中心部位，提供良好的起始流化条件，保证气-固均匀接触，强化再生反应。分布管具有结构简单、制造和维修方便、不易变形等特点。分布管的类型有环状分布管和树枝状分布管两种，如图 3-30 所示。

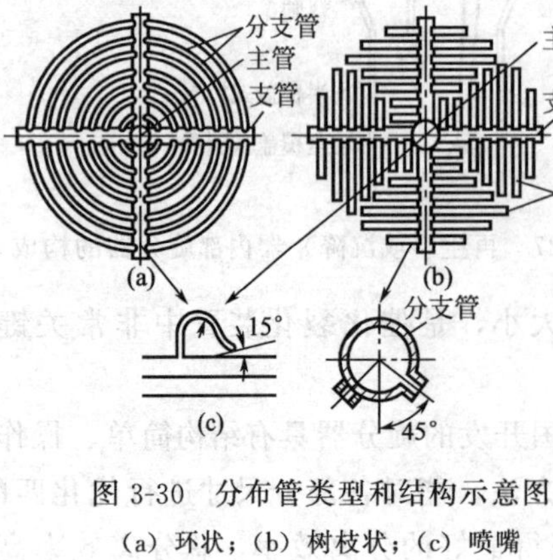

图 3-30 分布管类型和结构示意图

（a）环状；（b）树枝状；（c）喷嘴

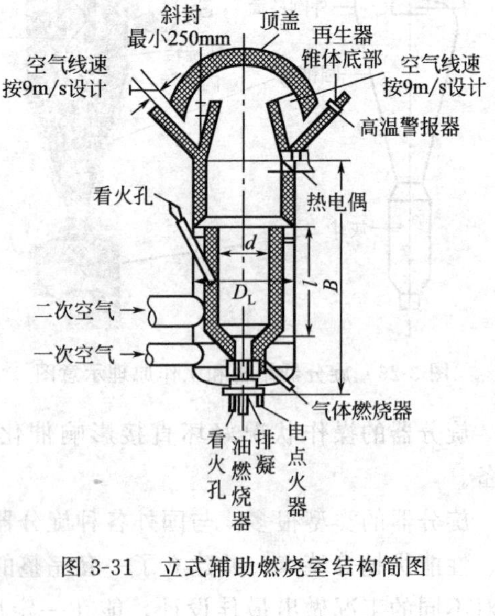

图 3-31 立式辅助燃烧室结构简图

④ 辅助燃烧室。辅助燃烧室是一个特殊形式的加热炉，设在再生器下部（可与再生器连为一体，也可分开设置），其作用是开工时可用瓦斯和燃料油加热主风，提供两器烘干衬里和升温所需要热量；紧急停工时用以维持一定的降温速度；正常生产时辅助燃烧室只作为主风的通道，一次风阀和二次风阀全开。

辅助燃烧室有立式和卧式两种形式，由带有夹套的筒体组成，内筒是炉膛，炉膛内衬高铝耐火砖。辅助燃烧室底盖上装有油气联合喷嘴，立式辅助燃烧室喷嘴向上，卧式辅助燃烧室喷嘴水平安装。瓦斯喷嘴有单喷嘴和环形喷嘴两种。从辅助燃烧室进入再生器的主风，一次风进入燃烧室炉膛，其余主风（即二次风）从其环形夹层进入，夹层中有螺旋导向板，在夹层出口二次风与一次风（或高温烟气）混合。

如图 3-31 所示，为立式辅助燃烧室结构简图。

⑤ 取热器。为保证催化裂化装置的正常运转，维持反应-再生系统的热量平衡至关重要。通常，以馏分油为原料时，反应-再生系统能基本维持自身热量平衡；但加工重质原料（如掺渣油原料）时，生焦率升高，会使再生器提供的热量超过两器热平衡的需要，必须设法取出再生器的过剩热量，否则再生器床层超温，破坏正常的操作条件。

再生器的取热方式有内取热和外取热两种，各有特点，但原理都是利用高温催化剂与水换热产生蒸汽达到取热的目的。

内取热是直接在再生器内加设取热盘管，如图 3-32 所示。这种方式投资少，操作简便，传热系数高，但发生故障时只能停工检修，另外，取热量可调范围较小。

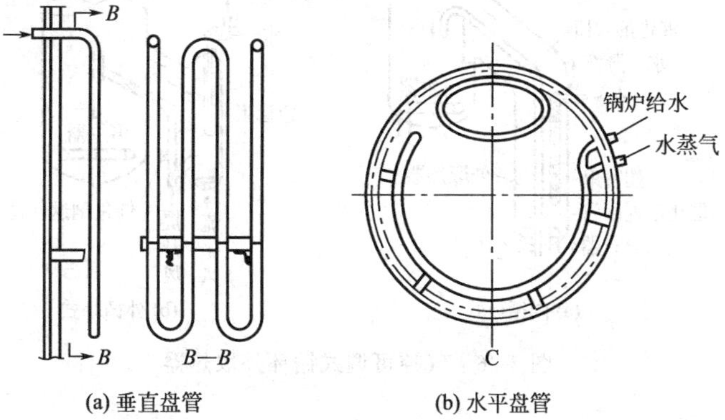

图 3-32 内取热盘管

外取热是将高温催化剂引出再生器，在取热器内与换热管中的水进行换热后，将降温的催化剂送回再生器，以此达到取热目的。外取热器具有热量可调范围大、操作灵活和维修方便等优点。外取热器又分上流式和下流式两种，所谓上和下是指取热器内的催化剂是自下而上还是自上而下返回再生器。

如图 3-33 和图 3-34 所示，分别为下流式外取热器和系统。催化剂从再生器流入取热器，沿取热器向下流动进行换热，然后从取热器底部返回再生器。反之则为上流式外取热系统，如图 3-35 所示。

图 3-33 下流式外取热器

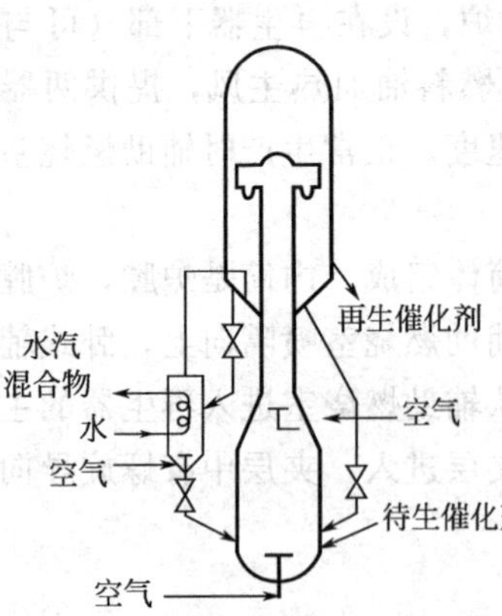

图 3-34　下流式外取热系统示意图

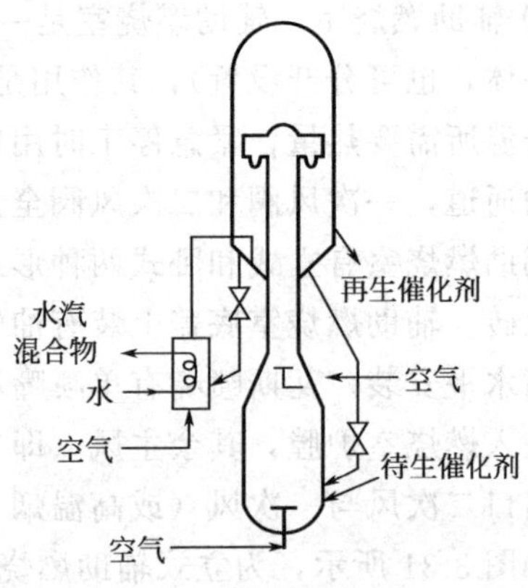

图 3-35　上流式外取热系统示意图

随着重油催化裂化（RFCC）技术的发展，近年来新开发了一种气控式可调式外取热技术。气控式外取热催化剂采用下流式，依靠提升风代替滑阀调节催化剂循环量，再生器与外取热器之间的催化剂循环是靠外取热器内催化剂的密度（500～600kg/m^3）和返固管内催化剂的密度（150～300kg/m^3）之差来实现的。通过改变返回管内气体线速可以改变催化剂的循环量，从而改变取热量。气控可调式循环外取热器根据催化剂返回管形式的不同分为内循环和外循环两种，如图 3-36 所示。

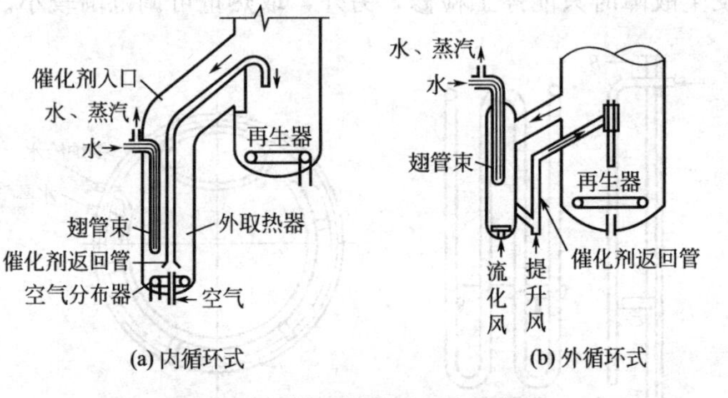

图 3-36　气控可调式循环外取热器

3. 三阀

（1）单动滑阀

在同高并列式催化裂化装置反应-再生系统中的两根 U 形管上各安装了一个单动滑阀，在正常操作时为全开状态；当两器（即再生器和反应沉降器）流动出现不正常情况时，可根据需要及时关闭，以切断两器之间的联系，防止催化剂倒流。在提升管催化裂化装置中，用单动滑阀来调节待生剂和再生剂的循环量，以便控制反应温度，运行中滑阀的正常开度为 40%～60%。因此，单动滑阀可分为切断滑阀和调节滑阀两种。

单动滑阀的动作性能没有双动滑阀要求那么高。如图 3-37 所示为单动滑阀结构示意图。

（2）双动滑阀

双动滑阀是一种由两块依相反方向同时移动的阀板，分别由两套传动机构自动控制的超灵敏调节阀。双动滑阀安装在再生器出口和放空烟囱之间。其作用是调节再生器的压力，使之与反应沉降器保持一定的压差，以保持两器压力平衡。设计滑阀时，两块阀板都留一缺口，即使滑阀全关时，中心仍有一定大小的通道，这样可避免再生器超压。双动滑阀的灵敏度、准确度和稳定性都比较高。如图 3-38 所示，为双动滑阀结构示意图。

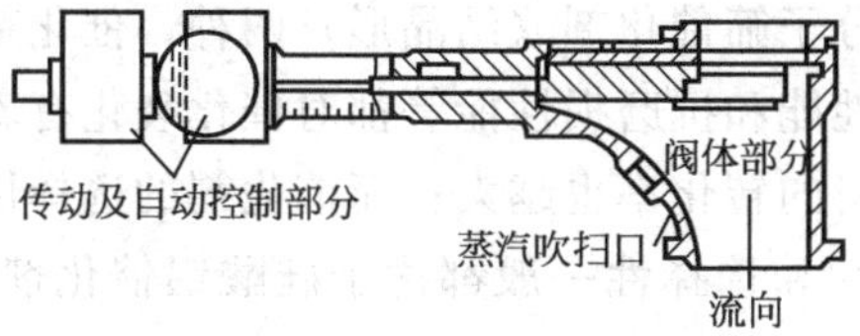

图 3-37 单动滑阀结构示意图

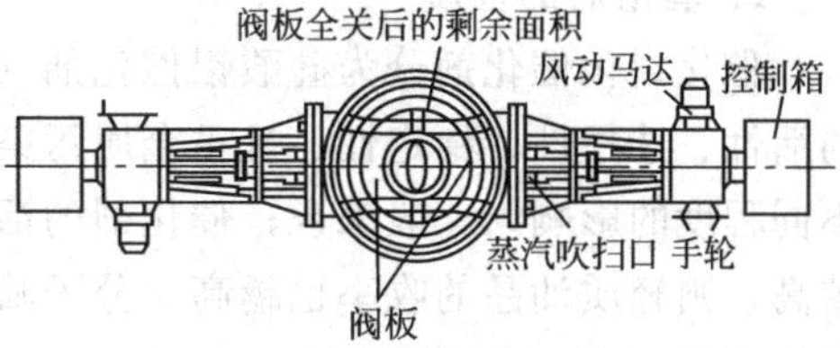

图 3-38 双动滑阀结构示意图

(3) 塞阀

在同轴式催化裂化装置中利用塞阀可调节催化剂的循环量。塞阀与滑阀相比具有以下优点：

① 磨损均匀而且较少；

② 高温下承受强烈磨损的部件少；

③ 安装位置较低，操作和维修方便。

在同轴式催化裂化装置中，有待生管塞阀和再生管塞阀两种。两者阀体的结构和自动控制部分完全相同，只是阀体部分连接部位及尺寸稍有不同。塞阀的结构主要是由阀体部分、定位及阀位变送部分、传动部分和补偿弹簧箱组成的，如图 3-39 所示。

图 3-39 塞阀结构

4. 三机

催化裂化装置中的“三机”包括主风机、气压机和增压机。

主风机是将空气加压后（称为主风）供给再生器烧焦，并使再生器中的催化剂处于流化状态。

气压机是用来压缩富气至一定压力后，送往吸收-稳定系统的吸收塔。

在同高并列式催化裂化装置中，增压机将一部分主风再提压后（称为增压风）送入待生 U 形管，由于单动滑阀通常处于全开状态，用增压风流量调节催化剂的循环量。在高低并列式或同轴式催化裂化装置中，催化剂的循环量是由单动滑阀或塞阀控制的，一般不使用增压机。

任务20 了解催化裂化操作的影响因素

催化裂化反应是一个复杂的平行-顺序反应，影响的因素很多，主要包括裂化原料油的性质、催化剂的性质、操作条件以及反应装置等。

1. 裂化原料油的性质

一般来说，原料油的 H/C 比越大，饱和组分含量越高，则裂化得到的汽油和轻质油收率越高。原料的残炭值越大，硫、氮以及重金属含量越高，则汽油和轻质油收率越低，且产品质量越差。

2. 催化剂的性质

催化裂化催化剂分为硅酸铝催化剂（无定形）和分子筛催化剂（结晶形）两种，催化剂的活性、选择性、稳定性、抗重金属污染性能、流化性能和抗磨损性能等都对催化裂化有着不同程度的影响。一般来说，催化剂的活性越高，原料的转化率也越大；而催化剂的选择性越高，则轻质油品的收率也越高。分子筛催化剂的活性和选择性一般都优于硅酸铝催化剂，可提高汽油产率15%～20%。

3. 操作条件

操作条件包括原料的雾化效果和汽化效果、反应温度、反应压力、反应时间、剂油比、汽提蒸汽量和催化剂的停留时间等。

① 原料的雾化效果和汽化效果越好，原料油的转化率越高，轻质油品的收率也越高。

② 反应温度越高，剂油比越大，则原料油转化率和汽油产率越高，但是焦炭的产率也越高。

当要求多生产柴油时，采用较低的反应温度（460～470℃），在低转化率下进行大回炼比操作；当要求多产汽油时，可采用较高的温度（500～510℃），在高转化率下进行小回炼比或单程操作；若要多产气体时，反应温度则更高。

③ 反应压力一般指沉降器顶部的压力，亦随再生器压力而定。正常生产时，一般用气压机入口压力自动调节气压机转速或气压机反飞动流量来控制反应压力。

提高反应压力使反应器内油气体积缩小，即相当于延长了反应时间，也意味着催化剂表面的油气分压增大，有利于提高反应速率，从而提高了转化率，使产品中气体产率下降，汽油产率提高，但焦炭的产率也随之提高了。

一般情况下，床层式反应器的反应压力控制在68.7～78.5kPa（表），有烟气能量回收装置时可提高到147.1kPa（表）左右；提升管反应器的反应压力控制在98.1～294.2kPa（表）。总的来说，对于给定大小的设备，提高反应压力是增加装置处理能力的手段。

④ 在提升管反应器中的反应时间就是油气在提升管中的停留时间，而反应时间又与转化率有着密切的关系，因此油气停留时间不能太短，也不宜过长，一般控制在2～4s为宜。

⑤ 剂油比是催化剂循环量与反应总进料量的比值。提高剂油比可使转化率提高，因为催化剂与油气接触增多，可以提供更多的反应活性中心，从而了加快反应进行，提高了转化率。见表3-5。

表3-5 剂油比对转化率和产品产率的影响

剂油比	5.3	10.0
反应温度/℃	480	480
产品产率/%		
C_1～C_4	14.5	17.0
汽油	44.3	46.8
轻柴油	14.7	14.6
重油	23.0	15.9
焦炭	2.0	2.8
损失量	0.7	1.7
转化率/%	62.3	69.5

对于床层式流化催化裂化装置，剂油比一般为5～10；对于提升管反应器，剂油比一般取2.5～6.5。

在生产中，一般是在一定进料量条件下操作，故通常采用改变催化剂循环量来改变剂油比。

⑥ 汽提蒸汽的作用主要是将待生剂孔隙内和颗粒之间的油气置换出来，以提高目的产品的收率。其流量大小直接影响到汽提效率和汽提段催化剂的密度。汽提蒸汽量过小，汽提段内催化剂密度>700kg/m³ 时，可能会影响待生剂顺利送到再生器；而汽提蒸汽量过大，会增大装置能耗。一般情况下，控制汽提蒸汽量约占催化剂循环量的0.35%。

⑦ 若催化剂停留时间过长，则意味着单位催化剂上发生的反应数增多，催化剂的平均活性将下降，会导致原料油的转化率下降。

4. 反应装置

目前，炼油厂的催化裂化装置已普遍采用提升管作为反应装置，提升管的长短对裂化有一定的影响，提升管变长，则二次反应加剧，气体和焦炭产率也随之升高。另外原料油雾化喷嘴和旋风分离器的性能也对裂化产品分布有着一定的影响。

任务21
掌握催化裂化装置的基本操作要点

催化裂化装置开工操作程序较为复杂，不同类型的装置开工有所不同，下面以同高并列式催化裂化装置为例，简述装置的正常开停车的基本操作要点。

1. 催化裂化装置正常开车操作

(1) 反应-再生系统正常开车操作

① 开车准备工作。包括：油品和储罐、生产诸方面、公用工程系统、机动系统、安全监督等方面的准备。

此时状态——达到引主风进入再生器的条件。

② 两器升温。包括：引主风进入再生器、气密检测和两器升温等。

此时状态——气密检测完毕，再生器辅助燃烧室点火升温烘干衬里。

③ 建立汽封、切断汽封与拆除大盲板、赶空气。包括：开增压机、引风进外取热器、控制两器升温速度、蒸汽吹扫赶空气等。

此时状态——再生器按要求继续升温，拆除油气线大盲板。

④ 向再生器装催化剂。包括：反应器引入蒸汽驱赶空气、再生器装催化剂、再生器喷燃烧油、反应器系统向分馏系统并蒸汽。

此时状态——再生器按要求升温至再生器密相段温度500～550℃，装催化剂，准备喷燃烧油。反应器给蒸汽吹扫。

⑤ 两器流化运行。包括：调整两器之间压力差、提升管和沉降器汽提段通入蒸汽、向沉降器转催化剂、外取热器投用等。

此时状态——两器形成流化运行，再生器喷燃烧油。

⑥ 提升管喷油，提处理量和调整操作。包括：喷油前的扫线、各原料油的预热和循环、各工艺指标的控制、喷油和提处理量后的调整操作等。

此时状态——催化裂化反应正常、物料平衡、热量平衡和压力平衡。

（2）分馏系统正常开车操作

① 开车准备工作。包括：蒸汽吹扫、系统贯通测试、原料油外循环、回炼油和油浆外循环，以及夏季空冷喷水系统。

此时状态——达到收开工柴油的条件。

② 原料油和回炼油系统循环。包括：查各改动流程中有无跑油和串油、各个机泵润滑和盘车、引开工柴油循环和封油循环等。

此时状态——封油循环正常，准备引蜡油进装置。

③ 开路循环。包括：分馏塔给蒸汽吹扫、启动分馏塔顶油气空冷机、建立原料油和回炼油开路循环、建立三路循环、启动气压机等。

此时状态——分馏三路循环正常，分馏塔瓦斯充压，气压机低速运行。

④ 升温热油运。包括：各种原料油的预热和脱水，分馏塔分别充开工汽油、开工柴油、回炼油和油浆，进行塔顶和中段回流操作。

此时状态——塔顶油气和各侧线油品指标正常，准备接收来自沉降器的反应油气。

⑤ 拆大盲板，连通沉降器与分馏塔和调整操作。包括：拆除油气线大盲板、控制沉降器与分馏塔之间的压力差、引入反应油气、开启富气压缩机等。

此时状态——分馏塔建立内循环，气压机具备随时进料随时提速的条件，根据液位随时送粗汽油至稳定系统，柴油质量合格出装置，富气经压缩后送至吸收塔。

（3）吸收-稳定系统

① 开车准备工作。包括：蒸汽吹扫、改好各流程线（如三塔或四塔循环、液态烃和稳定汽油等）、各吸收油循环，及夏季空冷喷水系统。

此时状态——达到开工汽油进装置的条件。

② 解吸塔底和稳定塔底再沸器投用。包括：复查各改动流程中有无跑油和串油、撤吹扫蒸汽、将氮气通入系统进行保护、引分馏热源到解吸塔底和稳定塔底再沸器进行升温升压等。

此时状态——达到收开工汽油的条件。

③ 三塔投用。包括：切断氮气，开启瓦斯充压并维持吸收-稳定系统压力，分别启动富油泵、凝缩油泵和脱乙烷汽油泵，分别向吸收塔、解吸塔和稳定塔收开工汽油进行三塔循环等。

此时状态——三塔循环正常，达到接收压缩富气的条件。

④ 空冷风机和气压机投用。包括：分别开启压缩富气空冷风机和气压机，控制空冷出口温度。

此时状态——引入压缩富气。

⑤ 分别引压缩富气和粗汽油入吸收-稳定系统。包括：启动稳定塔顶油气空冷风机、稳定塔建立塔顶回流、切断瓦斯充压线、引入粗汽油、引入压缩富气等。

此时状态——随时将干气、液化石油气和稳定汽油送往脱硫脱臭系统。

2. 催化裂化装置正常停车操作

（1）反应-再生系统正常停车操作

① 停车前准备工作；

② 平衡催化剂腾空，抽真空；

③ 试通再生器大型卸料线，给上反吹风；
④ 试验放火炬阀；
⑤ 卸净三旋催化剂；
⑥ 引再生器喷燃烧油至控制阀前，在低点脱水备用；
⑦ 切断进料前，停注金属钝化剂系统；
⑧ 逐渐降低掺渣率，相应降低主风机流量；
⑨ 切断提升管汽油回炼（和提升管注水）和油浆回炼线，给蒸汽向提升管扫线；
⑩ 干气提升改为蒸汽提升。

（2）分馏系统正常停车操作

① 停车前准备工作；
② 联系油浆紧急放空线扫线，扫通后停蒸汽；
③ 根据油浆固体含量和分馏塔塔底液位适当外甩油浆；
④ 渣油冷却器水箱装水，通蒸汽加热到 70～80℃；
⑤ 在切断进料前，停注油浆阻垢剂，将储罐内的油浆阻垢剂排入空桶备用；
⑥ 封油罐保持高液位，随时准备向罐区送柴油；
⑦ 所有扫线蒸汽引入各个蒸汽用点第一道阀前，排凝脱水。

（3）吸收-稳定系统正常停车操作

① 停车准备工作；
② 停工前 4h，各个塔、容器和稳定塔底再沸器在低液位操作；
③ 在切断进料前，停富气注水系统，排净系统内存水；
④ 退油；
⑤ 扫线；
⑥ 加盲板。

3. 催化裂化装置正常操作

（1）反应-再生系统正常操作

① 按系统要求投用、停用反应器的各喷嘴，并给上雾化蒸汽和松动风；

② 密切监控反应器的状态，防加强高温部位的检查，防止提升管反应器的结焦、衬里脱落等故障的产生；

③ 理解反应的机理，掌握反应温度、反应压力以及剂油比、空速等因素对产品的影响，才能熟练掌握反应系统的各项操作，及时调整操作以及各种加工方案的操作。

（2）分馏系统正常操作

① 按系统要求控制各点的温度、压力、回流量和塔底液位；
② 根据产品质量的变化调整操作；
③ 根据处理量的变化调整操作；
④ 根据产品方案的变化调整操作。

4. 安全措施

① 检查消防和急救器械是否完好；
② 检查高温、高压、高空、电气设备、易燃易爆和有毒腐蚀物品等的防护；
③ 操作人员 HSEQ 知识的培训。

5. 常见事故及处理方法

(1) 反应进料严重带水

事故现象	① 进料温度下降 ② 反应压力、温度和进料量激烈波动 ③ 原料换热器憋压 ④ 原料油泵抽空
处理方法	① 大幅度降低反应进料量 ② 适当降低新鲜进料温度 ③ 检查原料换热器,并及时卸压处理 ④ 停原料油泵,并通知罐区加强切水或换罐

(2) 反应新鲜原料中断

可能原因	① 原料严重带水 ② 原料供应中断 ③ 原料油泵出现机械 ④ 电气故障 ⑤ 新鲜原料油自控阀失灵关闭
处理方法	① 通知罐区加强切水或换罐 ② 联系主管部门尽快恢复原料供应或更换原料 ③ 切换备用泵,并联系检修 ④ 改用副线控制,并联系处理 ⑤ 改旁通阀控制,并联系检修

(3) 炭堆积

可能原因	① 反应进料量突增或进料性质变化 ② 反应深度过大 ③ 主风量(或氧气流量)过小
处理方法	① 降低反应进料量 ② 适当降低再生压力 ③ 逐渐提高主风量(或氧气流量)

(4) 待生剂带油

事故现象	① 再生器冒黄烟 ② 再生温度明显升高 ③ 再生烟气氧含量降低
可能原因	① 反应进料量突增 ② 进料性质变重或进料温度过低 ③ 汽提蒸汽过小 ④ 待生滑阀失灵全开
处理方法	① 降低反应进料量 ② 适当提高反应温度或进料温度 ③ 增大汽提蒸汽量 ④ 改用手动控制,并联系检修

(5) 催化剂中断循环

事故现象	① 再生藏量迅速降低 ② 再生温度迅速降低 ③ 待生滑阀前压力升高
可能原因	① 待生剂严重带油堵塞待生斜管(或待生剂出口隔栅) ② 待生滑阀阀板脱落或失灵全关 ③ 待生线路催化剂架桥 ④ 汽提段催化剂料位指示失灵造成待生滑阀自动关闭
处理方法	① 迅速将待生滑阀改为手动,增大开度 ② 尽快联系相关部门处理 ③ 迅速降大幅度低反应进料量,观察两器催化剂料位及温度变化,若未果应紧急停车 ④ 改手动控制

(6) 提升管噎塞

事故现象	① 提升管底部密度突然增大 ② 反应温度骤降
可能原因	① 反应进料量过低 ② 提升管用汽量偏小或中断 ③ 再生滑阀失灵全开
处理方法	① 迅速提高提升管预提升介质的流量 ② 适当提高进料雾化蒸汽量和反应进料量 ③ 改手动控制

(7) 再生烟道膨胀节泄漏

可能原因	① 疲劳性应力拉裂 ② 反应温度骤降烟气腐蚀泄漏
处理方法	① 若漏点较小,可适当降压降量操作,进行检修处理;若漏点较大,应酌情切断反应进料,尽可能降低再生压力和温度,切出主风进行闷床操作,进行检修处理 ② 紧急停车卸催化剂

(8) 外取热器内漏

事故现象	① 再生器密相温度上升,催化剂密度下降,再生器旋分器压力降升高 ② 再生器藏量下降,再生排烟囱冒白烟 ③ 汽包上水流量不正常地增大,严重时汽包液位无法控制
可能原因	① 外取热器内管束有制造缺陷或超过使用寿命 ② 外取热器内管束面向热催化剂入口的衬里脱落或管束磨损 ③ 汽包水汽比过小或外取热器管束发生干烧
处理方法	① 迅速判断内漏部位,进行检修处理 ② 根据上水管线压力表显示,判断泄漏管束并切出,进行检修处理 ③ 观察汽包上水流量变化,避免发生超温等次生事故

(9) 外取热器汽包干锅

事故现象	① 外取热器筒体、再生器密相和稀相温度急剧上升 ② 汽包水位指示回零,低水位报警 ③ 汽包上水流低于产生汽量
可能原因	① 给水泵故障或液位自控阀失灵关闭,造成供水中断 ② 汽包液位指示失灵 ③ 汽包产汽量或排污量过大,造成汽包液位持续降低
处理方法	① 迅速大幅度降低反应进料量和掺渣量 ② 迅速降低外取热器取热负荷,直至停止取热 ③ 查事故原因,在外取热器操作温度降到150℃以下才能给汽包上水

(10) 提升管进料喷嘴处结焦

可能原因	① 喷嘴选型不合理,雾化效果不良 ② 提升管进料段剂油比接触效果差
处理方法	① 选择适宜的进料喷嘴,进料雾化蒸汽一般按总进料的5%~8%控制 ② 控制适宜的剂油比、进料温度、反应温度、掺渣量和油浆回炼量

技能训练建议 **催化裂化反应-再生系统仿真实训**

- **实训目标**

(1) 熟悉催化裂化反应-再生系统工艺流程及相关流量、温度、压力和液位等控制和调节方法;

(2) 掌握催化裂化反应-再生系统的冷态开车、正常停车及常见事故的处理方法。

- **实训准备**

(1) 认真阅读吴重光编著的《化工仿真实习指南——仿真培训》第一、二和十三章内容,熟练掌握仿真实习软件的使用方法;

(2) 阅读重油催化裂化装置概述及工艺流程说明,熟悉仿真软件中各流程画面符号的含义及操作方法;

(3) 熟悉仿真软件中控制组画面、手操器组画面、指示仪组画面的内容及调节方法。

- **实训步骤**(要领)

(1) 了解装置概况

(2) 冷态开车实训

① 开车前准备(仿真可忽略);

② 吹扫试压操作;

③ 拆盲板(M01)建立汽封操作;

④ 开两炉(原料油加热炉F01和再生器辅助加热炉F02)、三器(反应器、再生器和沉降器)升温操作;

⑤ 赶空气切换汽封操作;

⑥ 装入催化剂及三器流化操作;

⑦ 反应进油操作;

⑧ 开气压机操作;

⑨ 系统调整操作。

（3）正常停车实训

①降温降量；②切断进料；③卸催化剂；④装盲板（M01）。

（4）常见事故设置及处理实训

①二次燃烧；②炭堆积；③待生滑阀阻力增大；④气压机停车；⑤烟机入口阀故障。

以上各个实训内容，在实训时均可调用系统评分信息，查找自己在操作过程中的失误与不足之处，以便于进行反复练习。

（5）考核

将学员站与教师机通过网络进行连接，进行统一考核，以“冷态开车+事故处理”进行组题，在考核过程中，屏蔽学员站的系统评分信息。

项目小结

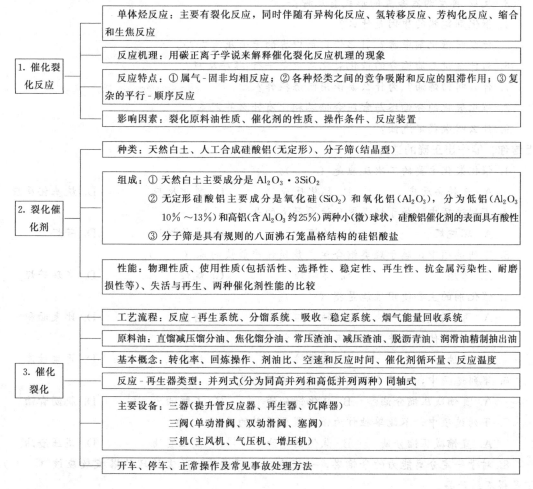

- 1. 催化裂化反应
  - 单体烃反应：主要有裂化反应，同时伴随有异构化反应、氢转移反应、芳构化反应、缩合和生焦反应
  - 反应机理：用碳正离子学说来解释催化裂化反应机理的现象
  - 反应特点：①属气-固非均相反应；②各种烃类之间的竞争吸附和反应的阻滞作用；③复杂的平行-顺序反应
  - 影响因素：裂化原料油性质、催化剂的性质、操作条件、反应装置
- 2. 裂化催化剂
  - 种类：天然白土、人工合成硅酸铝（无定形）、分子筛（结晶型）
  - 组成：①天然白土主要成分是 $Al_2O_3 \cdot 3SiO_2$
    ②无定形硅酸铝主要成分是氧化硅（SiO_2）和氧化铝（Al_2O_3），分为低铝（Al_2O_3 10%～13%）和高铝（含 Al_2O_3 约25%）两种小（微）球状，硅酸铝催化剂的表面具有酸性
    ③分子筛是具有规则的八面沸石笼晶格结构的硅铝酸盐
  - 性能：物理性质、使用性质（包括活性、选择性、稳定性、再生性、抗金属污染性、耐磨损性等）、失活与再生、两种催化剂性能的比较
- 3. 催化裂化
  - 工艺流程：反应-再生系统、分馏系统、吸收-稳定系统、烟气能量回收系统
  - 原料油：直馏减压馏分油、焦化馏分油、常压渣油、减压渣油、脱沥青油、润滑油精制抽出油
  - 基本概念：转化率、回炼操作、剂油比、空速和反应时间、催化剂循环量、反应温度
  - 反应-再生器类型：并列式（分为同高并列和高低并列两种）同轴式
  - 主要设备：三器（提升管反应器、再生器、沉降器）
    三阀（单动滑阀、双动滑阀、塞阀）
    三机（主风机、气压机、增压机）
  - 开车、停车、正常操作及常见事故处理方法

自测与练习

考考你，横线上应该填什么呢？

1. 裂化催化剂的种类有________、________和________等。

2. 裂化催化剂失活的原因有________、________和________等。

3. 在裂化催化剂的毒物中，通常把________和________作为重点防范的对象。

4. 催化裂化装置中的三器指的是________、________和________等。

5. 催化裂化装置中的三阀指的是________、________和________等。

6. 催化裂化装置中的三机指的是________、________和________等。

7. 催化裂化主要是________反应，同时伴随有________、________、________、________和________反应。

8. 用________学说来解释催化裂化反应机理的现象。

9. 石油裂化的类型有________、________和________三种。

考考你，能回答以下这些问题吗？

1. 什么叫做蜡油？

2. 在石油炼制中，VGO、CGO、AR、VR、DAO分别表示什么馏分？

3. 反应-再生两器布置的形式有几种？

4. 催化剂跑损的原因是什么？

5. 什么叫催化剂中毒？引起催化剂中毒的重金属有哪些？

6. 为什么说石油馏分的催化裂化反应是平行-顺序反应？

7. 什么叫回炼油？为什么要使用回炼操作？

8. 催化裂化的分馏塔与常压分馏塔相比有什么异同点？

9. 什么叫做稳定汽油？

相信你，能作出正确的选择！

1. 催化裂化主要的二次反应是（　　）。

A. 氢转移反应　　B. 环化反应　　C. 裂化反应　　D. 烷基化反应

2. 下列选项中，属于烃类裂化速率最大的是（　　）。

A. 环烷烃　　B. 烯烃　　C. 异构烷烃　　D. 芳烃

3. 下列选项中，属于烃类缩合生成焦炭速率最快的是（　　）。

A. 烯烃　　B. 环烯烃　　C. 烷烃　　D. 多环芳烃

4. 催化剂的主要使用性能是指（　　）。

A. 再生性能　　B. 筛分组成　　C. 密度　　D. 比表面积

5. 催化剂在使用条件下保持其活性的能力称为（　　）。

A. 活性　　B. 选择性　　C. 稳定性　　D. 再生性能

6. 下列选项中，不属于催化裂化典型原料的是（　　）。

A. 直馏减压馏分油　　B. 焦化馏分油　　C. 石脑油　　D. 脱沥青油

7. 下列选项中，不能单独作为催化裂化原料的是（　　）。

A. 直馏减压馏分油　　B. 焦化馏分油　　C. 常压渣油　　D. 减压渣油

8. 对于一定分离能力的分馏塔，若在全回流下操作，所需的理论塔板数应该（　　），但是得不到产品。

A. 最少　　B. 最多　　C. 无限多　　D. 无法确定

请三思，判断失误有时会出问题！

1. 催化裂化生产的汽油和柴油中含有较多的烷烃。（　　）

2. 催化裂化既是物理加工过程，又是化学加工过程。（　　）

3. 催化汽油的辛烷值比直馏汽油的辛烷值要高。（　　）

4. 催化柴油的十六烷值比直馏柴油低。 ( )

5. 催化柴油中含芳烃较多。 ( )

用图说话很方便!

1. 请完成下面的重油催化裂化生产工艺流程方框图的内容。

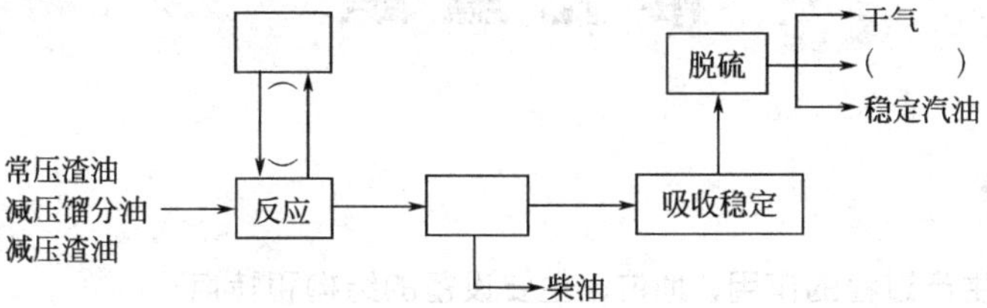

2. 根据下图，对应写出各快速分离器的类型。

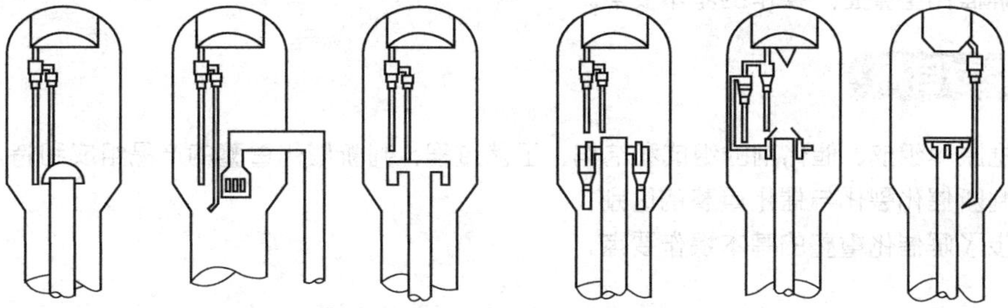

(a)( ) (b)( ) (c)( ) (d)( ) (e)( ) (f)( )

项目四

催化重整

知识目标

- 了解催化重整生产过程的作用、地位、主要设备的结构和特点；
- 熟悉催化重整过程原料的要求和组成、主要反应原理和特点、催化剂的组成和类型、工艺流程；
- 了解催化重整生产操作的基本要点。

能力目标

- 根据原料组成、催化剂的组成和结构、工艺过程、判断催化重整的产品组成和特点；
- 能判断催化裂化与催化重整的区别；
- 初步了解催化重整的基本操作要点。

请仔细看看（如图 4-1～图 4-3 所示），你认识这些装置吗？

图 4-1 我国设计的第一套催化重整装置

图 4-2 某炼厂芳烃抽提装置

图 4-3 某炼厂芳烃精馏装置

在日常生活里，人们出行所用的交通工具（如汽车、轮船、飞机等）中，有很大一部分使用的燃料油是汽油，随着人们生活水平的提高，汽车的普及，使得大街上和公路上到处都挤满了车，我们几乎已对汽车尾气的排放熟视无睹。而面对环境污染越来越严重，又使得我们不得不从根源上想办法去解决污染问题，这就要求能够生产绿色的无污染的汽油。

任务1 了解炼油生产中“重整”的含义及分类

先来看看日常生活中的“重整”现象。现象一：在军训中经常会将队形进行重新排列，队列中的人数没有变，而队形发生了变化；现象二：几个或几十个人彼此手拉手围成一个圆圈时，形成一个“环”状。

1. “重整”的含义

炼油工业中的所谓“重整”，就是把原油蒸馏所得的直馏汽油、粗汽油组分中的直链烃分子结构“重新进行调整排列”，使它们转化为富含芳香烃或具有支链的烷烃异构体（异构烷烃）的高辛烷值汽油。

2. “重整”的分类

重整可以分热重整和催化重整两种。现在工业上采用的主要是催化重整。

(1) 热重整

热重整不用催化剂，用轻度热裂化方法来调整重整原料油中烃分子的结构。反应温度为525～575℃，压力为2.0～7.0MPa，裂化时间为10～20s。热重整的目的是在高压下使低辛烷值汽油转变为高辛烷值汽油。此外，还可获得较多的轻质烯烃。从气体利用方面来讲，热重整是值得重视的。但与催化重整相比，所得汽油收率低，辛烷值低，稳定性差。所以，除特殊情况外，热重整已被催化重整取代。

(2) 催化重整

催化重整反应是在加热、加压和催化剂的作用下进行的，目前工业上广泛使用的催化剂有铂（Pt）、铼（Re）或同时使用铂和铼。人们根据所用的催化剂不同分别称它们为铂重整、铼重整或铂铼重整等。

任务2
了解催化重整在石油加工中的地位

催化重整虽然也是二次加工过程，但其作用完全不同于催化裂化和加氢裂化，不是把重油轻质化，或大分子裂解成较小的分子，而仅仅是把烃分子的结构重新加以整理改变。直馏汽油（石脑油）主要是正构烷烃和环烷烃，因为辛烷值低不能直接出厂，需要采用催化重整工艺进行加工。因此，催化重整工艺在二次加工中的地位非常重要。

催化重整的主要目的：一是生产高辛烷值的汽油组分（不使用抗爆剂，尤其是四乙基铅）；二是为橡胶、化纤、塑料和精细化工提供原料——芳香烃；三是副产大量高纯度的廉价氢气，可作为油品加氢工艺的氢气来源，以及民用燃料液化气。

由于环保和节能的需要，世界范围内把生产高辛烷值的清洁汽油作为总的发展趋势。在发达国家的车用汽油中，催化重整汽油组分约占25%～30%。在广泛推行无铅汽油的形式下，催化重整在炼厂加工的流程中的地位日益突出，加工能力也迅速扩大。

我国已在2000年实现了汽油无铅化，汽油辛烷值可达到90（研究法）以上，汽油中有害物质的控制指标为：硫含量<0.08%、烯烃含量<35%、芳烃含量<40%（其中苯含量<2.5%）。但目前我国汽油主要是以催化裂化汽油组分为主，烯烃和硫含量较高。如何降低烯烃和硫含量，并能保持较高的辛烷值是我国炼厂生产清洁汽油所面临的主要问题。而催化重整在解决这个问题上起到很重要的作用。

石油是不可再生资源，它的最佳应用是达到效益最大化和再循环利用。目前石油化工是化学工业的重要发展方向，芳烃是一级基本有机化工原料，全世界所需要的芳烃有一半以上来自催化重整。因此催化重整是石油加工和石油化工的重要工艺之一，受到广泛的重视。据统计，全世界的催化重整加工能力约占原油加工能力的 10%～18%。在美国和中国，用催化重整制得的芳烃，占芳烃总量的 2/3 左右。

任务3 了解对催化重整原料的要求

生产一种产品就和我们买菜做饭一样，都知道“巧妇难为无米之炊”，催化重整需要什么样的“米”呢？

催化重整通常以直馏汽油馏分（石脑油）为原料，有时因直馏汽油馏分来源有限，采用扩大原料的来源的主要方法有：①采用宽馏分。生产高辛烷值汽油组分或同时生产芳烃时，可采用 60～180℃的宽馏分作为重整原料，但这种方法受到航煤数量的限制；同时由于馏分变宽、变重会增加催化剂积炭速度，影响操作周期。②采用二次加工汽油。例如：加氢裂化、催化裂化、热加工等汽油馏分作重整原料。

催化重整对原料的要求比较严格，一般包括以下三方面的要求，即馏程、族组成和杂质含量。

1. 原料油的馏程

原料油的馏程与化学组成有关，适宜的组成可以增加理想产品的收率。根据生产目的的不同，对原料油的馏程有一定的要求。

（1）以生产高辛烷值汽油为目的

若重整加工以生产高辛烷值汽油为主要目的时，宜采用 80～180℃馏程范围的宽馏分油。因碳原子数＜C_7 的轻组分，重整前后汽油辛烷值提高得不多；而馏程超过 180℃的组分，含多环化合物较多，易结焦导致催化剂失活，还会使汽油的干点过高。

（2）以生产芳烃为目的

若重整加工以获得芳烃为主要目的时，则应根据所希望生产某个芳烃品种为主要目的，来选择原料油沸点范围（即窄馏分油）。以下为增产不同的芳烃所选择的原料油的馏程：

① 以增产苯为主要目的时，采用 60～90℃的馏分油；

② 以增产甲苯为主要目的时，采用 85～110℃的馏分油；

③ 以增产二甲苯为主要目的时，采用 110～150℃的馏分油；

④ 以增产混合苯（即苯-甲苯-二甲苯）为主要目的时，采用 60～145℃的馏分油；

⑤ 以增产轻芳烃-汽油为主要目的时，采用 60～180℃的馏分油。

由表 4-1 可见：C_6 烃类的最低沸点是 60.27℃，C_8 烃类的最高沸点是 144.42℃，因此 60～145℃是生产芳烃的适宜馏程。但由于其中 130～145℃馏分是理想的航空煤油组分，若同时生产航空煤油的炼厂，重整原料应取 60～130℃的馏分。碳原子数＜C_5 的馏分，其沸点都在 60℃以下，这部分不可能转化为芳烃，在原料预处理时应除去。

2. 族组成

铂重整所用原料的“族组成”（烷烃、环烷烃、烯烃和芳烃各“族”的含量比例）对生产过程和产品的影响很大，原料中环烷烃越多，芳烃的产率越高。反之，若烷烃多，则适用于生产高辛烷值的汽油，而不宜用来生产芳烃。重整原料油经过催化重整后，可得到 85.5％的催化重整汽油，其中芳烃的含量高达 64.2％，因此是获取芳烃的好原料。

表 4-1　部分烃类沸点（100kPa 时）

C_5		C_6		C_7		C_8	
化学式	沸点/℃	化学式	沸点/℃	化学式	沸点/℃	化学式	沸点/℃
$n\text{-}C_5H_{12}$	36.07	$n\text{-}C_6H_{14}$	68.74	$n\text{-}C_7H_{16}$	98.43	$n\text{-}C_8H_{18}$	125.67
$i\text{-}C_5H_{12}$	27.85	$i\text{-}C_6H_{14}$	60.27	$i\text{-}C_7H_{16}$	90.05	$i\text{-}C_8H_{18}$	99.24
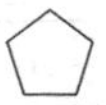	49.26		71.81	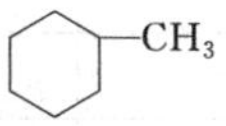	100.93	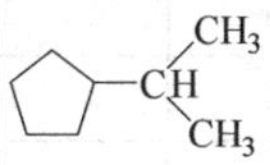	126.8
		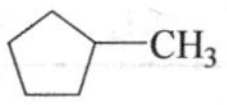	80.74	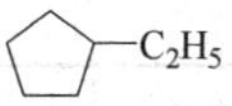	103.47	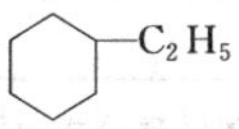	131.73
			80.10	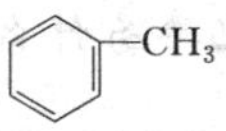	110.63	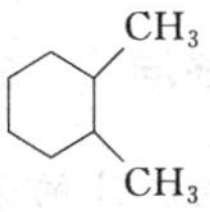	130.04
						乙苯	136.90
						间二甲苯	139.10
						对二甲苯	138.35
						邻二甲苯	144.42

重整原料中的烯烃含量不能太高，因为它会增加催化剂上的积炭，缩短生产周期；加氢裂化汽油和抽余油的烯烃含量很低，因此也是良好的重整原料；而抽余油虽然也可作为重整原料，但是收益不会很大。

3. 杂质含量

重整催化剂对一些杂质特别敏感，砷、铅、铜、硫、氮等都会使催化剂中毒。其中砷、铅、铜等重金属会使催化剂永久中毒而不能恢复活性。特别是砷与铂所形成的砷化铂合金，能使催化剂永久丧失活性；同时，砷还与催化剂上的氯合成二氯化砷，也会减弱催化剂的酸性功能。

原料油中的含硫、含氮化合物、氯化物和水的含量不恰当也会使催化剂中毒。原料油中的含硫、含氮化合物和水分在重整条件下，分别生成硫化氢（H_2S）和氨（NH_3）。H_2S 吸附在铂催化剂上，使其中毒；而 NH_3 与催化剂中的酸性组分氯生成可挥发的氯化铵 NH_4Cl，减少了催化剂中的氯，使催化剂严重失活；同时，呈晶体的 NH_4Cl 可堵塞、腐蚀设备和管道，严重影响运转周期。

重整原料除了要有适宜的馏程之外，还必须严格控制原料中杂质含量。表 4-2 列出了重整原料中油杂质含量的限制，表 4-3 列出了我国主要原油直馏重整原料油的杂质含量。

表 4-2　重整原料中油杂质含量的限制

杂　质	铂重整	双金属及多金属	杂　质	铂重整	双金属及多金属
砷/ppb	≤2	≤1	汞/ppm	≤10	—
铅/ppb	≤5	≤1	硫、氮/ppm	≤2	≤0.5
铜/ppb	≤10	≤10	氯/ppm	≤5	≤1
铁/ppb	≤20	≤20	水/ppm	≤10	≤5

注：1ppb＝μg/kg，1ppm＝mg/kg。

表 4-3　我国主要原油直馏重整原料油的杂质含量

杂　质	大庆	大港	胜利	辽河	华北	新疆
砷/ppb	195①	14	90	1.5	14	133
铅/ppb	2	4	14.5	0.2	7.9	<10
铜/ppb	3	2.5	3.0	6.4	3.2	<10
硫/ppm	240	17.6	138	67.1	37	37
氮/ppm	<1	0.7	<0.5	<1	<1	<0.5

① 为初馏塔顶分析数据，常压塔顶油的砷含量在 1000ppb 以上。

勤学好问　　**芳烃的转化率为什么有时候会高于 100%呢？**

重整生成油的芳烃的转化率是指芳烃实际产率与原料油中芳烃潜含量之比。

芳烃潜含量是用来衡量原料油品质而设定的，即≥C_6 的环烷烃看作能全部转化为芳烃，再加上原料油中已经存在的芳烃的总和。因此，计算各种芳烃潜含量，可按以下计算：

芳烃潜含量%(质量分数，下同)＝苯潜含量%＋甲苯潜含量%＋二甲苯潜含量%

苯潜含量%＝苯%＋C_6 环烷烃%×78/84

甲苯潜含量%＝甲苯%＋C_7 环烷烃%×92/98

二甲苯潜含量%＝二甲苯%＋C_8 环烷烃%×106/112

原料油中芳烃潜含量并不代表其实际生产中的产率，因为在重整反应中，某些潜在的芳烃原料并不能完全转化为芳烃，只能部分转化为芳烃。另外，原料油中的烷烃环化脱氢反应有一部分可以转化为芳烃，特别是采用双金属催化剂后，促进了烷烃环化脱氢反应，使得实际芳烃产率比芳烃潜含量大，即芳烃转化率大于100%。

任务4
了解催化重整的原理

催化重整是以石脑油为原料，在一定的温度、压力和催化剂的作用下，烃类分子结构进行重新排列，使之变成另一种分子结构的工艺过程。以下是催化重整的反应。

1. 六元环烷的脱氢反应

例如：

环己烷　　苯

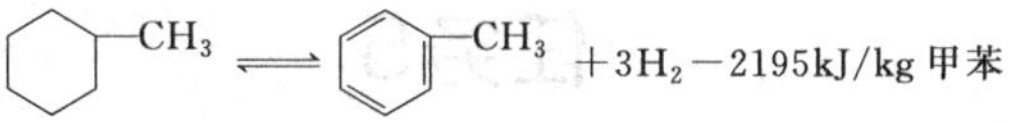

甲基环己烷　　甲苯

2. 五元环烷的异构脱氢反应

例如：

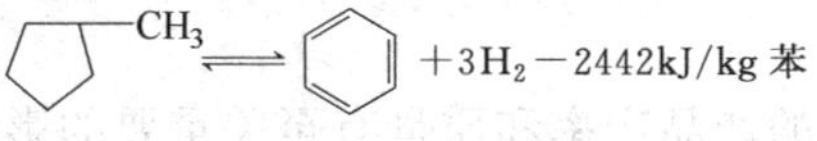

甲基环戊烷　　苯

3. 烷烃环化脱氢反应

例如：

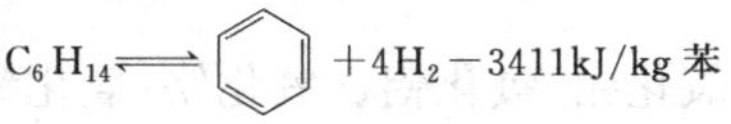

己烷　　苯

分析与观察：*在以上的重整反应中，烃类的碳原子数改变了吗？反应前后物质的结构有什么变化？脱氢反应是吸热反应，还是放热反应？*

在上述反应中，第 1、2、3 种反应都是生成芳烃的反应，称为芳构化反应。其中第 1、2 种在铂催化剂存在下，进行得非常迅速，是催化重整的主要反应。因为芳烃具有较高的辛烷值，无论对生产芳烃还是生产高辛烷值汽油都是有利的。尤其是正构烷烃的环化脱氢反应会使汽油辛烷值大幅提高。另外，芳构化反应伴生大量氢气。这三种反应的反应速率是不同的，六元环烷烃脱氢反应速率最快；五元环烷烃的异构脱氢比六元环烷烃脱氢反应慢得多，一般只能部分转化为芳烃。在重整原料中，五元环烷烃在环烷烃中占相当大的比例，如何提高这一烃类反应的速率是一个重要的问题。

在重整反应中，六元环烷烃脱氢反应速率最快，而且能充分转化成芳烃，是重整的最基本反应。烷烃脱氢环化反应速率最慢，在一般的铂重整中，烷烃转化成芳烃的转化率很低。铂-铼双金属和多金属催化剂的使用，使芳烃产率大大提高（主要是提高了烷烃转化为芳烃的反应速率），因此扩大了重整原料的来源。

六元环烷烃的脱氢、五元环烷烃的异构脱氢以及烷烃的环化脱氢都是强吸热反应，又是体积增大的可逆反应。因此，从热力学角度看，为了获得较高的芳烃产率，操作应在加热和低压下进行。但低压下易造成催化剂表面结焦，使催化剂很快失活，故催化重整一般在加压下进行。

4. 烷烃异构化反应

见项目三任务 6。

5. 烷烃加氢裂化反应

烷烃的加氢裂化反应，在生成较小烃分子的同时还伴随有异构化反应，可提高辛烷值，但也会使液体产品收率下降。因此，应适当控制加氢裂化反应的发生。

例如：　$n\text{-}C_8H_{18} \longrightarrow 2i\text{-}C_4H_{10}$

除了以上五种主要反应之外，还有烯烃的饱和以及缩合生焦反应。烃类的裂化、缩合反应生成的焦炭，会沉积在催化剂表面上使催化剂失去活性，对催化剂的活性和生产操作有很大影响。工业上采用循环氢保护，使容易缩合的烯烃饱和，并抑制芳烃深度脱氢。

想一想：催化重整反应与催化裂化反应类型相似吗？

任务5
了解催化重整催化剂

催化剂对于催化重整过程的产品产率和质量有至关重要的影响。工业重整催化剂分为两大类，即非贵金属和贵金属催化剂。它们主要是由活性组分、助催化剂和载体等三部分构成的。

非贵金属催化剂，主要有氧化钼/氧化铝、氧化铬/氧化铝等，其主要活性组分多属于化学元素周期表中第ⅥB族金属元素的氧化物。这类催化剂的性能较贵金属低得多，目前工业上已淘汰。

贵金属催化剂，主要有铂-铼/氧化铝、铂-锡/氧化铝、铂-铱/氧化铝等系列，其活性组分主要是元素周期表中第ⅧB族的金属元素，如铂、钯、铱、铑等。目前，工业使用的重整催化剂大多数是贵金属催化剂。

贵金属催化剂按金属类别和所含金属组分的多少可分为单金属、双金属和多金属催化剂等。

1. 单铂催化剂

单铂催化剂的金属活性组分为金属铂（Pt），称为单铂催化剂。它是我国第一代重整催化剂，这种催化剂的铂含量为0.1%～0.7%（质量分数，下同）。一般来说，催化剂的脱氢活性、稳定性和抗毒物能力随铂含量增加而增加，芳烃产率和汽油辛烷值也随铂含量增加而增高，焦炭产量则会相应减少。但铂含量过高并不能持续提高芳烃产率，反而会由于铂价格昂贵，使催化剂的成本增加。

单铂催化剂活性组分中的酸性功能一般由卤素提供，随着卤素含量的增加，催化剂对异构化和加氢裂化等酸性反应的催化活性也增加。一般卤素含量为0.4%～1%。如果卤素与金属活性组分配比适当，即可提高催化剂的活性、选择性和稳定性。

载体本身并没有催化活性，但是具有较大的比表面积和较好的机械强度，它能使活性组分很好地分散在其表面，从而更有效地发挥其作用，节省活性组分的用量，同时也提高催化剂的稳定性和机械强度。除此之外，载体还能降低毒物对催化剂活性组分的毒害。目前，作为重整催化剂的常用载体有η-氧化铝和γ-氧化铝两种。

单铂催化剂主要适用于较低苛刻条件下的操作（操作压力2.5MPa左右）。在较低压力下，这种催化剂的稳定性较差。

2. 双金属和多金属催化剂

为了提高芳烃产率和重整汽油的质量，提高催化剂的活性、选择性和稳定性，缓和操作条件，延长运转周期，降低催化剂造价，我国在20世纪70年代已陆续使用双金属或多金属催化剂（例如：铂-铼、铂-锡、铂-铼-钛等催化剂）取代原来的单铂催化剂。在双金属或多金属催化剂中，引入第二、第三及更多金属作为助催化剂的优点有：

① 减小铂含量以降低催化剂的成本。

② 改善铂催化剂的稳定性和选择性。双金属催化剂的优点是热稳定性好，结焦敏感性差，原料适应性强，使用寿命长等。

③ 多金属催化剂能使催化剂稳定性进一步改善，操作温度降低，芳烃产率和液体产品收率较高。

④ 双金属或多金属催化剂还可在更加苛刻的条件（低压、低氢油比和较高温度）下操作。

3. 双功能催化剂在反应过程中的配合

催化重整反应要求重整催化剂必须具备脱氢和异构化两种活性功能，即具有金属功能（脱氢反应功能）和酸性功能（异构化反应功能）。这两种功能分别由金属铂和卤素所提供，而且在反应过程中两种功能要有机地配合才能取得好的反应效果。为什么重整催化剂的双功能在反应过程中要相互配合呢？

铂或铂-铼双金属催化剂是一种双功能催化剂，其中铂构成催化剂脱氢活性中心（即金属功能），它可促进脱氢反应。酸性载体——氯提供酸性组分，可促进裂化和异构化反应，其反应历程如下：

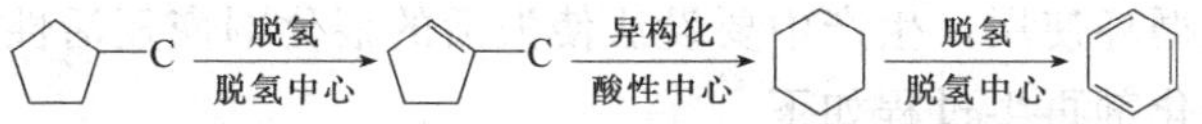

可见环烷烃和烷烃生成芳香烃的过程是烃分子交替地在催化剂的两个活性中心上进行反应的过程，反应速率取决于反应中最慢的步骤，只有酸性中心氯与脱氢活性中心铂很好配合，保持一定的平衡关系才能充分发挥催化剂的活性和选择性，才能使反应向着所需的反应方向进行。若两个中心配合不好，就会影响催化剂的活性、稳定性、选择性和运转周期。

4. 重整催化剂的水氯平衡

在生产过程中，控制水氯平衡是催化剂两种功能能够相互配合的关键。水是影响催化剂氯含量的主要因素。水可以将催化剂上的氯洗掉，同时水还会促进催化剂上铂晶粒凝聚和破坏催化剂结构。但水也可以使整个催化剂床层上的氯分布均匀。因此，金属催化剂要在合适的水氯环境下运转，以保证催化剂上有足够的氯，并能均匀地分布。见表 4-4。

表 4-4 某些重整催化剂要求原料油中水和氯含量

催化剂类型	原料油水含量/$\times10^{-6}$	原料油中氯含量/$\times10^{-6}$
铂催化剂	<20	<5
铂-铼催化剂	<10	<1

当原料油中含水量较多时应适当补氯。一般操作经验认为原料油中每含水 50×10^{-6}时，应注入氯化物 $(1\sim1.5)\times10^{-6}$。

任务6
了解催化重整催化剂的失活与再生

在工业生产中，要求催化剂具有较高的活性、良好的选择性、再生性能和稳定性、较长的使用寿命和一定的机械强度。在生产过程中，催化剂随着使用时间的延长，其活性会逐渐下降，选择性变差，使芳烃产率和生成油辛烷值降低的现象，称为催化剂失活或中毒。

1. 催化重整催化剂的失活

催化重整催化剂失活的主要原因有：

① 反应生成的积炭覆盖在催化剂上面，使活性组分失去作用；

② 催化剂活性组分被杂质污染中毒；

③ 催化剂金属活性组分晶粒聚集变大或分散不均匀；

④ 催化剂载体的孔结构发生变化而使比表面积减小。

重整催化剂失活，可以分为永久性失活和临时失活。永久失活的催化剂其活性不能再恢复，如砷、铅、铁、镍、汞、钠等金属引起的催化剂中毒；临时失活的催化剂在更换无毒原料后，毒物可以逐渐排除，使催化剂恢复活性，如硫、氮、氧等非金属及积炭引起的失活。

2. 催化重整催化剂的再生

为了使催化剂能循环使用，生产中要设法使失活的催化剂恢复活性和选择性，亦称为催化剂的再生。重整催化剂再生过程如下。

(1) 烧炭

高温对催化剂上微孔结构的破坏、金属的聚集和氯的损失都有很大影响，所以要采取措施尽量缩短烧炭时间，控制烧炭温度。我国重整催化剂再生过程中，规定催化剂床层温度不能超过500℃。

另外，如果催化剂被硫污染，在烧炭前还要进行临氢系统脱硫，以免催化剂在再生时受硫酸盐污染。

(2) 氯化更新

氯化是在烧炭之后，用含氯气体（通常为二氯乙烷）在一定温度下处理催化剂。其目的是使聚集的铂晶粒活性金属组分重新均匀分散，以提高催化剂的活性，同时补充所损失的氯组分。更新是在氯化之后，用干空气在高温下处理催化剂。更新的作用是使铂的表面再氧化以防止铂晶粒的聚结，从而保持催化剂的表面积和活性。

(3) 还原

将氯化更新后的氧化态催化剂用氢气还原为金属态催化剂。

任务7 掌握催化重整原料预处理

催化重整原料的预处理过程包括：预分馏、预脱砷、预加氢和脱水等四个部分。预处理的目的是切取要求的馏分和脱除对催化剂有害的杂质及水分。催化重整装置原料预处理部分工艺原则流程如图4-4所示。

用泵将原料油送入装置，经换热器与预分馏塔底物料换热后，进入预分馏塔进行分馏。预分馏塔顶产物经冷凝冷却后进入回流罐。回流罐顶不凝气送往燃料气管网；冷凝液体（拔

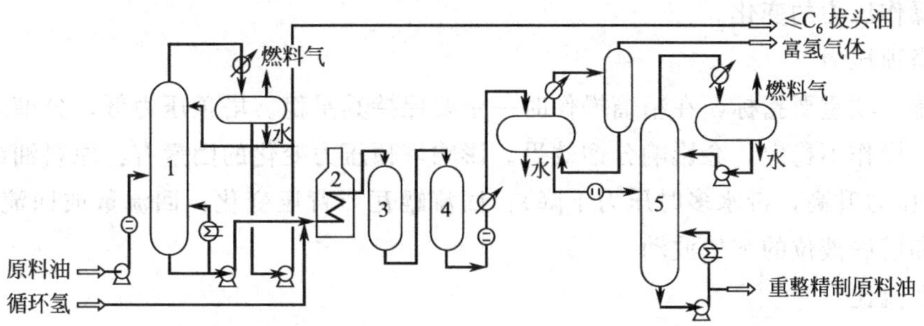

图 4-4 催化重整装置原料预处理部分工艺原则流程图

1—预分馏塔；2—预加氢加热炉；3,4—预加氢反应器；5—脱水塔

头油）一部分作为塔顶回流，另一部分出装置作为汽油调和组分或化工原料。预分馏塔底物料，一部分在再沸器内用蒸汽或热载体加热后部分汽化，气相返回塔底，为预分馏塔提供热量；另一部分用泵从塔底抽出，与重整反应产生的氢气混合，经加热炉加热后进入预加氢反应器（若原料油需预脱砷，则先经预脱砷罐后，再进预加氢反应器）。有的装置设有循环氢气压缩机，供氢气循环使用，大多数装置的氢气采取一次通过方式。

预加氢的反应产物从反应器底流出经换热冷却后进入油气分离器。从油气分离器分出的富氢气体送出装置供其他加氢装置使用，从油气分离器底部出来的液体送入脱水塔。

脱水塔顶物料经冷凝冷却后进入回流罐，冷凝液由回流罐抽出打回塔顶作回流，含H_2S的气体从回流罐分出送入燃料气管网。水从回流罐底部分水斗排出。脱水塔底设再沸器作为脱水塔的热源。脱除硫化物、氮化物和水分的塔底物料（即精制油），经换热后作为重整反应部分的精制原料油。

1. 重整原料的预分馏

预分馏的目的是从直馏汽油中切取重整所需的60～130℃馏分，同时也脱除原料油中的部分水分。进行预分馏的精馏塔称为预分馏塔。当生产芳烃时，在预分馏塔顶切除<60℃的馏分；当生产高辛烷值汽油时，在预分馏塔顶切除<80℃的馏分。原料油的干点通常由上游装置控制，有时也通过预分馏塔切除过重的组分。预分馏塔主要操作指标见表 4-5。

表 4-5 预分馏塔主要操作指标

项目	参数	项目	参数
原料油馏程/℃	初馏点～130	进料温度/℃	90～110
塔顶温度/℃	60～70	操作压力/kPa	245～295
塔底温度/℃	138～145	回流比(回流/进料)	0.8～1.3

影响预分馏塔的操作因素有：塔顶温度、塔底温度、塔顶压力、回流比及进料温度。

(1) 塔顶温度

塔顶温度的高低由回流量控制，是控制拔头油干点的主要参数。影响塔顶温度变化的因素有：塔顶回流量和回流温度的变化；进料组成和温度的变化；塔底温度和液面的变化；操作压力的变化。

(2) 塔底温度

塔底温度是控制塔底油初馏点的主要手段。塔底油初馏点随塔底温度的升高而增大，反之减小。影响塔底温度变化的因素有：进料组成和温度的变化；塔底重沸器的变化；塔底液面变化；操作压力的变化。

(3) 塔顶压力

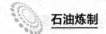

压力是一项重要指标，在精馏操作时一定要保持其平稳。塔顶压力低，分馏效果好，但压力太低，操作不稳定，会影响分馏效果。影响塔顶压力变化的因素有：原料油或回流带水(带水少时压力升高，带水多时压力下降)；回流罐瓦斯背压变化；回流量或回流温度变化；进料组成和塔底液位的突然波动。

(4) 回流比

回流比是调节分馏效果的重要手段，可按需要进行调节。但回流比决定着塔顶温度，操作中应保持一定的回流比，以保证塔底、塔顶产品有足够的分离效果。若回流比小，精馏效果差，塔底油初馏点高，塔顶油带走较多组分；若回流比大，塔底油初馏点低，塔底消耗热量较多，增加塔负荷。

(5) 进料温度

随着进料温度的变化，进料位置或回流比也随之变化以保证产品质量，这在实际生产中是很难操作控制的。因此，预分馏塔通常采取泡点进料。

操作预分馏塔关键在于稳定塔压，控制塔底温度，保证回流比，掌握好物料平衡，防止假液面。

塔底液位要求保持在 70%±10%。液位太高容易造成淹塔；太低容易造成塔底泵抽空。

回流罐液位要求保持在 50%±10%。液位太高易造成汽液分离差，瓦斯带油；太低容易造成回流泵抽空。

2. 重整原料的预脱砷

砷可以使重整催化剂和加氢精制催化剂严重中毒失活。因此，必须在预加氢前将砷脱除或降到较低含量。一般要求进入重整反应器的原料油中砷含量≤1ppm。

工业生产中，常用预脱砷的方法有三种，即吸附法、化学氧化法和加氢法等。

表 4-3 数据表明，我国大庆和新疆原油（特别是常压塔顶油）中砷含量高，必须经过预脱砷处理；大港和胜利原油砷含量小于 100ppb（$\mu g/L$），无需预脱砷，只需经过预加氢就能达到要求的指标。

(1) 吸附法

常用浸渍有 5%～10%硫酸铜的硅酸铝小球裂化催化剂作为吸附剂，原料油在常温常压下一次或循环通过吸附剂床层，大部分砷化合物吸附在硅酸铝小球催化剂上而被脱除，然后再进行预加氢脱砷，使砷含量达到要求的指标。

(2) 化学氧化法

将原料油与氧化剂接触并发生反应，使砷化合物被氧化后，经蒸馏或水洗被分离脱除。常用的氧化剂是过氧化氢异丙苯和高锰酸钾。

(3) 加氢法

加氢预脱砷是在预加氢反应器前加一台以脱砷为主要目的的前置加氢反应器，两台反应器串联操作，将含砷化合物加氢分解出金属砷，然后砷吸附在催化剂上被除去。加氢预脱砷所用催化剂是钼酸镍加氢催化剂，该催化剂对有机砷具有很强的吸附力，其砷容量可达 4.5%（质量分数）。在一定条件下，可将原料油中的砷由 1000×10^{-9} 脱至 1×10^{-9}。加氢脱砷与吸附、化学氧化法脱砷相比，具有工艺流程简单、操作方便等优点。

3. 重整原料的预加氢

预加氢的作用是脱除原料油中的有害杂质（如硫、氮、氧等化合物，以及烯烃和金属杂质），以确保重整原料油对杂质的要求。其原理是在催化剂和氢气的作用下，将原料油进行加氢分解，分别转化为易于除去的 H_2S、NH_3 和 H_2O，然后分离除去；烯烃加氢生成饱和烃。含砷、铅等重金属化合物在预加氢条件下，分解后被催化剂吸附除去。预加氢所用催化剂是钼酸钴或钼酸镍。通常原料油含砷量在 100×10^{-9} 左右时，经预加氢后砷含量可降至 $(1\sim2)\times10^{-9}$ 以下。若含砷量过高，则必须先经过预脱砷。预加氢精制的目的是保护重整催化剂不受污染。预加氢反应主要操作指标见表 4-6。

影响预加氢操作的因素有：反应温度、反应压力、氢油比和空速。

表 4-6 预加氢反应主要操作指标

操作条件	直馏原料	二次加工原料
反应器入口温度/℃	320～370	＜400
反应操作压力/MPa	2.0～2.5	2.5
空速(体积)/h^{-1}	3～5	2
氢油比(体积)/[m^3(标准状况)/m^3 油]	80～160	500

（1）反应温度

反应温度是调节精制油质量的手段。提高反应温度可以加快反应速率，促进加氢反应，使精制油中杂质含量下降；但温度过高会促进裂化反应，从而使液体收率下降，且催化剂上积炭速率加快，缩短了催化剂的使用寿命。反应温度的调节主要依靠原料性质、空速的大小、氢分压高低及催化剂活性来进行，实际操作中以保证精制油质量为依据。

（2）反应压力

提高反应压力可促进预加氢反应，有利于杂质的脱除，增加加氢深度，同时减少催化剂的积炭，以延长催化剂的使用寿命。

（3）氢油比

提高氢油比也就提高了氢分压，有利于加氢反应，抑制催化剂积炭，有利于导出反应热。但处理量不变时，提高氢油比就意味着缩短反应时间，对反应不利。氢油比一般不作为调节手段。

（4）空速

降低空速就意味着增加原料油和催化剂的接触时间，可使加氢深度增加，精制油杂质含量下降。但过低的空速会使装置处理能力下降，液体收率下降。空速不作为调节手段。

4. 重整原料的脱水及脱硫

从预加氢过程得到的生成油中，尚溶解有 H_2S、NH_3 和 H_2O 等，为了保护重整催化剂，必须除去这些杂质。脱除杂质的方法有汽提法和蒸馏脱水法。脱水塔主要操作指标见表 4-7。

表 4-7 脱水塔主要操作指标

操作压力/kPa	塔顶温度/℃	塔底温度/℃
0.8～0.9	85～90	185～190

影响脱水塔脱硫脱水效果的操作因素有：塔顶温度、压力和塔底温度。

任务8
掌握催化重整工艺流程

催化重整工艺流程包括四个部分，即原料油预处理、反应（再生）、芳烃抽提和芳烃精馏等。根据生产目的产品不同，重整的工艺流程有所不一样。当以生产高辛烷值汽油为目的时，其工艺流程主要有原料预处理和反应（再生）两个部分；当以生产轻质芳香烃为目的时，其工艺流程为上述的四个部分。如图 4-5 所示。

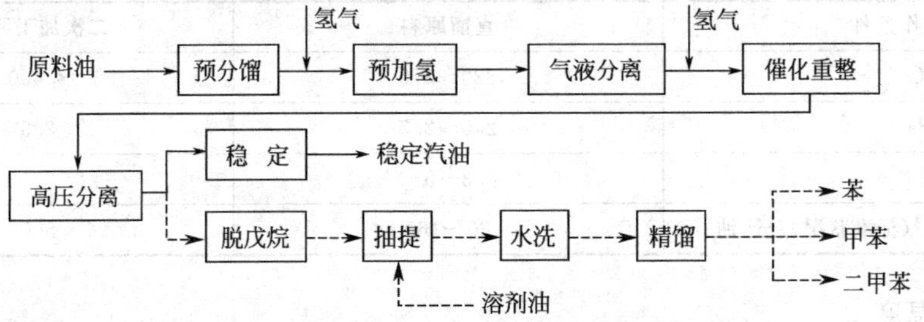

图 4-5　催化重整反应部分工艺流程方框图

催化重整（反应-再生部分）按催化剂再生方式可分为：固定床半再生、固定床循环再生和移动床连续再生三种类型。

1. 固定床半再生式催化重整（反应部分）**工艺流程**

催化重整反应器内的催化剂为固定床层，经过一定时间的运转后，由于催化剂活性下降而不能继续使用时，要将重整装置停下来，将催化剂就地进行再生处理。典型的铂重整工艺流程如图 4-6 所示。

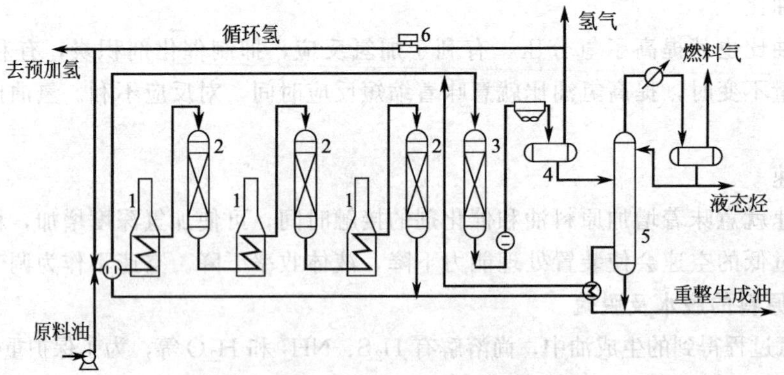

图 4-6　典型的铂重整工艺流程示意图

1—加热炉；2—重整反应器；3—后加氢反应器；4—高压分离器；5—稳定塔（或脱戊烷塔）；6—循环氢压缩机

经预处理后的精制原料油与循环氢混合，与循环氢混合并加热至 490～525℃后，在 1～2MPa 下，进入重整反应器进行反应。由于重整反应是强吸热反应，而反应器又近似于绝热操作，物料经过反应后温度会降低，为了维持较高的反应温度（500℃左右），以保持有较高的反应速率，一般重整反应器由 3～4 个串联，其间设有加热炉，不断地给反应系统补充热量，以避免温降过大。

将重整反应后的生成油送入后加氢反应器，其目的：一是将重整生成油中少量的烯烃加氢饱和，以获得含高辛烷值芳烃的稳定汽油（研究法辛烷值 90 以上）；二是有利于芳烃抽提操作和保证取得芳烃产品的酸洗颜色合格。后加氢所用的催化剂与预加氢一样，具体操作调节和工艺影响因素也相同，但重整催化剂再生是用氮气-空气法，而预加氢催化剂再生是采用空气-水蒸气法。

从后加氢反应器出来的生成油，经过换热和冷却后，送入高压分离器进行油气分离，分离出的富氢气体［85%～95%（体积分数）］经循环压缩机增压后大部分作为循环氢使用，少部分去预加氢。由高压分离器分离出的重整生成油进入稳定塔（或脱戊烷塔），分离出不凝气（裂化气）和液态烃（即液化气），塔底出合格的重整生成油（高辛烷值汽油）。

若以生产高辛烷值汽油为目的时，重整生成油从稳定塔底抽出冷却后送出装置，即为稳定汽油。

若以生产芳烃为目的时，重整生成油又经加热后，进入抽提塔中部进行液相抽取，塔顶用溶剂喷淋，形成油与溶剂的逆流接触，塔底抽出液进入水洗塔，水洗后送进精馏装置得到较纯净的芳烃产品；塔顶非芳烃进入水洗塔后，进入水分馏塔，脱水后得到的较纯净的非芳烃产品移出装置。

2. 固定床循环再生式催化重整（反应部分）**工艺流程**

该类型的工艺流程与固定床半再生式催化重整（反应部分）的相似，不同之处在于多设置了几个反应器，每一个反应器都可在不影响装置连续生产的情况下脱离反应系统进行催化剂再生，使重整反应能连续进行（工艺流程从略）。

3. 移动床连续再生式催化重整（反应部分）**工艺流程**

为了能始终保持催化剂的高活性，加之随炼厂加氢工艺的日益增加，需要连续地供应氢气，美国环球石油公司（UOP）和法国石油研究院（IFP）分别研究和发展了移动床反应器连续再生式重整（即连续重整）。主要特征是设有专门的再生器，反应器和再生器都是采用移动床，催化剂在反应器和再生器之间连续不断地进行循环反应和再生。连续重整（反应-再生）过程原则工艺流程图如图 4-7 所示。

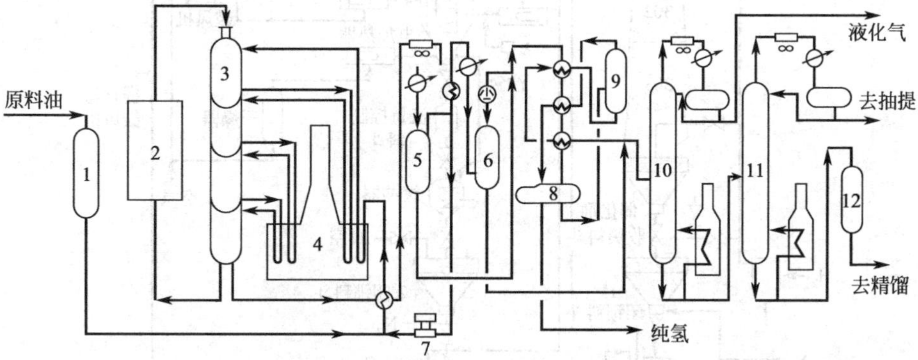

图 4-7　连续重整（反应-再生）过程原则工艺流程图

1—脱硫保护床；2—催化剂再生系统；3—重整反应器（由四台同轴重叠式径向反应器组成）；4—加热炉；5,9—分离罐；6—中间罐；7—循环氢压缩机；8—冷冻机；10—脱戊烷塔；11—脱庚烷塔；12—白土塔

在 IFP 连续重整（反应-再生）过程原则工艺流程（如图 4-8 所示）中，催化剂连续依

次流过串联的两个（或四个）移动床反应器，从最后一个反应器底部流出的待生催化剂含碳量约为5%～7%。待生催化剂依靠重力和氮气（N_2）提升输送到再生器进行再生。恢复活性的再生催化剂又通过氮气（N_2）提升输送到第一反应器进行周而复始的反应-再生操作过程。由于催化剂可以进行频繁的再生，可采用比较苛刻的反应条件，即0.35～0.8MPa低压、500～530℃高温和低氢油摩尔比（1.5～4）。其结果是更有利于烷烃的芳构化反应，重整生成油的辛烷值可高达100（研究法RON），液体收率和氢气产率高。

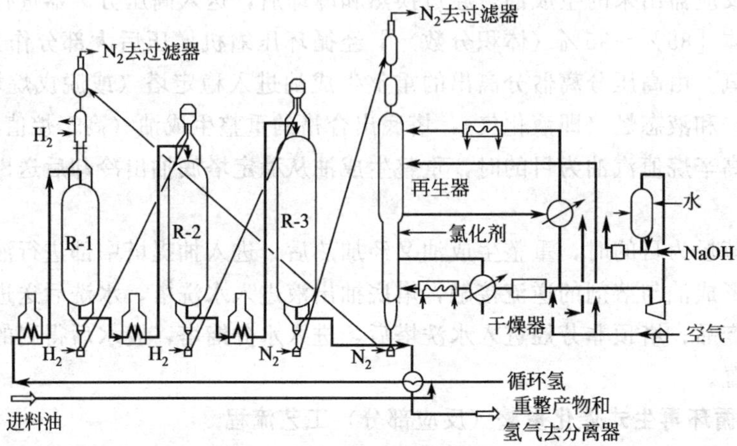

图4-8 法国IFP连续重整反应过程原则工艺流程图

如图4-9所示，为美国UOP连续重整再生部分工艺流程，催化重整反应器由三台同轴重置的轴向反应器组成。

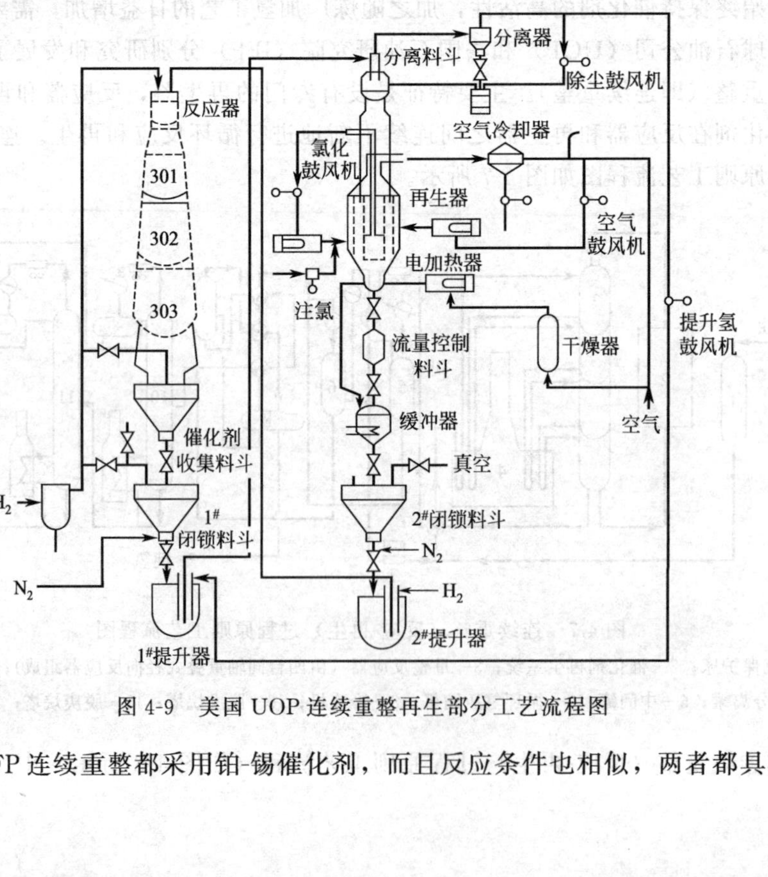

图4-9 美国UOP连续重整再生部分工艺流程图

UOP和IFP连续重整都采用铂-锡催化剂，而且反应条件也相似，两者都具有成熟的先进技术。从外观看：UOP 连续重整的三个反应器是叠置的，称为轴向重叠式连续重整工艺。催化剂依靠重力自上而下依次流过 301、302 和 303 反应器，从最后一个反应器（303）底部流出的待生催化剂用氮气提升到再生器的顶部。而 IFP 连续重整的三个反应器是并列串联，称为径向并列式连续重整工艺。催化剂在两个反应器之间是用氢气提升到下一个反应器的顶部。在具体的技术细节上，这两种技术也还有一些各自的特点。

任务9 了解重整反应系统的工艺操作指标

1. 反应温度

① 反应温度是重整过程中最重要、最灵敏的因素，反应温度高低说明反应深度的大小，提高反应温度，可加快反应速率，提高反应深度，提高重整转化率和辛烷值。反应温度是调节产品质量的主要手段。

② 反应温度的提高，也会带来一些副反应，如积炭的生成，使催化剂活性降低，裂解反应加剧，使液体收率下降，气体产量上升，氢纯度下降，因此在保证一定的重整转化率前提下，温度不宜过高。开工初期因催化活性较高，反应温度可选择较低。随着开工周期的延长，为了弥补催化剂活性下降，可以逐渐提高反应温度。

③ 在正常情况下，反应温度是一个控制反应效果最灵敏的唯一可调的参数，压力、空速、氢油比一般不作为调节手段。温度波动对重整转化率和催化剂寿命影响很大，所以要保证操作温度的平稳，其波动范围不超过±1℃。

④ 重整温度调节原则：先提量后提温，先降温后降量。

⑤ 影响反应温度的因素有：

a. 燃料气、燃料油压力流量波动；

b. 进料量或循环氢量的波动；

c. 系统压力波动。

2. 反应压力

反应压力的高低对重整反应影响很大，压力高，不利于重整反应，会降低转化率，同时增大动力消耗；压力太低，催化剂床层容易结焦，降低催化剂活性和使用寿命。影响重整压力波动的因素有：

① 重整反应温度的变化。

② 原料性质的变化。

③ 压缩机故障。

④ 混合氢量发生波动。

⑤ 重整气液分离罐压力控制后路不畅。

3. 空速

空速的大小会影响产品的质量。较高的空速，产品的质量较低或反应较慢，提高反应温度可弥补高空速的影响，但又会引起副反应而降低催化剂的选择性；低空速有利于加氢裂化反应，但空速太低会产生副反应而使重整液体收率大幅度降低。

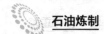

在正常操作中，如需增加空速和反应温度时，必须先增加空速，后提高温度；相反，如要降低空速和反应温度时，必须先降低温度，后降低空速。如不这样做，将会发生严重的加氢裂化，催化剂很快结焦，并消耗大量氢气。一般实际进料空速不小于设计值的一半，更不要使空速小于 $8h^{-1}$。空速不作为调节手段。

4. 氢油比

氢油比的大小可以控制催化剂上的积炭和影响催化剂的稳定性。一般氢油比＞7（摩尔比）。氢油比过大，不利于重整反应，且增加能耗；氢油比太低，催化剂容易结焦，加速催化剂失活。

（1）氢油比下降的原因

① 裂解反应加剧，循环氢纯度下降；

② 系统压力降增大，循环机入口压力降低，因而压缩机排气量减少；

③ 循环氢压缩机机械故障，排气量减少；

④ 循环氢流量表指示偏高。

（2）调节氢油比的方法

① 在循环氢不变的情况下，降低重整进料和操作温度；

② 调整重整系统注氯量，降低裂化反应；

③ 在允许的范围内，适当提高重整气液分离罐压力；

④ 消除压缩机故障；

⑤ 校验循环氢流量表。

任务10
了解催化重整的几个主要设备

催化重整装置（反应部分）的主要设备有重整反应器、加热炉、再生器、换热器和泵等，其中重整加热炉和反应器是催化重整装置中的关键设备。反应器是催化重整过程的核心设备。

1. 重整反应器

重整反应器按设备平面布置分为并列式和重置式；按反应器的选材可以分为冷壁式和热壁式反应器；按催化剂的运动方式可分为固定床和非固定床；按物料在反应器的流向可分为轴向和径向两种结构形式，两者主要区别在于气体的流动方式不同和床层压降不同。

（1）轴向反应器

如图 4-10 所示，为下流式轴向圆筒形固定床反应器。壳体内衬为耐火水泥层，里面还有一层合金钢衬里，衬里的作用在于防止高温氢气对碳钢壳体的腐蚀，水泥层兼有保温和降低外壳壁温的作用。油气进入反应器时通过一个分配头，使原料气均匀分布于整个床层截面。油气出口集合管上有钢丝网，防止催化剂粉末被带入后路设备或管线中。

反应器中部装催化剂，床层上下装有惰性瓷球，以防止操作波动时床层催化剂跳动而引起催化剂破碎，同时也有利于气流均匀分布。

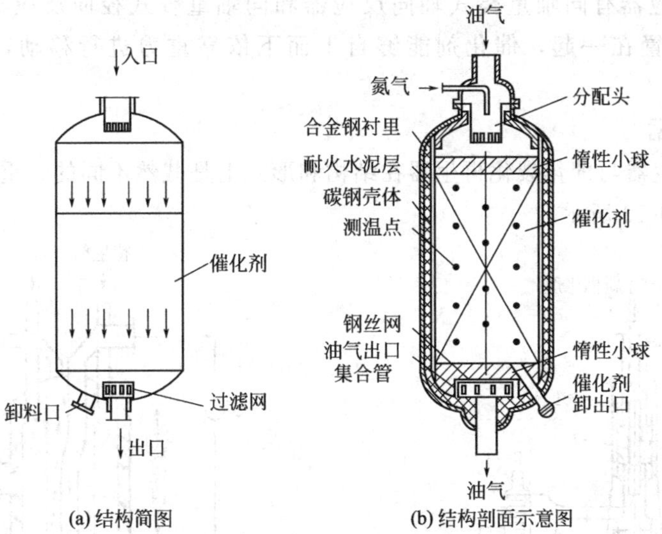

图 4-10　下流式轴向圆筒形固定床反应器

轴向反应器结构简单，操作和维修方便，但催化剂床层厚，物料通过时阻力（或压力降）比较大。

（2）径向反应器

如图 4-11 所示，为一种新型的重整反应器——径向圆筒形固定床反应器。与轴向反应器相比，突出的特点是气流进出比较均匀，床层的阻力较小，床层在反应过程中温度分布均匀，反应也很充分，这主要是由于气流以较低的流速沿径向通过较薄的催化剂床层。其缺点是结构复杂，维修较困难。反应原料油气从顶部进入，经分布器后进入沿壳壁布满的扇形筒内，从扇形筒的小孔出来沿径向通过催化剂床层，反应产物从中心管的许多小孔进入中心管，然后从中心管下部导出。径向反应器应用于铂铼等双金属和多金属重整是很有利的，但不适用于小尺寸的反应器。

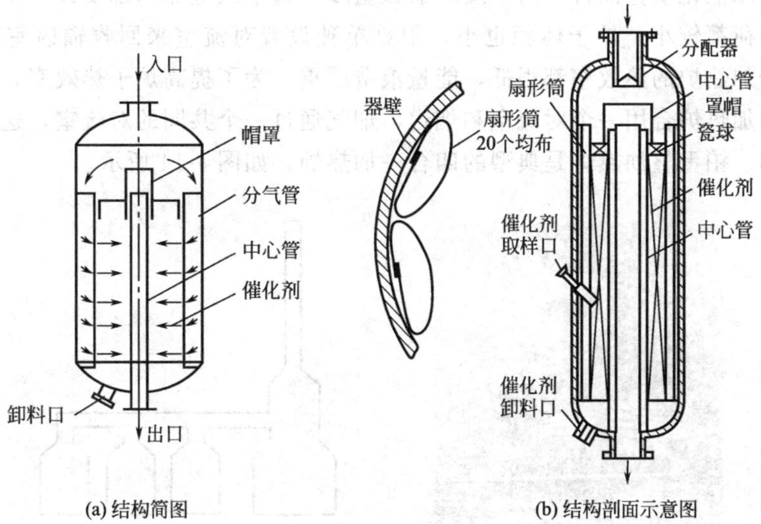

图 4-11　径向反应器

（3）非固定床反应器

非固定床反应器有同轴重叠式轴向反应器和同轴重叠式径向反应器两种。好似将三个反应器同轴重置在一起，催化剂能够自上而下依靠重力进行移动，其结构如图 4-12 所示。

2. 重整再生器

催化重整再生器与催化裂化再生器在结构和形式上是截然不同的，重整再生器采用径向式，其结构如图 4-13 所示。

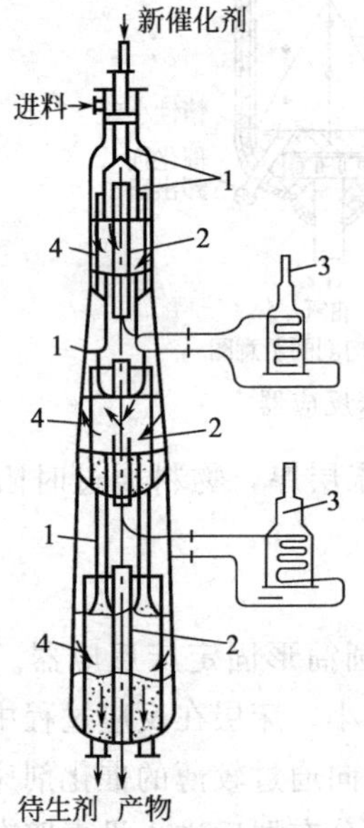

图 4-12　同轴重叠式轴向反应器简图

1—催化剂分配器；2—径向筛网；3—加热炉；4—反应器

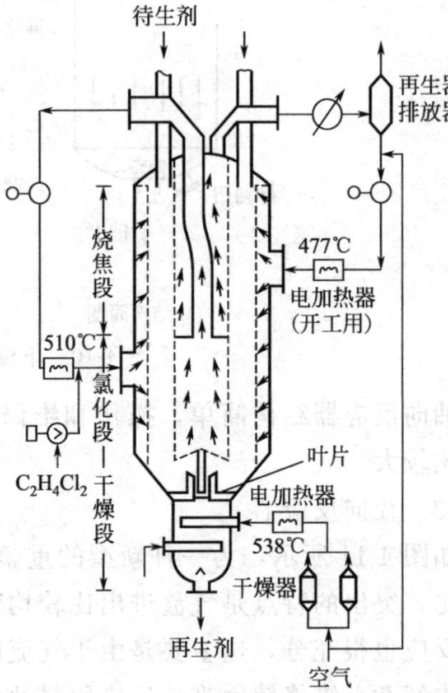

图 4-13　连续重整装置再生器简图

3. 重整加热炉

对于固定床催化重整而言，由于反应器数量多，每个反应器前都要设一个加热炉，而这些加热炉热负荷都较小，炉子体积也小，很难单独设置对流室来回收辐射室高温烟气的热量，造成每个加热炉的热效率都很低，能量浪费严重。为了提高炉子热效率，节约能量，将三或四台重整加热炉合用一个对流室和烟道，烟气通过一个共同的对流室，这样就提高了加热炉的热效率。铂重整加热炉是典型的四合一加热炉，如图 4-14 所示。

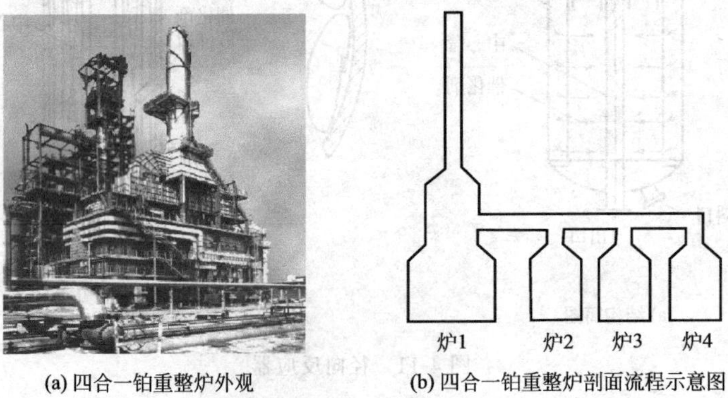

(a) 四合一铂重整炉外观　　(b) 四合一铂重整炉剖面流程示意图

图 4-14　某炼厂铂重整加热炉

任务11 了解催化重整系统的基本操作与维护基本要点

催化重整过程的操作原则是：保证催化剂不发生中毒，降低催化剂上积炭的速率；严禁超温烧坏催化剂；压力变化速率要缓慢，以免导致催化剂破碎。

1. 正常开车操作（连续再生重整）

① 开车前的大检查、吹扫、气密、试压合格；

② 各种物料的准备，三剂装完毕，系统工程畅通；

③ 重整临氢系统氮气置换、氢气置换、缓慢充压至重整操作压力；

④ 启动氢气循环压缩机；

⑤ 重整加热炉点火升温后，待投油；

⑥ 打通稳定等系统的流程，进料投油；

⑦ 系统升温，调整操作；

⑧ 再生系统的开车。

2. 正常操作

分别调节温度、压力、氢油比、空速等参数。

3. 正常停车操作

① 停车准备工作；

② 再生系统的停车；

③ 重整反应系统降温，停进料；

④ 以最大循环氢气量带油出反应器；

⑤ 停相关油系统；

⑥ 停加热炉和循环压缩机、增压机、机泵等。

4. 在操作中应注意，防止事故发生

见项目三任务21中4。

5. 重整反应操作中不正常现象及处理方法

（1）催化剂中毒

现　　象	① 反应器温度一反至四反逐个下降 ② 生成油辛烷值迅速下降 ③ 循环氢纯度下降，产氢量下降 ④ 稳定塔操作不正常
可能原因	① 原料杂质含量太高 ② 预加氢反应温度低 ③ 蒸发塔操作不正常
处理原则	① 加强原料的杂质分析，杜绝高砷、高硫原料进入 ② 提高预加氢反应深度 ③ 稳定蒸发塔的操作 ④ 硫中毒严重时，应停进料，采用热氢循环置换出催化剂中的硫

(2) 催化剂积炭增多

事故现象	① 在原料及操作条件不变的情况下，生成油辛烷值降低 ② 反应温降减小，一反尤为明显 ③ 产氢量减少，循环氢纯度下降 ④ 压降增大
可能原因	① 反应温度超高或大幅度波动 ② 空速过低 ③ 反应压力下降，氢油比低 ④ 重整原料干点增高或烯烃含量高 ⑤ 重整原料油硫、氮、水等杂质含量高
处理原则	① 操作中控制好合适的温度、压力，避免大幅度波动，掌握好提降温度原则 ② 空速控制不低于设计值的60%，保证一定的氢油比 ③ 原料油干点不宜太高 ④ 控制好水氯平衡 ⑤ 加强预加氢和蒸发塔的操作，提高精油质量

(3) 裂化反应加剧

事故现象	① 反应总温降减小 ② 重整生成油液体收率降低 ③ 循环氢纯度下降 ④ 生成油中芳烃含量下降，同时辛烷值下降 ⑤ 稳定塔顶气增加
可能原因	① 原料硫含量高 ② 空速过低 ③ 温度过高或大幅度波动 ④ 氢油比减少 ⑤ 催化剂氯含量高
处理原则	① 加强预加氢操作，提高蒸发塔塔底温度 ② 提高重整进料量 ③ 搞好加热炉操作，平稳温度 ④ 增加循环机排气量 ⑤ 减少注氯量

(4) 产品辛烷值低

可能原因	① 反应温度低 ② 重整压力过高 ③ 催化剂活性下降 ④ 原料油芳烃潜含量低 ⑤ 催化剂氯含量低 ⑥ 立式换热器内漏
处理原则	① 提高反应温度 ② 降低重整压力 ③ 检查进料杂质是否超标，核算氢油比是否偏低，检查其他参数是否波动，对症处理 ④ 调整重整操作条件 ⑤ 加大注氯量 ⑥ 停工检修

任务12 了解重整反应器的基本操作与维护基本要点

1. 正常开车操作（固定床半再生式）

① 开车准备工作；

② 反应器升温；

③ 反应器加压；

④ 反应器进料、提量；

⑤ 调整操作；

⑥ 催化剂半再生式操作。

2. 正常维护

坚持进行闭灯检查反应器的密封性能。

3. 正常停车操作

① 停车准备工作；

② 反应器降温降量；

③ 油的置换和浸泡；

④ 停进料、注水；

⑤ 反应器降压；

⑥ 反应器降温。

4. 生产操作安全注意事项

见项目三任务 21 中 4。

任务13 了解催化重整加热炉的基本操作与维护基本要点

1. 正常烘炉操作

① 烘炉前，贯通蒸汽防止炉管干烧；

② 严格按升温曲线升温，防止温度突升突降。

2. 正常开炉操作

① 全面检查，确保工艺流程畅通、设备及零部件完好齐全；

② 蒸汽贯通加热炉所属工艺管线、设备；

③ 设备试压；

④ 改流程。

3. 加热炉点火操作

① 点火前先炉膛吹蒸汽至烟囱冒水蒸气，点气嘴时，打开风门，停吹扫蒸汽；点油嘴时，先开雾化蒸汽，后开油；

② 逐个点燃火嘴。

4. 正常停炉操作

按降温降量要求，逐渐停烧火嘴后，全开烟道挡板及风门，自然降温。

5. 操作时要注意安全

见项目三任务21中4。

任务14
了解芳烃抽提工艺流程

1. 芳烃抽提原理

芳烃抽提，也称为芳烃萃取。催化重整生成油经脱戊烷等低分子烃类后，含有芳烃（B）30%～60%（质量分数，下同），其余的40%～70%为烷烃和环烷烃等非芳烃（A）。选用一种极易溶解芳烃，而又不太能溶解非芳烃的溶剂（S）（即抽提剂或萃取剂），将其加入重整生成油（A+B）中，经搅拌、静置就可形成两个密度不同的液相，一相富含芳烃，称为抽提相（B+S、A）；另一相主要为非芳烃，还含有少量的芳烃和抽提剂，称抽余相（A、S、B）。抽提或萃取过程可采用间歇式多次抽提，也可采用连续抽提法。我国都是采用连续抽提法。该法的优点是生产连续化，产品质量好。抽提原理如图4-15所示。

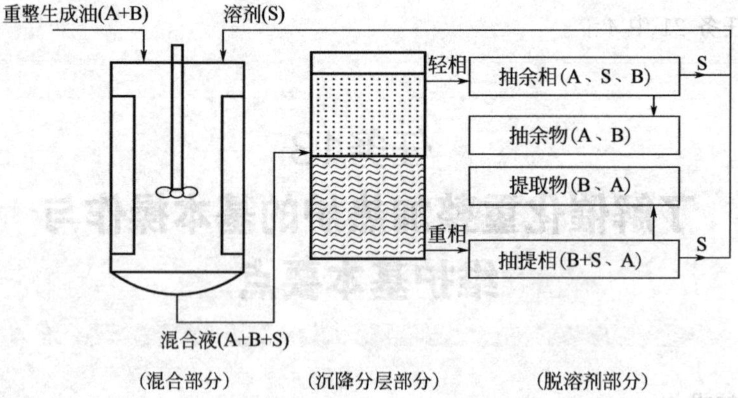

图4-15　芳烃抽提操作示意图

2. 芳烃抽提的溶剂

作为芳烃抽提的溶剂，应具备以下条件：

① 具有较高的溶解选择性，即对芳烃的溶解能力大，对非芳烃的溶解能力小；

② 与原料油的密度差大，便于分离；

③ 与芳烃有足够的沸点差，便于溶剂与芳烃分离，并能回收循环使用；

④ 热稳定性及化学稳定性好，以防止溶剂变质和过多消耗；

⑤ 容易回收，回收费用低；

⑥ 抗氧化安定性好，毒性及腐蚀性小，价廉易得。

工业生产中芳烃抽提常用的溶剂见表4-8。

表4-8　工业生产中芳烃抽提常用的溶剂

溶剂名称	结构式	沸点/℃	芳烃回收率(质量分数)/%		
			苯	甲苯	二甲苯
二乙二醇醚	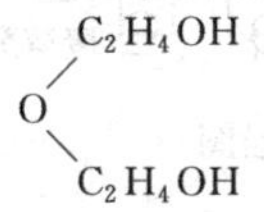 $O \overset{C_2H_4OH}{\underset{C_2H_4OH}{<}}$	245	约100	99	85
四乙二醇醚	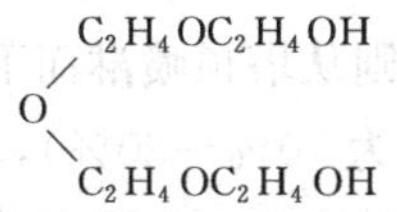 $O \overset{C_2H_4OC_2H_4OH}{\underset{C_2H_4OC_2H_4OH}{<}}$	约320	99.9	99.5	97
环丁砜	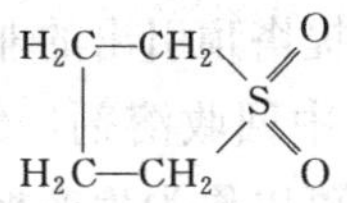 $\begin{array}{c} H_2C-CH_2 \\ H_2C-CH_2 \end{array} S \overset{O}{\underset{O}{<}}$	285	99	99	96
N-甲基吡咯烷酮	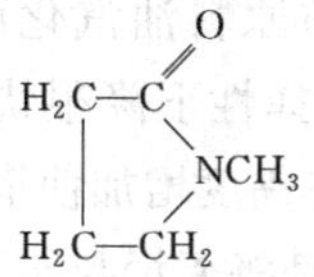 $\begin{array}{c} H_2C-C=O \\ H_2C-CH_2 \end{array} NCH_3$	202	99.9	99	95
二甲基亚砜	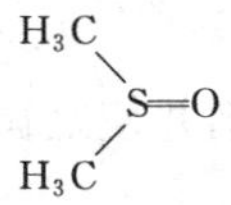 $\begin{array}{c} H_3C \\ H_3C \end{array} S=O$	189	100	99	95
N-甲酰基吗啉	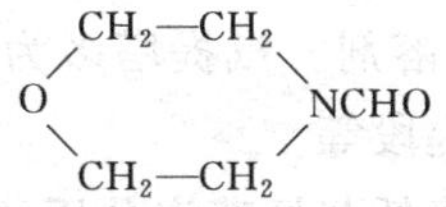 $O \begin{array}{c} CH_2-CH_2 \\ CH_2-CH_2 \end{array} NCHO$	244	100	99	95～97

工业用芳烃抽提剂对芳烃的溶解能力由高至低的排序为：

N-甲基吡咯烷酮、四乙二醇醚＞环丁砜、N-甲酰基吗啉＞二甲基亚砜、三乙二醇醚＞二乙二醇醚

以环丁砜和二甲基亚砜的选择性最好，三乙二醇醚和N-甲酰基吗啉次之，N-甲基吡咯烷酮最差。此外，环丁砜还具有密度大、沸点高、比热容小的优点。因此，在众多工业用抽提剂中，数环丁砜最好，其次是N-甲酰基吗啉和四乙二醇醚。

在芳烃抽提中，对于不同族的烃类，在溶剂中溶解度由易到难的排序为：

芳烃＞烯烃、环烷烃＞烷烃

对于同族烃类，在溶剂中溶解度由易到难的排序为：

苯＞甲苯＞二甲苯＞重芳烃＞轻质烷烃＞重质烷烃

3. 芳烃抽提工艺流程

催化重整装置中的芳烃抽提工艺流程一般由三个部分组成，即芳烃抽提、溶剂回收和溶

剂再生等。溶剂采用二乙二醇醚或四乙二醇醚抽提装置的工艺流程如图 4-16 所示。

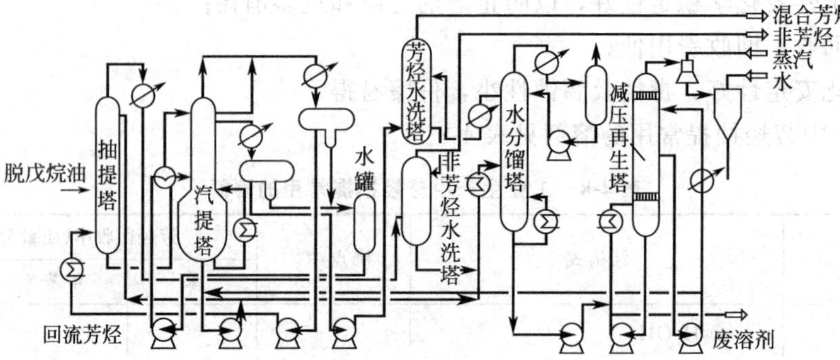

图 4-16 催化重整装置芳烃抽提工艺流程图

(1) 芳烃抽提部分

重整生成油（即脱戊烷油）从抽提塔中部进入，溶剂则从塔顶喷淋而下与重整生成油充分接触，在塔内形成逆流抽提。由汽提塔抽出的芳烃（纯度为 70%～80%），经换热后从抽提塔下部注入作为回流，以提高产品纯度。富含芳烃的溶剂（重液相）沉降在抽提塔底部，称为抽提相。抽提相由抽提塔底流出，经换热后进入汽提塔。从抽提塔顶引出的非芳烃油料，称为抽余相。抽余相自塔顶流出，经冷却后进入水洗塔，在水洗塔中回收溶剂，然后从塔顶出装置。水洗后的非芳烃油料可用作车用汽油或催化裂化原料油，亦可以作为生产橡胶溶剂油的原料。

通常抽提塔内操作压力必须保持在 0.6～1.0MPa，以防原料油汽化而破坏抽提塔液-液传质过程。操作温度维持在 120～150℃，温度过高溶剂的选择性下降很快，同时还会引起溶剂分解；而温度过低，不仅需要较大的溶剂比，而且由于液体黏度增加使塔板效率降低。适宜的溶剂比为 12～17，回流比为 1.1～1.4。抽提塔的目的，就是将芳烃与非芳烃进行分离。

(2) 溶剂回收部分

这部分的任务：一是从提取液中分离出芳烃；二是回收溶剂并使之循环使用。主要设备有汽提塔、水洗塔和水分馏塔等。

① 汽提塔。汽提塔的主要任务是回收提取液中的溶剂。汽提塔多为浮阀塔板，全塔分为三个段，即塔顶闪蒸段、上部抽提蒸馏段和下部汽提段等。

为了避免溶剂分解，在汽提段引入汽提蒸汽，以降低芳烃蒸汽分压，使芳烃能在较低温度（约 150℃）下全部蒸出。同时为了减少溶剂损失，汽提水蒸气是循环使用的，一般用量是汽提塔进料量的 3%左右。

从抽提塔底引出的提取液（富含芳烃的溶剂），经换热降温和节流阀降压后，进入汽提塔顶部的闪蒸段进行闪蒸。从汽提塔顶蒸出的芳烃蒸汽经冷凝后，进入回流芳烃罐与汽提水分离后，抽出芳烃经换热，返回抽提塔下部作为回流。回流芳烃的目的是将抽提塔底部溶剂中所含非芳烃蒸出，以保证芳烃的质量。

从汽提塔中部引出的芳烃蒸汽，经冷凝后进入芳烃罐，与水分离后的芳烃，送入水洗塔洗去溶剂达到合格后送入芳烃储罐或芳烃精馏装置。汽提塔的底部设有再沸器供热，塔底温度控制在 150℃左右。

从芳烃罐分离出的水，一部分去非芳烃水洗塔顶洗涤非芳烃和用作汽提塔中段回流，另一部分与回流芳烃罐分出的水混合进入汽提水罐，然后用泵抽出与汽提塔顶回流芳烃换热汽化后进入汽提塔下部作汽提蒸汽。

由汽提塔底引出的一部分溶剂经再沸器加热后返回汽提塔，另一部分溶剂用泵打入抽提塔上部进行循环使用。

② 水洗塔。水洗塔的作用是用水洗去（或溶解掉）芳烃或非芳烃中的溶剂，以减少溶剂的损失。有两个水洗塔，即芳烃水洗塔和非芳烃水洗塔。在水洗塔中，水是连续相，芳烃或非芳烃是分散相。经水洗后的芳烃或非芳烃分别从水洗塔顶出装置。水洗塔多为筛板塔板。操作压力为 0.35～0.5MPa。

芳烃水洗塔的洗涤水用量一般约为芳烃进料量的 30%，洗涤水采用循环使用，如图 4-17 所示。

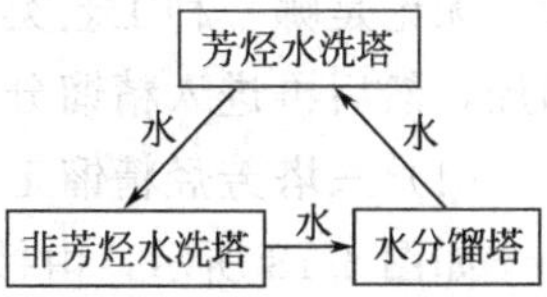

图 4-17 芳烃抽提洗涤水循环路线示意图

③ 水分馏塔。水分馏塔的作用是回收洗涤水中的溶剂，并能得到干净水供循环使用，以及减轻溶剂再生塔的负荷。将水洗塔底出来含溶剂的水与汽提塔底出来的一部分贫溶剂，一并送入水分馏塔进行提浓。水分馏塔在常压下操作，塔顶采用全回流，以便使夹带的轻油排出。水从塔的上部侧线抽出送往芳烃水洗塔作为洗涤水之用。国内的水分馏塔多采用圆形泡罩塔板。

水分馏塔顶温度≤90℃，塔底温度≥150℃。若塔底温度低，会影响溶剂再生系统减压塔的操作，但也不能>164℃，以防溶剂分解。

(3) 溶剂再生部分

由于溶剂在使用过程中，因高温及氧化会生成大分子的叠合物和有机酸，导致堵塞和腐蚀设备及管路，同时也降低了溶剂的使用性能。为了保证溶剂的质量，除了定期往溶剂系统中加入乙醇胺以中和生成的有机酸，控制溶剂的 pH 值在 7.5～8.0，需从循环溶剂中引出一部分溶剂送入溶剂再生塔进行减压再生，再生后的溶剂循环使用，定期从溶剂再生塔底排出部分重组分。

任务15
了解芳烃精馏工艺流程

1. 芳烃精馏的依据

来自芳烃抽提工序的芳烃是一混合物，其中包括苯、甲苯、混合二甲苯和重芳烃等，为了获得各种单体芳烃，需要将混合芳烃进行分离。芳烃精馏是利用混合芳烃中各单体芳烃沸点的差异得以分离。我国某炼厂芳烃精馏装置如图 4-3 所示。各单体芳烃的部分物理和化学性质见表 4-9。

表 4-9 各单体芳烃的部分物理和化学性质

各单体芳烃名称	20℃相对密度	沸点/℃	折射率	熔点/℃
苯	0.880	80.1	1.5011	5.5
甲苯	0.867	110.6	1.4969	−95
邻二甲苯	0.880	144.4	1.5055	−25.2
对二甲苯	0.864	139.1	1.4972	−47.9
间二甲苯	0.861	138.35	1.4958	13.3
乙基苯	0.867	136.2	1.4983	−94.9

2. 芳烃精馏工艺流程

欲分离出的单体芳烃数目越多，芳烃精馏流程就越复杂。目前，我国芳烃精馏常用的工艺流程有两种类型：一种是三塔流程，用来生产苯、甲苯、混合二甲苯和重芳烃；另一种是五塔流程，用来生产苯、甲苯、邻二甲苯、间和对二甲苯、乙基苯和重芳烃。

无论是哪一种工艺类型，在混合芳烃分离前，必须先经过白土处理，以除去微量的不饱和烃，然后再进入精馏分离系统。

(1) 三塔芳烃精馏工艺流程

如图 4-18 所示，由抽提部分来的混合芳烃经换热和加热后进入白土塔，用白土吸附法除去其中的不饱和烃，由白土塔底出来的混合芳烃与进料换热后进入苯塔。由于苯塔塔顶产物中含有少量轻质非芳烃，因此塔顶产物冷凝后进入回流罐，塔顶采用全回流。通常从苯塔上部侧线将苯抽出，经冷却送出装置。苯塔塔底设有再沸器加热，从苯塔塔底流出的物料依次进入甲苯塔和二甲苯塔，各塔底均设有再沸器加热。甲苯从甲苯塔顶抽出，二甲苯从二甲苯塔顶抽出，重芳烃从二甲苯塔底抽出。

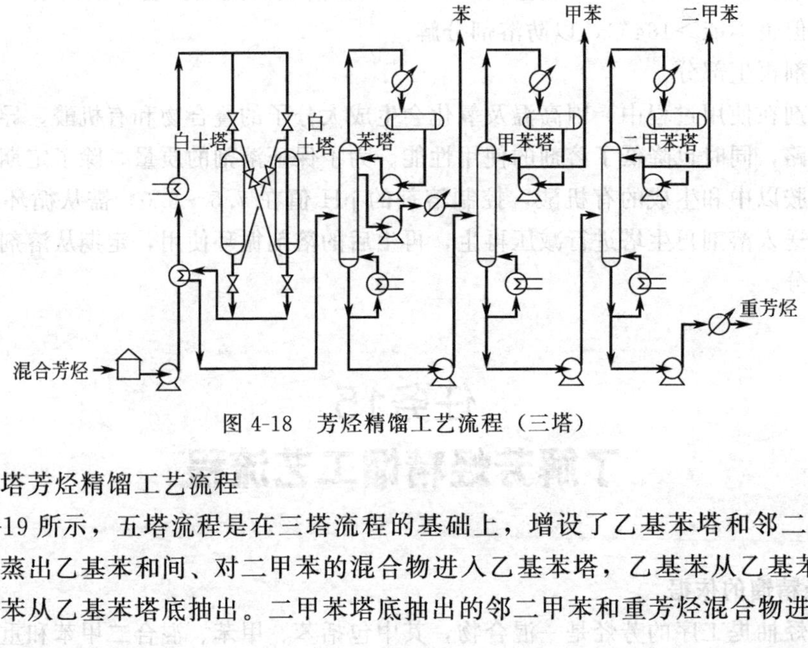

图 4-18　芳烃精馏工艺流程（三塔）

(2) 五塔芳烃精馏工艺流程

如图 4-19 所示，五塔流程是在三塔流程的基础上，增设了乙基苯塔和邻二甲苯塔。由二甲苯塔顶蒸出乙基苯和间、对二甲苯的混合物进入乙基苯塔，乙基苯从乙基苯塔顶抽出，间和对二甲苯从乙基苯塔底抽出。二甲苯塔底抽出的邻二甲苯和重芳烃混合物进入邻二甲苯

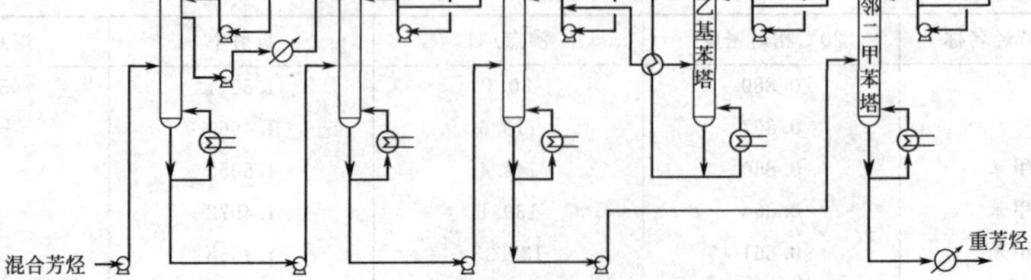

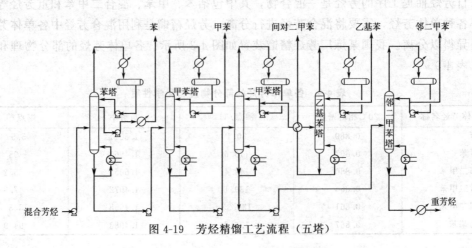

图 4-19　芳烃精馏工艺流程（五塔）

塔，从邻二甲苯塔顶蒸出邻二甲苯，重芳烃从邻二甲苯塔底抽出。

芳烃精馏过程各塔均应维持特定的操作条件，见表 4-10。

表 4-10 芳烃精馏操作条件

操作条件	苯塔	甲苯塔	二甲苯塔	邻二甲苯塔	乙苯塔
塔顶压力/MPa	0.02	0.02	0.02		
塔顶温度/℃	81～82	115～117	140～145	137～139	137～138
塔底温度/℃	130～135	155～160	175～180	168～170	163～164
塔板数/块	44	50	40	100～150	300～350
回流比	6～8	3～5	2～3	7～8	4～10

从表 4-9 和表 4-10 中得知：C_8 以上的芳烃中，由于沸点差较小，采用精馏法分离时所需塔板数太多，可采用超精馏的方法分离出邻二甲苯和乙基苯，纯度可达到 97%～99%。而间位和对位二甲苯沸点差更小，不足 1℃，很难用精馏方法分离，在工业上用得较多者是模拟移动床法，该法利用吸附剂（常用 Y 型分子筛）和解吸剂（常用甲苯或二乙基苯）在自动控制的移动床内，连续地将对二甲苯先吸附后解吸，最后与间二甲苯分离。此外，大型工业化的分离方法还有深冷结晶分离法和络合分离法。

3. 芳烃精馏的特点

与一般的石油蒸馏相比较，芳烃精馏有它的特点：

① 产品纯度要求高，其纯度在 99.9% 以上，同时馏分窄，如苯、甲苯的馏分在 0.6～0.9℃。

② 精馏塔塔顶和塔底产品要求同时达到合格。在芳烃精馏中，一个塔只能出一个产品，不允许有重叠，否则会产生塔顶产品不合格，或者下一个塔的塔顶产品不合格。

③ 芳烃蒸馏出来的产品不能混兑、调和。

④ 精馏塔顶温度的变化幅度≤0.02℃，因此采用温差控制的方法控制产品质量。

任务16
了解芳烃抽提和精馏系统的基本操作和维护基本要点

1. 正常开车操作

① 开车前准备工作；

② 贯通对预处理、抽提、精馏、加氢系统循环流程；

③ 用蒸汽贯通各系统；

④ 完成加氢系统试压、预热等操作；

⑤ 调节好火嘴，保持合适的炉温、炉膛负压、烟气氧含量；

⑥ 完成开路、闭路循环操作；

⑦ 完成点炉操作；

⑧ 建立预处理循环、抽提溶剂小循环、水循环开工；

⑨ 投用高速泵及屏蔽泵。

⑩ 调节溶剂小循环，并建立水循环；

⑪ 建立溶剂大循环，完成抽提进料的调整；

⑫ 按升温曲线要求控制好热载体脱水的升温速度；

⑬ 建立预处理系统、精馏、加氢系统开工循环并调整其操作；

⑭ 投用高速泵并使其正常运行；

⑮ 按质量控制指标要求调整相应的工艺参数，完成产品质量的调节。

2. 正常停车操作

① 使用装置配备的各类安全防护器材；

② 加热炉降温和熄灭火嘴的操作；

③ 配合完成装卸白土及催化剂操作；

④ 完成流程切换、退油及吹扫操作；

⑤ 按要求完成降温降量操作；

⑥ 停用加热炉；

⑦ 通过常规仪表、DCS操作站控制停工速度；

⑧ 切断抽提进料；

⑨ 进行退油、吹扫工作；

⑩ 按停工方案的进度要求组织协调好各系统的停工操作；

⑪ 组织完成装置停工吹扫工作；

⑫ 组织完成装置停工退溶剂操作。

3. 操作时要注意安全

见项目三任务21中4。

技能训练建议 **加热炉仿真操作实训**

● 技能目标

(1) 熟悉管式加热炉受火和传热方式、加热的流体的性质、所用燃料、管式加热炉的构成和工作原理；

(2) 掌握管式加热炉的开、停车及正常操作，能处理常见事故。

● 实训准备

(1) 预习并掌握仿真软件界面的操作方法及各个控制点的作用识别和应用；

(2) 熟悉管式加热炉工艺操作规程；

(3) 了解管式加热炉所用介质、燃料和安全事项；

(4) 熟悉仿真软件中控制组画面、手操器组画面、指示仪组画面的内容及调节方法。

● 实训操作

(1) 冷态开车操作

①开车前的准备；②点火准备工作；③燃料气准备；④点火操作；⑤升温操作；⑥引工艺物料；⑦启动燃料油系统；⑧调整至正常。

(2) 停车操作

①停车准备；②降量；③降温及停燃料油系统；④停燃料气及工艺物料；⑤炉膛

吹扫。

(3) 事故设置

①燃料油火嘴堵；②燃料气压力低；③炉管破裂；④燃料气调节阀卡；⑤燃料气带液；⑥燃料油带水；⑦雾化蒸气压力低；⑧燃料油泵A停。

细心观察事故现象，分析事故原因，快速准确排除故障。

根据操作评价系统提示，反复训练。

◆ **分析与思考**

1. 工业炉的类型有哪些？按热源可分为几类？
2. 油气混合加热炉的主要结构是什么？开/停车时应注意哪些问题？
3. 加热炉在点火前为什么要对炉膛进行蒸汽吹扫？
4. 加热炉点火时为什么要先点燃点火棒，再依次开长明线阀和燃料气阀？
5. 在点火失败后，应做些什么工作？为什么？
6. 加热炉在升温过程中为什么要烘炉？升温速度应如何控制？
7. 加热炉在升温过程中，什么时候引入工艺物料？为什么？
8. 在点燃燃油火嘴时应做哪些准备工作？
9. 雾化蒸气量过大或过小，对燃烧有什么影响？应如何处理？
10. 烟道气出口氧气含量为什么要保持在一定范围？过高或过低意味着什么？
11. 加热过程中风门和烟道挡板的开度大小对炉膛负压和烟道气出口氧气含量有什么影响？

项目小结

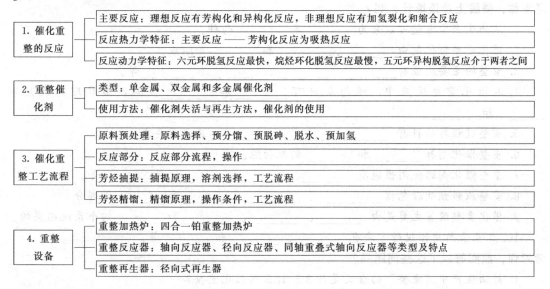

1. 催化重整的反应	主要反应：理想反应有芳构化和异构化反应，非理想反应有加氢裂化和缩合反应
	反应热力学特征：主要反应——芳构化反应为吸热反应
	反应动力学特征：六元环脱氢反应最快，烷烃环化脱氢反应最慢，五元环异构脱氢反应介于两者之间
2. 重整催化剂	类型：单金属、双金属和多金属催化剂
	使用方法：催化剂失活与再生方法，催化剂的使用
3. 催化重整工艺流程	原料预处理：原料选择、预分馏、预脱砷、脱水、预加氢
	反应部分：反应部分流程，操作
	芳烃抽提：抽提原理，溶剂选择，工艺流程
	芳烃精馏：精馏原理，操作条件，工艺流程
4. 重整设备	重整加热炉：四合一铂重整加热炉
	重整反应器：轴向反应器、径向反应器、同轴重叠式轴向反应器等类型及特点
	重整再生器：径向式再生器

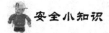

安全小知识　　**什么是煤气中毒？**

每到寒冷的冬季或冷气团来袭时，“煤气中毒”事件就频传，憾事也一件件地被媒体报道着，可是“煤气”有着难闻的臭味，人们避之为唯恐不及，怎么还会搞到中毒的地步呢？到底什么是“煤气中毒”呢？“煤气中毒”其实是民众的一种误称，媒体所报道的“煤气中毒”严格讲起来应该叫做“一氧化碳中毒”。

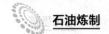

“煤气中毒”和“一氧化碳中毒”是两种完全不同形态的中毒名词，“煤气中毒”其实是不太可能发生的，因为不论是液化天然气或液化石油气，都已经依照法令添加臭剂，使得原本无色、无味的气体变得很难闻，其目的就是在示警，只要一有煤气外泄时，民众自然会察觉而有所防范，除非是在完全密闭的空间氧气被用完，否则“煤气中毒”几乎是不会发生的。

“一氧化碳中毒”简单来说是指在不通风的环境下，任何燃烧不完全而产生有毒气体一氧化碳的堆积，人们在不知情的情况下吸入体内的意外事故。“一氧化碳中毒”的发生多数是民众使用热水器或煤气炉不当所引起的，而且发生的季节几乎都是在冬季，这是为什么呢？

首先我们必须知道，热水器或煤气炉在使用时，煤气的燃烧并非那么完全，尤其在氧气不足的情况下更加严重，冬季时因为气温低，在怕冷的前提下窗户都会紧闭，室内空气不流通，很容易就会产生氧气不足、一氧化碳堆积的情形；如果热水器或煤气炉又都装在室内的话，就更是雪上加霜。

因为一氧化碳本身无色、无味，但它却有剧毒，当室内的一氧化碳开始堆积时，人们并不会有太明显的感觉，可一氧化碳吸入人体后会使红细胞的携氧能力丧失，进而出现头痛、恶心、晕眩等情形，严重者甚至意识不清、昏睡而死亡，所以它又被称为无声无息的致命隐形杀手，这也就是为什么一到冬季或是寒流来袭时，“煤气中毒”或“一氧化碳中毒”事件会频传的原因。

自测与练习

考考你，横线上应该填什么呢？

1. 炼油生产中重整可以分为________和________两种。
2. 催化重整催化剂由________、________和________等组成。
3. 重整的主要反应有________、________、________和________等。
4. 在催化重整反应中，理想反应有________和________反应，而非理想反应有________和________。
5. 重整过程对原料有________、________、________三方面要求。
6. 重整催化剂有________和________的双功能。
7. 重整催化剂的使用性能有________、________、________和________等。
8. 重整原料预处理包括________、________、________和________等部分。
9. 催化重整装置主要是由________、________、________和________四个系统组成的。
10. 工业上所用预脱砷方法有________、________和________等。

考考你，能回答以下这些问题吗？

1. 炼油生产中“重整”的含义是什么？什么叫催化重整？
2. 催化重整的目的是什么？其主要原料是什么？
3. 催化裂化与催化重整有什么不同？
4. 单金属和双金属催化剂有哪些优点？
5. 重整催化剂为什么要保持水氯平衡？
6. 重整催化剂失活的原因是什么？如何再生？

7. 重整原料进行预处理的目的是什么？它包括哪几个部分？

8. 既然硫会使铂催化剂中毒，为什么还要对新鲜催化剂进行硫化？

9. 重整反应器为什么要采用多个串联和中间加热的形式？

10. “后加氢”、“循环氢”的作用各是什么？脱戊烷塔的作用是什么？

11. 影响预加氢过程的因素是什么？

12. 反应温度对重整过程有什么影响？

13. 芳烃精馏的目的是什么？芳烃精馏有哪几种流程？

14. 芳烃抽提的目的是什么？芳烃抽提由哪几部分组成？抽提溶剂如何选择？

请三思，判断失误会出问题！

1. 催化重整最初是用来生产高辛烷值汽油的，但现在已成为生产芳烃的重要方法。（　　）

2. 生产芳烃主要是环烷烃脱氢反应，因此含环烷烃较多的原料是良好的重整原料。（　　）

3. 重整原料中含有少量的砷、铅、铜、铁、硫、氮等杂质使催化剂中毒失活。因其用量很少，故对其原料中杂质含量不作处理。（　　）

4. 与轴向反应器相比，径向反应器的主要特点是气流以较高的流速径向通过催化剂床层，床层压降升高。（　　）

5. 连续重整装置的反应器都采用径向反应器，但再生器却采用轴向式的。（　　）

用图说话很方便！

1. 请完成下面的催化重整全流程方框图。

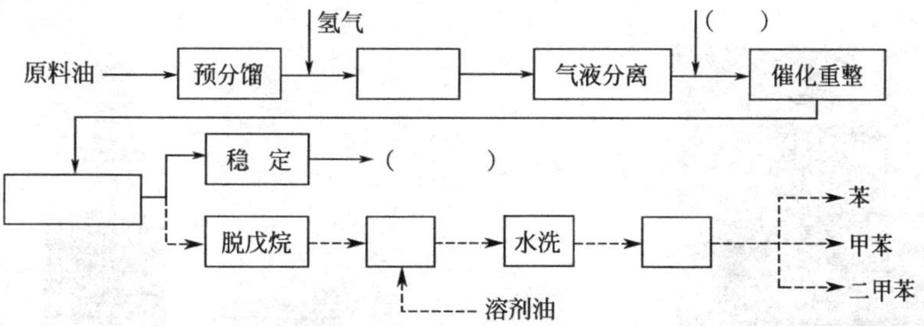

2. 试画出催化重整反应-再生系统的工艺流程方框图。

项目五

热（破坏）加工过程

知识目标

- 熟悉热（破坏）加工过程的类型；
- 熟悉减黏裂化的原料、产品特点和装置的类型；
- 了解延迟焦化的原料、产品特点和装置的类型；
- 了解延迟焦化生产工艺流程。

能力目标

- 能区别热裂化与焦化、热裂化与催化裂化；
- 能掌握减黏裂化的基本工艺；
- 能掌握延迟焦化的基本工艺；
- 能初步掌握延迟焦化操作的基本要点。

看一看，你认识下面这些装置（如图 5-1、图 5-2 所示）吗？

图 5-1　减黏裂化装置

图 5-2　延迟焦化装置

随着原油的变重及劣质化，以及市场对轻质油品需求结构的变化，石油深度加工已发展成为最重要的二次加工过程。石油深度加工是通过改变氢碳比（H/C）来提高轻质油收率。

重质油加工过程大体可分为如下四类：溶剂脱沥青、热加工（如减黏和焦化）、重油催化裂化（RFCC）和重油加氢等。其中，溶剂脱沥青是一种使用溶剂来进行分离的物理加工过程，其余三类属化学加工过程。

从 C-H 平衡角度来看，重质油加工无外乎有两个途径，即脱碳和加氢。脱碳方法主要有催化裂化、焦化、减黏裂化等，而加氢则是加氢转化过程。在上述加工过程中，溶剂脱沥青以分出脱油沥青的方式脱碳，而热加工及重油催化裂化则以生成焦炭的方式脱除。减黏过程既不脱碳也不加氢，氢碳比不变。

任务1 熟悉热（破坏）加工过程的类型

在炼油工业中，热（破坏）加工是指主要依靠热（无催化剂）的作用，将重质原料油转化成气体、轻质油、燃料油或焦炭的一类工艺过程。热加工属于原油的二次加工过程，主要包括热裂化、减黏裂化和焦化。

1. 热裂化

热加工过程的热裂化常以常压重油、减压馏分油、减压渣油或焦化蜡油等重质油为原料，以生产汽油、柴油、燃料油以及裂化气为目的。

热裂化是在加热和加压下进行。根据所用压力的高低，可分为高压热裂化（3～7MPa、450～550℃）和低压热裂化（0.1～0.5MPa、550～770℃）两种类型。

热裂化反应是把含碳原子数多的烃类裂化为碳原子数少的烃类，同时伴有脱氢、环化、聚合和缩合等反应。产品有热裂化气、裂化汽油、裂化煤油、裂化柴油、裂化残油和石油焦炭。其中热裂化汽油辛烷值较低，只有50左右，安定性不好，有恶臭。

2. 减黏裂化

减黏热裂化是一种浅度裂化过程，用以降低重油或渣油的凝点和黏度以生产燃料油，从而可以减少燃料油中掺和轻质油的比例，同时还生产裂化汽油和柴油。

3. 焦化

焦化工艺是一种成熟的重油深度加工方法，其主要目的是使渣油进行深度热裂化，生产焦化汽油、焦化柴油、焦化蜡油（催化裂化的原料油）和石油焦。

石油热加工中的减黏裂化和焦化，由于其产品有特殊用途，因而目前仍为重油深度加工的重要手段。近年来又有新的进展，其作用在不断扩大。

任务2 了解热加工过程的基本原理

热裂化、减黏裂化及焦化等热加工过程的共同特点是：原料油（石油馏分、重油及渣油）在高温下主要发生两类化学反应。一类是裂解反应，即大分子烃类裂解成较小分子的烃类，因此从较重的原料油可以得到裂解气、汽油馏分和中间馏分；另一类是缩合反应，即原料油和中间产物中的芳烃、烯烃等缩合成为相对分子质量更大的产物，从而可以得到比原料油沸程高的残油甚至焦炭。利用这一原理，热加工过程除了可以从重质油得到一部分轻质油品外，也可以用来改善油品的某些使用性能。

下面从化学反应角度来说明热加工过程裂解反应的基本原理。

1. 热加工过程的裂解反应

(1) 烷烃的热裂解

烷烃在各类烃中，对热的稳定性最差，最容易分解，而且相对分子质量越大越不稳定。烷烃热裂解反应类型有以下几种。

① 裂解反应（断C—C键）。见项目三中任务6。

② 脱氢反应（断C—H键）：

$$C_nH_{2n+2} \rightleftharpoons C_nH_{2n} + H_2$$

脱氢反应在小分子烷烃中容易发生，随着C原子数增加，α-位C—H键能下降，容易脱氢。

③ 环化脱氢反应，例如：

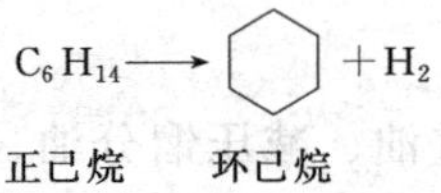

由于C—C键的键能比C—H键的键能小，因此烷烃的裂解反应比脱氢反应更为显著。随着C原子数的增加，热稳定性下降，C—C键能下降，脱氢倾向迅速降低，裂解更易进行。

异构烷烃的C—C键或C—H键的键能比正构烷烃的低，更容易进行裂解或脱氢反应。

按照自由基反应机理，烷烃分解时容易生成甲烷、乙烷、乙烯、丙烯等小分子烷烃和烯烃，很难生成异构烷烃和异构烯烃。

温度和压力对烷烃的裂解反应有重大影响。当温度在500℃以下，压力很高时，烷烃断链位置一般在碳链中央，这时气体产率低；当温度在500℃以下，压力较低时，断链位置移到碳链一端，此时气体产率增加。这是裂解气体组成的特征。

(2) 环烷烃的热裂解

环烷烃热稳定性较高，在高温（500～600℃）下可发生下列反应。

① 单环环烷烃断链开环反应，生成两个烯烃分子。例如：

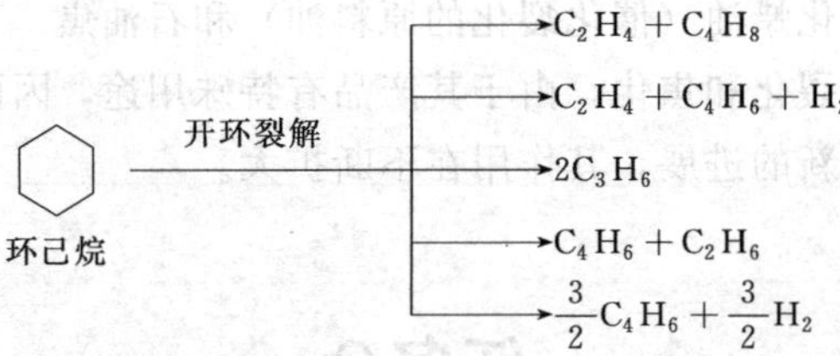

环己烷在更高的温度（700～800℃）下，还可裂解生成烯烃和二烯烃。五碳环烷烃比六碳环烷烃难于裂解。

② 环烷烃在高温下发生脱氢反应生成芳烃。

见项目四中任务4。

③ 带长侧链的环烷烃在裂化条件下，首先侧链断裂，然后才是开环。侧链越长越容易断裂。

环烷烃比链烷烃更易于生成焦油，产生结焦。侧链烷基比烃环易于断裂，长侧链的断裂反应一般从中部开始，而离环近的碳键不易断裂；带侧链环烷烃比无侧链环烷烃裂解所得烯烃收率高。

(3) 芳烃的热裂解

芳烃是对热非常稳定的组分，在高温条件下生成以氢气为主的气体、高分子缩合物和焦炭。例如：

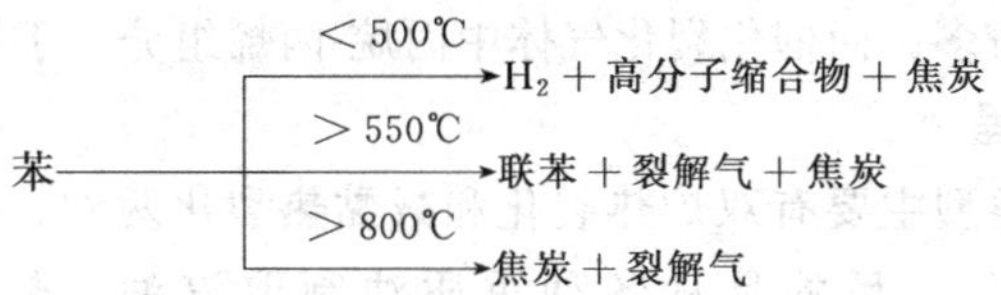

各族烃类裂解反应速率由快到慢的顺序为：正烷烃＞异烷烃＞环烷烃＞芳烃。

2. 热加工过程中的缩合反应

见项目三中任务 6。

根据大量实验结果，热加工反应中焦炭的生成过程大致如下：

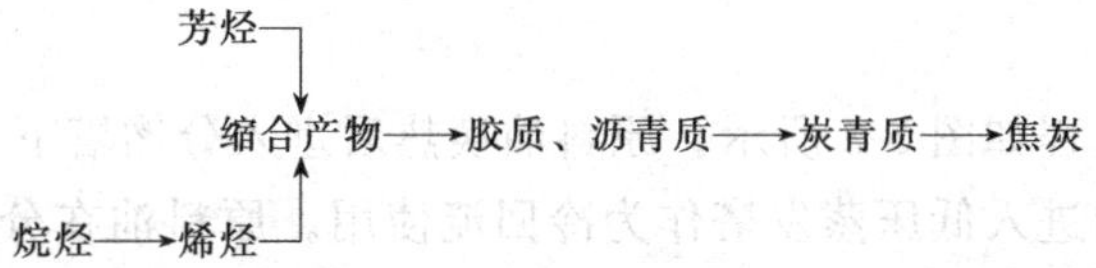

原料的化学组成对生焦有很大影响，原料中芳烃及胶质含量越多越容易生焦。焦炭中 C 含量在 95％以上，还含有少量氢。结焦生炭反应为不可逆反应，并且为典型的连串反应。

任务3 了解热裂化

热裂化是石油炼制过程之一，是在热的作用下（不用催化剂）使重质油发生裂化反应，转变为裂化气（炼厂气的一种）、汽油、柴油的过程。

1. 热裂化的发展简介

1912 年，热裂化已被证实具有工业化价值。

1913 年，美国印第安纳标准油公司将 W. M. 伯顿热裂化法实现工业化。

1920～1940 年，随着高压缩比汽车发动机的发展，高辛烷值汽油用量激增，热裂化过程得到较大发展。第二次世界大战期间及战后，热裂化为催化裂化所取代，双炉热裂化大都改造为重质渣油的减黏热裂化。不过，随着重油轻质化工艺的不断发展，热裂化工艺又有了新的发展，国外已经采用高温短接触时间的固体流化床热裂化技术，处理含高金属、高残炭的劣质渣油原料。

2. 热裂化的反应原理

热裂化是利用高温使重质油一类的大分子烃，受热分解裂化成为汽油一类的小分子烃。热裂化反应很复杂，当重质油被加热到 450℃以上时，烃类主要发生分解裂化与缩合两类反应，与此同时，还伴随发生少量的叠合（如烯烃叠合）反应，使一部分小分子又转变为较大的分子。热裂化过程中所发生的缩合反应，还会使加热炉的管道中严重结焦。

热裂化是按自由基反应机理进行的，并且是一个吸热反应过程。操作温度在 400～600℃时，大分子烷烃分裂为小分子的烷烃和烯烃；环烷烃分裂为小分子或脱氢转化成芳烃，其侧链较易断裂；芳烃的环很难分裂，主要发生侧链断裂。

热裂化产品主要有热裂化气、汽油、柴油和渣油等。热裂化汽油与热裂化柴油的产率分别为 30％～50％、30％。但热裂化产品中含有较多不饱和烃，故安定性不好。热裂化气体的特点是甲烷、乙烷-乙烯组分较多；而催化裂化气体中丙烷-丙烯组分、丁烷-丁烯组分较多。

3. 热裂化的工艺过程

热裂化的工业装置类型主要有双炉热裂化和减黏热裂化两种。前者的原料转化率（轻质油收率）较高，大于45%，目的是从各种重质油制取汽油、柴油；后者的转化率较低（20%～25%），目的是降低减压渣油的黏度和凝点，以提高燃料油质量。双炉热裂化汽油的辛烷值和安定性不如催化裂化汽油。

按照裂化装置的不同，热裂化工艺可分为单炉热裂化工艺、双炉热裂化工艺和多炉热裂化工艺，多炉热裂化工艺在此不作介绍。

(1) 单炉热裂化

单炉热裂化工艺流程如图5-3所示。原料油换热后进入分馏塔下部，与高温反应产物换热，另有小部分原料油进入低压蒸发塔作为冷回流使用。原料油在分馏塔底预热到400℃左右后与循环油一起用泵从分馏塔底抽出，然后进入加热炉加热至490℃左右，之后进入反应塔反应一段时间。产物经减压，并与急冷油混合后进入高压蒸发塔，在735～1050Pa、约430℃下进行闪蒸。塔顶蒸出的反应产物进入分馏塔；塔底液体再进入低压蒸发塔，在210Pa、约370℃下进行闪蒸。分馏塔顶部出裂化气和粗汽油，中部抽出轻柴油，塔底的循环油与换热后的原料油混合，进入加热炉加热后进入反应塔。

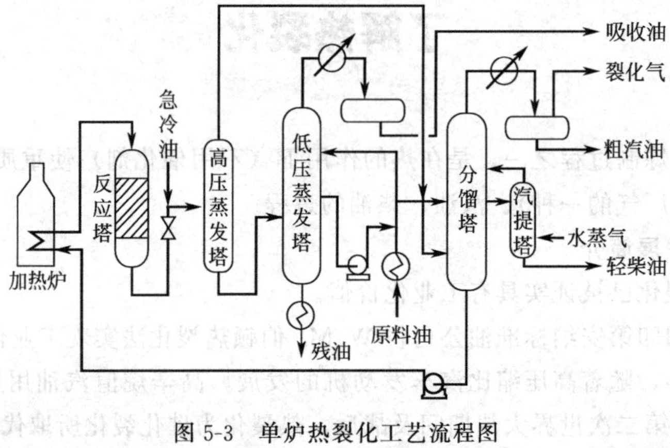

图5-3 单炉热裂化工艺流程图

(2) 双炉热裂化

双炉热裂化工艺流程如图5-4所示。是指在流程中设置两台炉子以分别加热反应塔的轻、重进料，操作时原料油直接进入分馏塔下部，与塔进料油气换热蒸出原料中所含少量轻质油和反应产物中的汽油、柴油后，在塔中部抽出轻循环油，塔底为重循环油。两者分别送往轻油、重油加热炉（为避免在炉管中结焦，故将轻、重循环油分别在两炉中加热到不同温度），然后进入反应塔进行热裂化反应。反应温度为485～500℃，压力1.8～2.0MPa；反应产物经闪蒸塔分离出裂化渣油后，进入分馏塔分馏。汽油和柴油总产率约为60%～65%。所得柴油凝点－30～

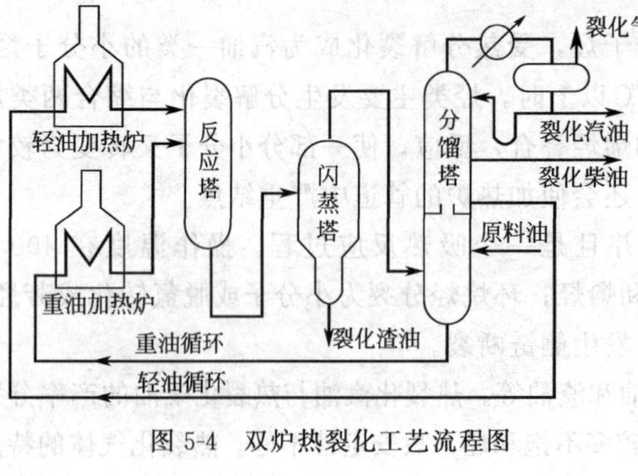

图5-4 双炉热裂化工艺流程图

－20℃、十六烷值约60（比催化裂化柴油高约20个单位）；汽油辛烷值较低（马达法辛烷值约55～60），且安定性差；热裂化渣油是生产针状焦的良好原料。双炉热裂化的能耗约1900MJ/t原料（为催化裂化的65%～70%）。

任务4 了解减黏裂化

1. 减黏裂化的意义

减黏裂化是处理渣油的一种方法，特别适用于原油浅度裂化加工和大量需要燃料油的情况。其主要目的在于减小原料油的黏度和凝点，生产合格的重质燃料油和少量轻质油品，也可为其他工艺过程（如催化裂化等）提供原料，从而可减少燃料油中掺和轻质油的比例，同时还可以生产裂化汽油和柴油。因为此项技术比较成熟、工艺可靠、设备简单、投资少、对原料适应性强，是利用渣油生产燃料油的一个可行办法。在国外是脱碳工艺中加工量最大的装置，但其缺点是轻质油收率低，产品质量差。

2. 减黏裂化的原料和产品

（1）减黏裂化的原料

减黏裂化的常用原料主要有：常压重油、减压渣油、全馏分重质原油或拔头重质原油，以及脱沥青油。原料油的组成和性质对减黏裂化过程的操作、产品分布和质量都有影响，主要影响指标有原料油的沥青质含量、残炭值、特性因数、黏度、硫含量、氮含量及金属含量等。

（2）减黏裂化的产品

减黏裂化产品主要有：减黏渣油（燃料油）82%、不稳定汽油5%、柴油10%，及少量的裂化气。在减黏反应条件下，原料油中的沥青质基本上没有变化，非沥青质类首先裂化，转变成低沸点的轻质烃。轻质烃能部分地溶解或稀释沥青质，从而达到降低原料黏度的作用，减黏效果是显著的。例如，黏度为5800mm^2/s的减压渣油，通过减黏处理，其黏度可降到650mm^2/s。减黏柴油一般调入燃料油内，不作为产品。

对于我国减压渣油经过普通减黏裂化后，其裂化气体产率较低，约为2%。馏程低于350℃的生成油不到8%；而馏程大于350℃的组分产率在90%以上。

3. 减黏裂化的工艺流程

根据热加工过程的原理，减黏裂化是将重质原料裂化为轻质产品，从而降低黏度，但同时又发生缩合反应，生成焦炭。焦炭会沉积在炉管上，影响开工周期，而且所产燃料油的安定性差。因此，必须控制一定的转化率。

图5-5 某炼厂反应塔式减黏裂化装置

根据工艺条件不同，减黏裂化流程可分为反应塔式（上流式）和加热炉式两种类型，其主要差别是：前者在加热炉后设反应塔，热裂化反应主要在反应塔内进行，加热温度低（445～455℃）、停留时间长（10～20min），如图5-5和图5-6所示；后者不设反应塔，热裂化反应在加热炉的炉管中进行，故此过程也称为管式炉减黏裂化，加热温度高（450～510℃）、停留时间短（取决于加热温度），如图5-7所示。减黏裂化反应后的混合物送入分馏塔。为尽快终止反应，避免结焦，必须在进入分馏塔之前的混合物和分馏塔底打进急冷油。从分馏塔分馏出裂化气、汽油、柴油、蜡油及减黏渣油。两种流程的产品产率基本相同，轻质油产率约为18%～20%。

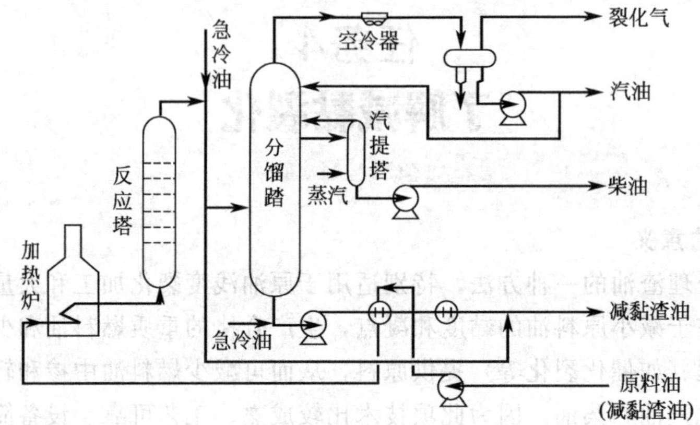

图5-6 反应塔式减黏裂化工艺流程图

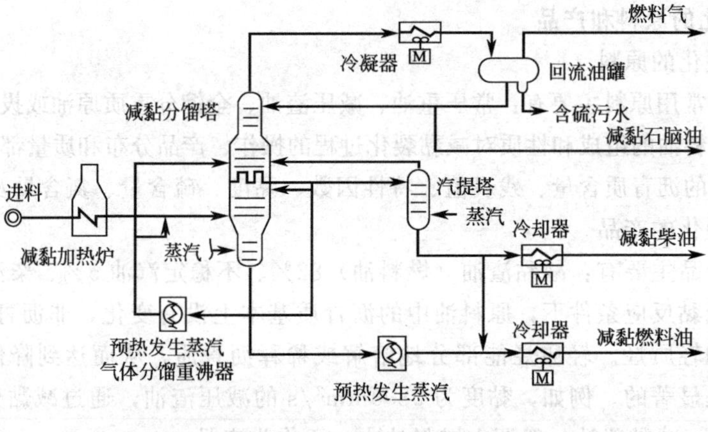

图5-7 加热炉式减黏裂化工艺流程图

与炉式减黏裂化相比，塔式减黏裂化具有炉出口温度低、系统操作压力低（0.2～1.5MPa）、操作平缓、运行周期长、减黏油的安定性好等优点。

目前，国内减黏裂化装置的主要任务是降低燃料油黏度，即不是以生产轻质油品为主要目的，所以对反应深度要求不高，适宜采用反应塔式减黏裂化工艺。

任务5
了解石油焦化工艺

1. 焦化的概念

石油焦化（简称焦化）是石油炼制过程之一，是以贫氢重质残油（如减压渣油）为原料，在高温（400～500℃）下进行的深度热裂化反应。通过裂化反应，使渣油中的一部分转化为气体烃和轻质油品（如气体、汽油、柴油和重质馏分油），与此同时还发生缩合反应，使渣油中的另一部分转化为焦炭。焦化是促进重质油轻质化的重要热加工手段。它又是唯一能生产石油焦的工艺过程，是任何其他过程所无法替代的。

2. 焦化与热裂化的主要区别

焦化与热裂化的主要区别是原料转化深度不同。焦化一方面由于原料重，含相当数量的芳烃；另一方面焦化的反应条件更苛刻，因此缩合反应占有很大比重，几乎能全部转化且生成大量焦炭。焦化的原料来源于原油蒸馏所产的渣油或溶剂脱沥青所产的石油沥青，也可以采用热裂化渣油、烃类裂解的焦油或二次加工尾油等，原料含硫量对石油焦质量影响很大。所产汽油、柴油很不稳定，并且含杂质多，必须进一步精制（见项目七 燃料油品的精制）；焦化重质馏分油常作为催化裂化或热裂化原料。

3. 焦化工艺方法

在炼油工业中，曾经采用过的焦化工艺方法主要有：釜式焦化、平炉焦化、接触焦化、流化焦化、灵活焦化、延迟焦化六种。

（1）釜式焦化和平炉焦化

最早出现的是釜式焦化，后来是平炉焦化。这两种焦化方法由于工艺落后，劳动条件恶劣，并且为间歇式操作，已被淘汰。

（2）接触焦化

以焦粒为热载体的连续移动床接触焦化，由于设备结构复杂、维修费用高，工业上没有得到发展。

（3）流化焦化

以热焦粉作为热载体，将原料油送入流化床反应器，反应器内为流化状态的高温焦炭粉，用油气和水蒸气保持焦粉流化，原料油在焦粉颗粒表面发生焦化反应，生成的焦炭附着在焦粒上。反应产品油气经旋风分离器分离去除焦粒后送入分馏塔。在反应过程中不断引出焦粉粒送入烧焦器，用空气烧去部分焦粒，再循环回反应器，提供焦化反应所需热量，其余的焦粉粒则送出装置。

流化焦化虽然使用热焦粉作为热载体，能够处理的原料范围较广，即使残炭高达40%都可以加工，有生产效率较高、设备结构简单、投资低、操作安全、周期长、全密闭生产、比较环保等诸多优点。但是最大的弱点就是产品石油焦成粉末状，质量差，不能满足电极焦和有色冶金焦的需要，只能用作燃料烧掉，其发展也受到限制。这种方法在西欧一些国家采用较多，仅次于延迟焦化。

（4）灵活焦化

其原料的适应性大，可加工各种高硫、高金属、高残炭的重质油料，并能使约99%的进料转化为气体、汽油、中间馏分油和重质馏分油，余下的1%为石油焦。

灵活焦化是在流化焦化装置的基础上，组合一套焦炭气化设备（一段或两段焦炭气化），将流化焦化产生的焦炭转化为燃料气（或合成气）的过程。

如图5-8所示，为双气化灵活焦化工艺流程。焦炭在流化焦化反应器中生成后，进入加热器加热，然后一部分回到反应器，另一部分去气化。焦炭气化分为气化和水煤气化两段，第一段气化用空气烧焦，以供应加热器和水煤气反应所需热量，并产生低热值气体；第二段气化用水蒸气生产合成气（H_2+CO）。

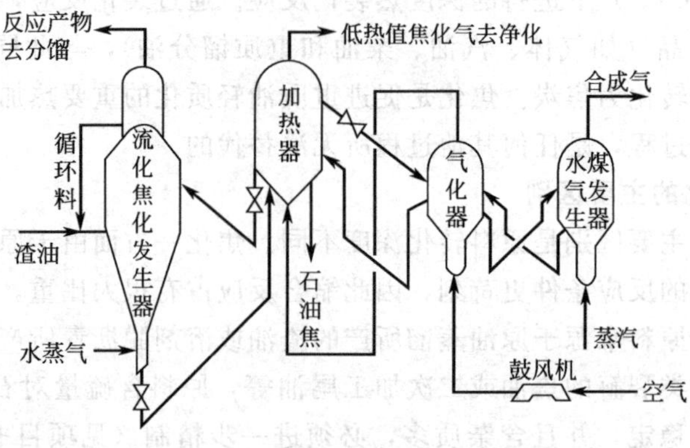

图 5-8 双气化灵活焦化工艺流程图

(5) 延迟焦化

此法于 1930 年试验成功，1938 年水力除焦试验成功，具有工艺技术简单、操作方便、装置灵活性大、开工周期长等优点，因而得到迅速的发展，目前仍在炼油生产中占有重要位置。

延迟焦化是将高速的重质油先在管式加热炉中短时间加热达到焦化反应温度，并迅速离开加热炉管，然后再延迟到焦炭塔中生焦，避免了炉管内的结焦，从而能实现大规模连续生产。

我国于 1958 年试验成功延迟焦化工艺，1963 年实现了水力除焦。1963 年第一套 30 万吨/年延迟焦化生产装置在抚顺石化公司石油二厂建成投产。目前，国内的延迟焦化工艺应用最广泛，是炼厂提高轻质油收率的手段之一。

任务6
了解延迟焦化工艺

延迟焦化是用加热炉将原料加热到反应温度，并在高流速、短停留时间的条件下，使原料只发生少量反应，就迅速离开加热炉进入焦炭塔进行裂化和缩合生焦反应。它是目前世界上渣油深度加工的主要方法，占石油焦化总处理能力的 3/4。

1. 延迟焦化的原料、产物及用途

延迟焦化原料可以是重油、渣油、甚至是沥青。其产物分别为气体、汽油、柴油、蜡油和焦炭。

以国产渣油为原料，经延迟焦化生产的产品收率为：

焦化气体：7.0％～10％（质量分数，下同）

焦化粗汽油：8.2％～16.0％

焦化柴油：22.0％～28.7％

焦化蜡油：23.0％～33.0％

焦炭产率：15.0％～24.6％

焦化汽油和焦化柴油是延迟焦化的主要产品，但其质量较差。焦化汽油的辛烷值很低，一般为51～64（马达法），柴油的十六烷值较高，一般为50～58，但这两种油品的烯烃含量高，硫、氮、氧等杂质含量也高，安定性差，只能作为半成品或中间产品，需要经过精制处理后，才能作为汽油和柴油的调和组分。焦化蜡油由于硫、氮化合物、胶质、残炭等含量高，是二次加工的劣质蜡油，通常掺炼到催化或加氢裂化作为原料。石油焦是延迟焦化过程的重要产品之一，根据质量不同可用作电极、冶金及燃料等。焦化气体（液化气和干气）经脱硫处理后，可作为制氢原料或送燃料管网作为燃料使用。

阅读小资料　　　　石油焦的用途

(1) 根据石油焦结构和外观（如图5-9所示），石油焦产品可分为针状焦、海绵焦、弹丸焦和粉焦等四种：

① 针状焦。具有明显的针状结构和纤维纹理，主要用作炼钢中的高功率和超高功率石墨电极。由于针状焦在硫含量、灰分、挥发分和真密度等方面有严格质量指标要求，所以对针状焦的生产工艺和原料都有特殊的要求。

② 海绵焦。化学活性高、杂质含量低，主要用于炼铝工业及碳素行业。

图5-9　石油焦

③ 弹丸焦或球状焦。形状呈圆球形，直径0.6～30mm，一般是由高硫、高沥青质渣油生产，只能用作发电、水泥等工业燃料。

④ 粉焦。经流态化焦化工艺生产，其颗粒细（直径0.1～0.4mm），挥发分高，热胀系数高，不能直接用于电极制备和碳素行业。

(2) 根据硫含量的不同，可分为高硫焦（硫含量3%以上）和低硫焦（硫含量3%以下）。

① 高硫焦。一般用作水泥厂和发电厂的燃料。

② 低硫焦。可作为供铝厂使用的阳极糊和预焙阳极以及供钢铁厂使用的石墨电极。其中高品质的低硫焦（硫含量小于0.5%）可用于生产石墨电极和增炭剂。一般品质的低硫焦（硫含量小于1.5%）常用于生产预焙阳极。而低品质石油焦主要用于冶炼工业硅和生产阳极糊。

总之，石油焦的用途：①用于化学工业，如制造电石及其他碳化物、磨料的碳质材料；②用于冶金或其他工业炉作燃料；③经料级分类及煅烧，可生产制造电弧炉炼钢用的电极焦和电解法制铝用的阴极糊和阳极炭块。

2. 延迟焦化工艺

延迟焦化装置主要由八个部分组成：①焦化部分，主要设备是加热炉和焦炭塔，有一炉二塔、两炉四塔，也有与其他装置直接联合的；②分馏部分，主要设备是分馏塔；③焦化气体回收和脱硫，主要设备是吸收-解吸塔、稳定塔、再吸收塔等；④水力除焦部分；⑤焦炭的脱水和储运；⑥吹气放空系统；⑦蒸汽发生部分；⑧焦炭焙烧部分。

延迟焦化生产工艺流程如图5-10和图5-11所示。

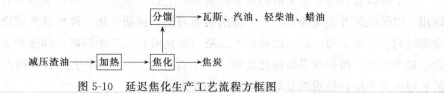

图5-10　延迟焦化生产工艺流程方框图

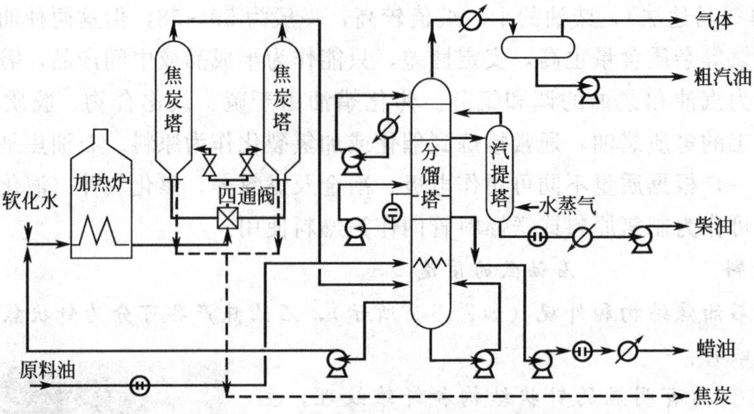

图 5-11　一炉两塔延迟焦化工艺流程图

原料油经换热和在加热炉的对流管内被加热到350℃左右后，先进入分馏塔下部，与从焦炭塔顶过来的高温焦化油气（430～440℃）在塔内直接接触换热，一是使原料油继续被加热至390℃左右，同时又将原料油中的轻组分汽提出来；二是将过热的焦化油气降温到可进行分馏的温度（一般分馏塔底温度＜400℃）。焦化油气中相当于原料油沸程的部分称为循环油，随原料油一起从分馏塔底抽出，通过热油泵送入加热炉辐射室的炉管内，加热到500℃左右，通过四通阀从底部进入焦炭塔进行热裂化和缩合反应。为了防止油在管内反应结焦，需向炉管内注水，以加大管内流速（一般控制在2m/s以上），缩短油在管内的停留时间，注水量约为原料油的2%左右。

进入焦炭塔的高温渣油，需在塔内停留足够时间（约需时24h），以便充分进行反应。反应生成的油气从焦炭塔顶引出后进分馏塔，分馏出焦化气、汽油、柴油和和重馏分油。重馏分油可以送去进一步加工（如作裂化原料），也可以全部或部分循环回原料油系统。

当一台焦炭塔内的焦炭累积到一定高度后（约需时24h），切换到另一台焦炭塔继续进行焦化。而聚集在焦炭塔内的焦炭，通过大量吹入蒸汽和水冷却后，以钻头或用10～15MPa的高压水进行水力切割卸出。焦炭塔恢复空塔后再进热原料，进行下一轮的生焦反应。该过程焦炭的收率随原料油残炭而变，也因循环比不同而异，但柴/汽比大于1。

延迟焦化工艺根据不同原料和操作条件，可以调节各种产品的产率：多产汽油、柴油，或多产裂化原料重质馏分油，或多产焦炭。生成的焦化气是炼厂气来源之一。

3. 延迟焦化的特点

（1）延迟生焦

原料油在管式加热炉中被急速加热，达到约500℃高温后迅速进入焦炭塔内，停留足够的时间进行深度裂化反应，使得原料的生焦过程不在加热炉的炉管内而延迟到焦化塔内进行，这样可避免炉管内结焦，延长运转周期。

（2）是一种半连续工艺过程

由于高温原料油在焦炭塔内需要停留24h进行结焦反应，因此至少要有两个焦炭塔切换使用，以保证装置连续操作。每个塔的切换周期，包括生焦、除焦及各辅助操作过程所需的全部时间。一般采用一炉（加热炉）二塔（焦化塔）或二炉四塔，加热炉连续进料，焦化塔轮换操作。如：两炉四塔的焦化装置，一个周期约48h，其中生焦过程约占一半。生焦时间的长短取决于原料性质以及对焦炭质量的要求。

任务7
了解延迟焦化的主要生产设备

1. 加热炉

焦化炉是延迟焦化的核心设备，其作用是将炉管内高速流动的原料油迅速加热至500℃左右的高温。要求炉内有较高的传热速率以保障能在短时间内提供足够的热量，还要提供均匀的热场，防止局部过热引起炉管内结焦。

延迟焦化加热炉有立式炉和无焰燃烧炉两种。无焰燃烧炉与立式炉比较，由于无焰燃烧炉内的炉管双面均匀受热，高速流动的油品可在很短时间内达到反应温度，且不易在炉管内结焦。因此，延迟焦化通常采用无焰燃烧炉较多。

2. 焦炭塔

焦炭塔实际上是用厚锅炉钢板制成的一个圆筒形的空塔反应器。焦炭塔的高度由焦炭层高度、泡沫层高度和安全高度之和决定。塔的上部设有除焦器、放空器、油气出口和泡沫小塔等；塔的侧面设有预热循环油气进口，以及在不同的高度上还装有钴60斜面计，用来测定泡沫层高度和焦炭层高度；塔下部为30°斜度的锥体，锥体底端有进料口和排焦口。如图5-12所示。

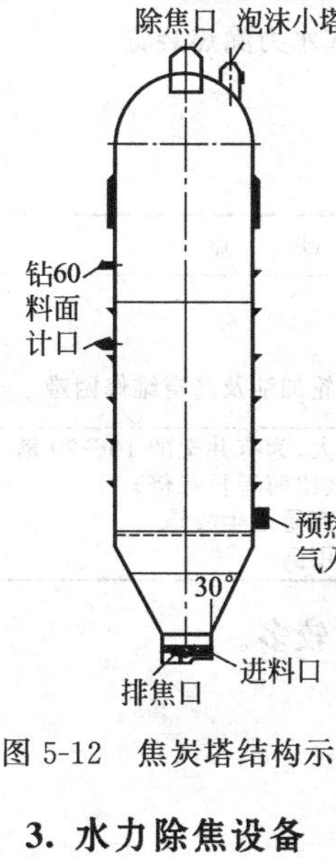

图5-12 焦炭塔结构示意图

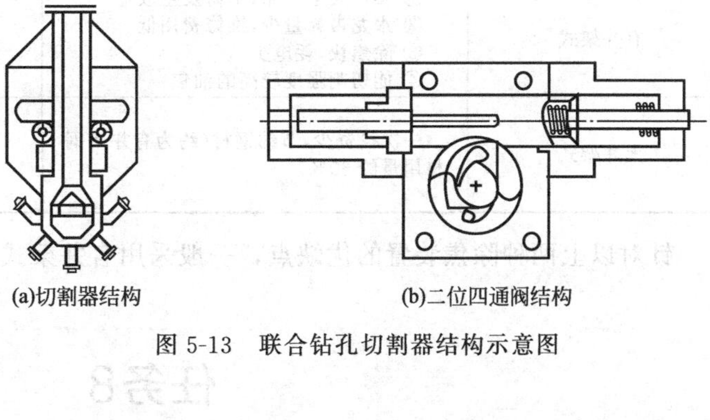

图5-13 联合钻孔切割器结构示意图

3. 水力除焦设备

完成焦化反应的焦炭塔，塔内约有2/3的高度充满坚硬的焦炭，经打入蒸汽和水冷却后，采用水力除焦方法将塔内的焦炭排出。其原理是用10～15MPa的高压水，通过水龙带从一个可以升降的焦炭切割器喷嘴，利用其强大的冲击力，沿塔自下而上分层将焦炭进行切割后，随水流一起从塔底卸出。图5-13所示为我国自行研制的自动转换的联合钻孔切割器。

目前广泛应用的水力除焦装置是有井架式和无井架式两种，如图5-14～图5-17所示。

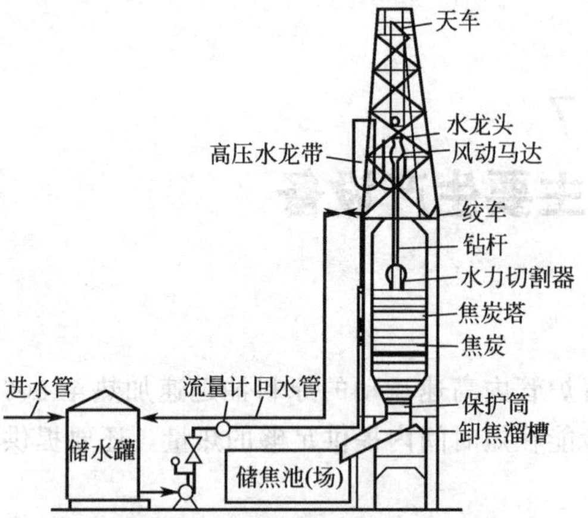

图 5-14　有井架式水力除焦装置

图 5-15　一炉二塔（有井架式）延迟焦化装置

图 5-16　二炉四塔（无井架式）延迟焦化装置

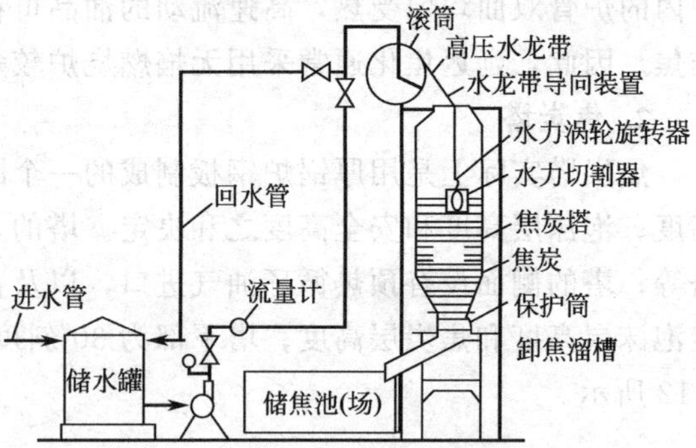

图 5-17　无井架式水力除焦装置

有井架式和无井架式除焦装置比较见表 5-1。

表 5-1　有井架式和无井架式除焦装置比较

水力除焦装置类型	优　点	缺　点
有井架式	① 操作安全可靠,不易发生故障 ② 水龙带耗量少,维修费用低 ③ 除焦快,耗电少 ④ 能切割强度较高的油焦	① 一次投资高 ② 钢材耗量大 ③ 井架顶部滑轮加油及高空维修困难
无井架式	一次投资少,节约钢材(约为有井架钢材用量的 30%)	① 水龙带耗量大,为有井架的 10～20 倍 ② 除焦时间长(比前者长一倍) ③ 涡轮旋转器容易发生故障 ④ 操作维修费用高

针对以上两种除焦装置的优缺点，一般采用有井架式除焦设备比较多。

任务8
了解减黏系统的操作与维护基本要点

1. 减黏系统的正常开工操作

① 开车前准备工作；

② 根据指令改通开工流程；

③ 引水、汽、风等介质进装置；
④ 引燃料、原料等开工介质进装置；
⑤ 改通全装置循环流程；
⑥ 装置开工吹扫、气密，蒸汽贯通塔顶系统；
⑦ 投用蒸汽伴热线；
⑧ 塔容器试压、预热等操作；
⑨ 排污、脱水等操作；
⑩ 引燃料气至炉前，建立燃料油系统循环；
⑪ 加热炉点火、烘炉操作；
⑫ 开路、闭路循环操作；
⑬ 封油、汽提塔冲洗油系统循环；
⑭ 切换渣油进料、升温热循环；
⑮ 分馏塔侧线及回流操作。

2. 减黏系统的正常操作与维护

① 调整各工艺指标；
② 仪表 PID 参数调节和逻辑联锁操作；
③ 各产品质量调节，至分析合格出装置。

3. 减黏系统的正常停工操作

① 停车前准备工作；
② 装置降温、降量；
③ 炉管停注水、改渣油循环；
④ 引柴油冲洗循环，加热炉熄火；
⑤ 装置停止循环、退污油；
⑥ 引蒸汽吹扫各系统；
⑦ 炉管烧焦操作至交出检修。

任务9
了解延迟焦化系统的操作与维护基本要点

1. 延迟焦化系统的正常开工操作

① 开车前准备工作；
② 改通对流、辐射系统循环流程；
③ 用蒸汽贯通轻重污油系统；
④ 完成焦炭塔试压、预热等操作；
⑤ 调节好火嘴，保持合适的炉温、炉压、烟气氧含量；
⑥ 完成封油、冲洗油系统循环；
⑦ 完成开路、闭路循环操作；
⑧ 完成并炉操作；
⑨ 建立分馏系统、吸收稳定系统开工循环；

⑩ 投用气压机；
⑪ 完成各种设备如换热器、机泵的投用。

2. 延迟焦化系统的正常操作与维护

① 完成日常的巡回检查；
② 改动常用的工艺流程；
③ 发现异常工况并汇报处理；
④ 检查核对现场压力、温度、液位、阀位等；
⑤ 配制与加入消泡剂、防焦剂；
⑥ 完成焦炭塔四通阀切换及老塔处理、新塔预热工作；
⑦ 完成老塔冷焦至交出除焦前的全过程操作；
⑧ 完成罐的脱水及污水罐的压油工作；
⑨ 完成污油回炼操作；
⑩ 将自产蒸汽并入或切出机组；
⑪ 看懂总控室计算机流程对应参数变化；
⑫ 完成各种基本设备如机泵、换热器、空冷等交出检修时的工艺处理步骤；
⑬ 完成各种换热器、调节阀等正副线的切换操作。

3. 延迟焦化系统的正常停工操作

① 准备各类安全防护器材；
② 加热炉降温和熄灭火嘴；
③ 停运气压机组；
④ 流程切换、管线退油及吹扫；
⑤ 管线设备内介质置换；
⑥ 炉管烧焦的现场配风、配汽操作；
⑦ 加热炉烧焦操作等。

任务10
了解减黏反应器的操作与维护基本要点

1. 减黏反应器的正常开车操作

① 开车准备工作；
② 反应器升温；
③ 反应器加压；
④ 反应器进料、提量；
⑤ 调整操作。

2. 减黏反应器的正常维护

① 检查并保持背压阀、引压线、安全阀出入口管均要有一定的保护蒸汽；
② 防止角阀阀杆是否被卡死；
③ 利用各参数分析生产状况；

④ 处理各种扰动引起的工艺波动；
⑤ 调节 PID 参数。

3. 减黏反应器的正常停车操作

① 停车准备工作；
② 反应器降温降量；
③ 油的置换和浸泡；
④ 停进料、注水；
⑤ 反应器降压；
⑥ 反应器降温。

任务11
了解焦炭塔的操作与维护基本要点

1. 焦炭塔的正常开车操作

① 焦炭塔赶空气试压；
② 引生产塔油气入新塔预热循环，使塔底升至指定温度；
③ 切换四通阀、焦炭塔进料；
④ 老塔（原生产塔）处理；
⑤ 少量给汽赶油气——四通阀后引汽；
⑥ 大量给汽改入放空塔；
⑦ 小给水冷焦；
⑧ 大给水冷焦；
⑨ 改溢流；
⑩ 放水；
⑪ 除焦操作。

2. 焦炭塔的正常停车操作

① 停车准备工作；
② 停进料；
③ 焦炭塔降温；
④ 注水清洗。

任务12
了解水力除焦设备的操作与维护基本要点

1. 水力除焦设备的正常操作

① 水力除焦泵开泵的准备工作；

② 焦炭塔顶盖、底盖的拆除；
③ 焦炭的钻孔；
④ 切焦；
⑤ 焦炭塔顶盖、底盖的回装；
⑥ 除焦水的循环使用；
⑦ 除焦钻头卡钻的处理。

2. 水力除焦设备的日常维护

① 高压水泵；
② 焦炭塔；
③ 除焦钻。

项目小结

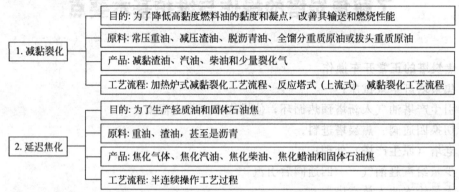

- 1. 减黏裂化
  - 目的：为了降低高黏度燃料油的黏度和凝点，改善其输送和燃烧性能
  - 原料：常压重油、减压渣油、脱沥青油、全馏分重质原油或拔头重质原油
  - 产品：减黏渣油、汽油、柴油和少量裂化气
  - 工艺流程：加热炉式减黏裂化工艺流程、反应塔式（上流式） 减黏裂化工艺流程
- 2. 延迟焦化
  - 目的：为了生产轻质油和固体石油焦
  - 原料：重油、渣油，甚至是沥青
  - 产品：焦化气体、焦化汽油、焦化柴油、焦化蜡油和固体石油焦
  - 工艺流程：半连续操作工艺过程

自测与练习

考考你，横线上应该填什么呢？

1. 热加工属于原油的________次加工过程，主要包括________、________和________等。

2. 在炼油工业中，曾经采用过的焦化工艺方法主要有________、________、________、________、________和________六种。

3. ________是炼油厂中提高原油加工深度、生产柴油和汽油最重要的一种重油轻质化的工艺过程。

4. 焦化过程的产物有________、________、________、________和焦炭等。

5. 炉式减黏裂化与塔式减黏裂化的主要区别在于________。

考考你，能回答以下这些问题吗？

1. 焦化的化学反应有哪些？
2. 焦化与热裂化的主要区别是什么？
3. 随着重油轻质化工艺的不断发展，热裂化工艺在哪些方面有了新的发展？
4. 减黏裂化的原料和产品是什么？
5. 延迟焦化中的“延迟”体现在哪里？它有什么优点？
6. 延迟焦化的原料和产品有哪些？

7. 延迟焦化装置主要由几个部分组成？它们分别是哪几个部分？

8. 延迟焦化的特点是什么？

9. 延迟焦化装置中有哪些特殊设备？

10. 石油焦的种类有哪些？

请三思，判断失误会出问题！

1. 焦化反应速率随温度升高而增大。 （　　）

2. 焦炭塔的除焦，都是采用水力除焦。 （　　）

3. 为了防止延迟焦化加热原料油在炉管中结焦，通常在炉管内注水或通入蒸汽。 （　　）

4. 延迟焦化装置是以吸热反应为主的热加工装置。 （　　）

5. 延迟焦化是指在加热炉管中油不发生裂化而延缓到专设焦炭塔中进行裂化反应。 （　　）

用图说话很方便！

请完成下面延迟焦化生产工艺流程方框图的内容。

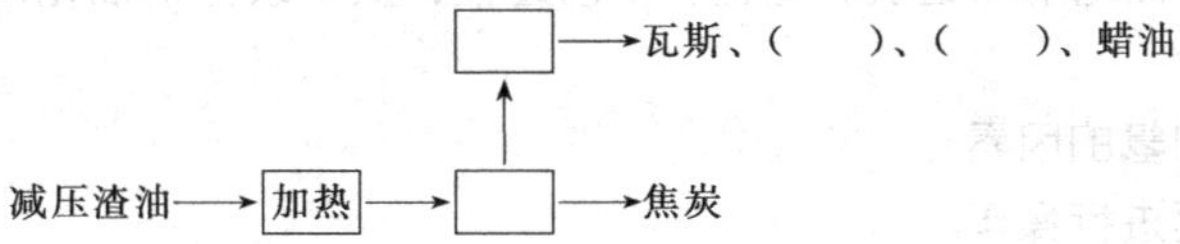

项目六

催化加氢

知识目标

- 了解催化加氢及其的发展情况；
- 了解催化加氢的原料、产品及生产原理；
- 熟悉加氢精制、加氢裂化的原料来源、催化剂组成及性质、工艺流程及操作。

能力目标

- 根据原料组成、催化剂的组成和结构、工艺过程、操作条件对催化加氢的产品组成和特点进行分析；
- 分析影响催化加氢的因素；
- 对实际生产过程进行操作。

看看下面的照片（如图 6-1～图 6-3 所示）你认识吗？看看它们由哪些设备组成？

图 6-1　1979 年茂名石化加氢裂化装置

图 6-2　加氢裂化装置

图 6-3　润滑油高压加氢装置

在生活中当遇到质量不好或性能不完善的物品时，我们总会想各种办法使其质量得到改善，以满足使用要求。那么石油作为一种有限的资源，在炼油中用什么方法使石油的作用发挥到最大、最好呢？

任务1
了解催化加氢及其发展

催化加氢是在催化剂和氢气存在下对石油馏分进行加工的过程，包括加氢精制和加氢裂化两类。

加氢精制指在有催化剂和氢气存在的条件下，使油品中的各类非烃（含硫、含氮、含氧）化合物发生氢解反应，从油品中脱除，同时还使烯烃、二烯烃、芳烃和稠环芳烃选择加氢饱和，从而改善原料的品质和产品的使用性能。在炼油厂中广泛应用的精制过程主要有重油加氢精制和馏分油加氢精制。加氢精制具有：产品质量好，产品收率高，操作条件缓和，不需要高压设备，氢耗量不高对环境友好，劳动强度小等优点。

加氢裂化的目的是将大分子裂化为小分子以提高轻质油的收率，同时除去一些杂质。加氢裂化的特点是：处理原料油范围宽，产品灵活性大，产品质量好，轻质油收率高，产品饱和度高，杂质含量少。

在炼油工业中，催化加氢技术的工业应用比较晚，但其工业应用速度和规模已经超过了热加工、催化裂化、铂重整等工艺。从表 6-1 和表 6-2 可以看出，无论时间上，还是空间上，催化加氢都已成为炼油工业的重要组成部分。

表 6-1　世界重要二次加工装置加工能力比例　　单位:%

年份/年	热加工①	催化裂化	催化重整	加氢裂化	加氢精制	加氢合计
1980	5.7	13.6	13.6	2.3	36.1	38.4
1985	8.7	16.9	15.2	3.8	44.1	47.9
1990	9.6	18	15.6	4.7	45.1	50.1
1995	9.5	17.1	14.6	4.6	44.7	49.3
2000	9.3/4.7②	16.9	13.6	5.2	45	50.2
2003	9.7/5.1②	17.5	13.7	5.6	49.2	54.8

①热加工包括热裂化、减黏裂化、流化裂化和延迟焦化。
②延迟焦化。

表 6-2　2003 年世界炼油大国主要二次加工装置加工能力比例　　单位：%

国家	热加工①	催化裂化	催化重整	加氢裂化	加氢精制	加氢合计
美国	13.9/13.8②	33.8	21.0	8.5	72.7	81.2
中国	—/8.51②	35.5	6.8	5.19	24.5	29.7
日本	2.0/2.0②	18.6	15.5	3.7	92.2	95.9
韩国	0.75/0.75②	7.0	9.0	4.7	39.8	44.5
意大利	20.8/2.0②	13.3	12.2	11.8	51.7	63.5
德国	12.5/3.5②	15.0	17.3	8.1	93.6	101.7
加拿大	9.0/2.0②	24.9	17.7	13.2	43.5	56.7
法国	7.7/0②	19.7	14.9	0.8	59.6	60.4
英国	9.6/3.6②	23.0	18.6	2.0	65.9	67.9
沙特	7.9/0②	5.9	11.1	7.6	31.7	39.3
墨西哥	8.4/8.4②	22.3	16.9	1.1	58.4	59.5
委内瑞拉	11.3/11.3②	18.1	3.9	0	30.4	30.4
世界总计	9.7/5.1②	17.5	13.7	5.6	49.2	54.8

①热加工包括热裂化、减黏裂化、流化裂化和延迟焦化。
②延迟焦化。

为什么加氢技术能快速增长呢？首先，随着世界范围内原油变重、品质变差，原油中硫、氮、氧、钒、镍、铁等杂质的含量日趋上升，炼油厂所加工含硫、含氮原油的比例和重质油的比例逐年增加，从石油加工的现状来看，采用加氢技术是改善原料性质、提高产品质量、实现这类原油加工最有效的方法之一。

其次，世界经济发展对轻质油品的需求量持续上升，尤其是中间馏分油如喷气燃料和柴油，因此需要对原油进行深度加工，加氢技术是炼油厂深度加工的有效手段。

第三，环境保护要求生产者在生产过程中尽量将物质资源回收利用，减少排放；严格限制产品在使用过程中对环境造成危害的物质含量。目前，催化加氢技术是能够满足这些要求的石油炼制工艺过程之一，比如生产各种清洁燃料、高品质润滑油都离不开催化加氢。

发挥想象：我们所吃的粮食可以分为粗粮和细粮，那么催化加氢装置使用的原料究竟是"粗粮"还是"细粮"呢？

任务2 了解催化加氢的原料和产品

1. 加氢精制的原料和产品

加氢精制的目的是除去油品中的硫、氮、氧及金属杂质，以改善油品使用性能。加氢精制的原料可以是重整原料、汽油、煤油、柴油和润滑油等各种馏分油和渣油，其中馏分油包括直馏馏分和二次加工馏分。在以下炼油过程中加氢精制是必不可少的工艺过程。

① 重整原料的加氢精制。重整反应器对硫含量有严格要求，尤其多金属催化剂的重整装置，进料中规定硫含量必须小于 1×10^{-6}。

② 催化裂化原料的加氢精制。催化裂化循环油中硫沉积在催化剂的表面上，再生时生成硫的氧化物，排入大气会造成大气污染，必须进行加氢脱硫精制。

③ 燃料油加氢精制。随着我们对环境污染问题的重视，许多国家对燃料油的硫含量作了严格规定，燃料油必须进行加氢脱硫以防止硫化物对环境污染和设备腐蚀。

目前我国的加氢精制装置主要用于处理焦化和催化裂化柴油。与其他精制方法相比，加氢精制的特点是油品质量好，产品收率高。

2. 加氢裂化的原料和产品

加氢裂化实质上是加氢精制与催化裂化两种反应的有机结合，在原理上与催化裂化有共同之处，但加氢裂化可以用各种油品作原料，包括从粗汽油、重瓦斯一直到重油及脱沥青油。如焦化馏出油、裂化循环油、脱沥青油、减压馏分油等低质量的油品均可用作加氢裂化的原料，用来生产高质量的轻质油品。

加氢裂化的原料一般分为轻原料油和重原料油。轻原料油主要指汽油和轻柴油。减压馏分油、蜡油及脱沥青油属重原料油，这种原料油含硫、氮较高，加工困难，需采用较苛刻的操作条件。

目前加氢裂化主要用于由重质油生产汽油、航空煤油和低凝点柴油。也可采用不同的条件，根据需要调节生产方案，生产液化气、重整原料、催化裂化原料油及低硫燃料油。所得产品的主要特点是：不饱和烃少，非烃类杂质更少，油品安定性好，无腐蚀；含烷烃多，还可用作重整原料，煤油和柴油十六烷值高，凝点、冰点低，是喷气发动机和高速柴油机的优质燃料。

任务3
掌握催化加氢的基本原理

催化加氢过程中的主要化学反应有加氢脱硫、加氢脱氮、加氢脱氧、加氢脱金属及烃类的加氢反应等。

1. 加氢脱硫、氮、氧化合物

含硫、含氮、含氧等非烃类化合物与氢发生氢解反应，分别生成硫化氢、氨、水和相应的烃，进而从油品中除去。这些氢解反应都是放热反应，在这几种非烃化合物的氢解反应中，含氮化合物的加氢反应最难进行，含硫化合物的加氢反应能力最大，含氧化合物的加氢反应居中，即三种杂原子化合物的加氢稳定性依次为：含氮化合物＞含氧化合物＞含硫化合物，例如：焦化柴油进行加氢精制时，脱硫率达90%的条件下，脱氮率仅为40%。

2. 加氢脱金属

石油馏分在加氢精制的条件下，金属有机化合物会发生氢解，生成的金属会沉积在催化剂表面上造成催化剂的活性下降，并导致床层压降升高。所以催化加氢催化剂要周期性地进行更换。

3. 烃类加氢

在烃类加氢过程中主要发生两类反应，其一是有氢气直接参与的化学反应，如加氢裂化和不饱和烃的加氢饱和反应，此过程主要表现为消耗氢气；其二是在临氢的条件下的化学反应，如异构化反应，此过程表现为虽有氢存在，但过程不消耗氢气，实际过程应用的是临氢降凝作用。

(1) 烷烃加氢反应

烷烃在有氢气的条件下发生的反应主要有加氢裂化和异构化反应。加氢裂化和异构化是两类不同的反应，要求两种不同的催化剂活性中心来提高各自反应进行的速率，也就是要求催化剂具备可有效配合的加氢裂化活性和异构化活性。在烷烃加氢过程中，由于同时有裂化和异构化反应，加氢过程可以起到加氢降凝的作用。

(2) 环烷烃加氢反应

环烷烃在加氢裂化催化剂上的反应主要是异构、脱烷基和开环反应。不同结构的环烷烃反应情况是有差别的。带长侧链的单环环烷烃主要发生脱烷基侧链反应，短侧链单环环烷烃主要发生异构化和断环反应。环烷烃加氢反应产物主要由环戊烷、环己烷和烷烃组成。

(3) 芳香烃加氢反应

单环芳烃的加氢反应和单环环烷烃的加氢反应不一样，对单环芳烃如果侧链上有三个以上碳原子时，首先会断侧链，然后异构化生成相应的烷烃和芳烃。双环、多环及稠环芳烃加氢裂化反应是分步进行的，一般是：一个芳环先变为环烷芳烃，环烷环再断开变成单环烷基芳烃，再按单环芳烃规律继续反应。在有氢气存在的条件下，稠环芳烃的缩合反应大多被抑制，因此不易生成焦炭产物。

(4) 烯烃加氢反应

在加氢裂化条件下，烯烃加氢变为饱和烃，反应速率最快。另外，烯烃还可以进行聚合、环化反应。应该注意，烯烃加氢饱和反应是放热反应，热效应较大，因此对不饱和烃含量大的油品加氢时要控制好反应温度，以防止床层温度过高。

试一试：烃类加氢的化学反应方程式你会写吗？

任务4 了解加氢催化剂

催化加氢催化剂的性能取决于其组成和结构，根据加氢反应侧重点的不同，加氢催化剂可分为加氢精制催化剂和加氢裂化催化剂。

1. 加氢精制催化剂

目前，常用的加氢精制催化剂中加氢活性组分主要有铂、钯、镍、钴等金属的混合硫化物，它们对各种反应的活性顺序为：

加氢饱和　Pt、Pb＞Ni＞W-Ni＞Mo-Ni＞Mo-Co＞W-Co

加氢脱硫　Mo-Co＞Mo-Ni＞W-Ni＞W-Co

加氢脱氮　W-Ni＞Mo-Ni＞Mo-Co＞W-Co

加氢活性主要取决于金属活性组分的种类、含量、化合物状态及其在载体表面的分散度等。

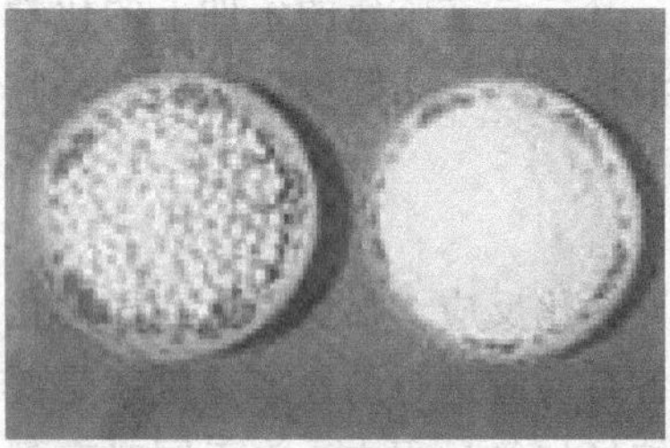

图 6-4　活性氧化铝

加氢精制催化剂常用的载体是活性氧化铝，如图 6-4所示。活性氧化铝是一种多孔性物质，它具有很大的表面积和理想的孔结构（孔体积和孔径分布），可提高金属组分和助剂的分散度。氧化铝载体具有优良的机械强度和物理化学稳定性，广泛应用于工业生产过程中。

加氢精制催化剂使用之前必须进行预硫化，以提高催化剂活性，延长催化剂使用寿命；催化剂使用一段时间后要进行再生，即把沉积在催化剂表面的积炭烧掉，以恢复催化剂的活性。

查一查：为什么加氢催化剂使用前必须进行预硫化？

2. 加氢裂化催化剂

加氢裂化催化剂是一种双功能催化剂，催化剂由具有加氢功能的金属活性组分和裂化、异构化功能的酸性载体两部分组成。根据原料的不同和产品要求，对这两种组分的功能要进行适当的选择和匹配。

加氢裂化催化剂中金属活性组分的作用是使原料油中的芳烃，尤其是多环芳烃加氢饱和；对反应生成的烯烃迅速加氢饱和，防止不饱和烃分子吸附在催化剂表面，生成焦状缩合物而降低催化活性。因此，加氢裂化催化剂可维持长期运转，不像催化裂化催化剂要经常烧焦再生。

常用的金属组分加氢活性强弱次序为：Pt、Pd＞W-Ni＞Mo-Ni＞Mo-Co＞W-Co。

铂和钯具有最高的加氢活性，但铂和钯对硫的敏感性很强，只能在两段加氢裂化过程中的无硫、无氮的第二段反应器中使用。在这种条件下，酸性功能也得到最大限度的发挥，因此产品都是以汽油为主。

在以中间馏分油为主要产品的一段加氢裂化中，经常采用 Mo-Ni 或 Mo-Co 组合催化剂。在以润滑油为主要产品时，采用 W-Ni 组合催化剂，有利于脱除润滑油中多环芳烃组分。

3. 加氢催化剂的预硫化

生产经验与理论研究证明，加氢催化剂的金属活性组分只有呈硫化物形态时才具有较高的活性，因此，加氢裂化催化剂在使用之前必须进行预硫化，即在含硫化氢的氢气流中使金属氧化物转化为硫化物。预硫化方法有常压硫化和压力硫化。常压硫化是把金属组分呈氧化物状态的催化剂放在装置外常压圆筒炉中硫化，硫化好的催化剂再装入反应器；压力硫化是把金属组分呈氧化物状态的催化剂放在反应器中，在一定压力下进行硫化。通常采用压力硫化较多。

4. 加氢催化剂再生

加氢裂化反应过程中，催化剂活性随着反应时间的增加而逐渐衰退，其主要原因是催化剂表面被积炭覆盖，为了恢复催化剂活性，烧焦是催化剂再生常用的方法。催化剂再生的方式有非循环再生和循环再生两种。

非循环再生是将蒸汽在加热炉中加热后作为热载体送入反应器，给反应器加热，使反应器的温度升高到一定程度后，在反应器入口处通入适量的空气逐步烧去积炭，再生烟气由反应器顶直接排入大气中。该方法的优点是水蒸气容易取得，再生烟气可直接排入大气；缺点是再生压力低，再生时间长；如果用水蒸气处理时间过长会造成催化剂表面损失，活性和机械强度受损。

循环再生是用氮气作热载体，在一定压力下用循环氢压缩机循环氮气升温，使反应器温度升高到规定值，在反应器入口处加入适量的空气逐步烧去积炭，再生烟气经换热器后进入水洗塔脱除 CO_2 和 SO_2，剩余氮气经高压分离器除去液滴后循环使用。此法优点是在较高压力下再生，再生速度快，时间短，对催化剂保护较好，污染较小；缺点是要增加水洗塔和制氮储氮设备，投资较大。

任务5 掌握馏分油加氢精制工艺流程

馏分油加氢装置主要由反应部分、分馏部分和气体脱硫部分组成。

在加氢精制反应过程中，除重油加氢处理有的采用沸腾床或悬浮床反应器外，馏分油加氢精制一般都采用固定床反应器。加氢精制的工艺流程会因原料而异，但基本原理是相同的。一般馏分油加氢精制反应部分工艺流程框图及流程图如图 6-5 和图 6-6 所示。

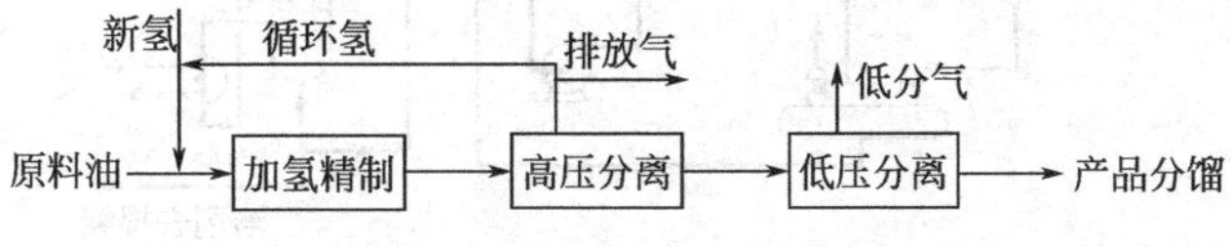

图 6-5 加氢精制生产工艺流程方框图

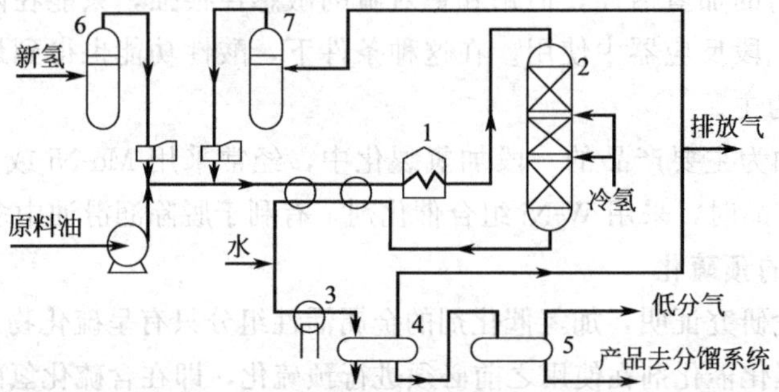

图 6-6　加氢精制典型工艺流程

1—加热炉；2—反应器；3—冷却器；4—高压分离器；

5—低压分离器；6—新氢储罐；7—循环氢储罐

原料与新氢、循环氢混合，经与反应产物换热后，进入加热炉加热到反应温度后，由反应器顶部进入反应器，完成硫、氮等非烃类化合物的氢解和烯烃加氢反应。精制汽油时反应器进料可以是气相，精制柴油或比柴油更重的原料油时，反应器进料也可以是气液混相。反应器内的催化剂一般是分层填装，以利于注入冷氢来控制反应温度。循环氢与油料混合物通过每段催化剂床层进行加氢反应。加氢精制如果用一个反应器，叫一段加氢法，如果用两个反应器，叫两段加氢法。两段加氢法适用于某些直馏煤油（如孤岛油）的精制，以产生高密度喷气燃料，此时第一段主要是加氢精制，第二段是芳烃的加氢饱和。

想一想：结合加氢反应原理，回答为什么反应器内要注入冷氢。

反应产物从反应器的底部出来，经过换热、冷却后（在冷却器前要向产物中注入高压洗涤水，以溶解反应生成的氨和部分硫化氢），进入高压分离器。产物在高压分离器进行油气分离，分离出的气体主要是循环氢，还含有少量的气态烃和未溶于水的硫化氢；分离出的液体产物是加氢生成油，其中也溶有少量的气态烃和硫化氢，生成油经减压后进入低压分离器进一步分离出气态烃等组分，产品去分馏系统分离成合格产品。

在分馏系统，分馏塔塔顶出石脑油，侧线出柴油，塔底尾油去重油催化裂化装置作为原料。

从高压分离器分出的循环氢经储罐及循环氢压缩机后，小部分（约 30%）直接作为冷氢进入反应器，其余大部分与原料油混合，在装置中循环使用。为了保证循环氢的纯度，避免硫化氢在反应系统中积累，常采用硫化氢回收系统。一般使用乙醇胺吸收除去硫化氢，富液再生循环使用。循环氢脱 H_2S 工艺流程如图 6-7 所示。

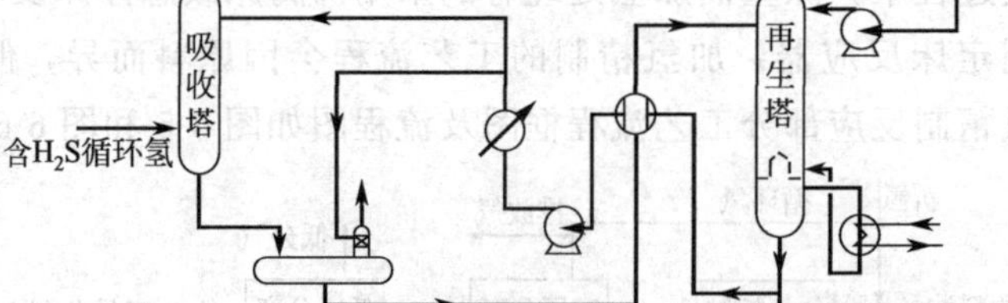

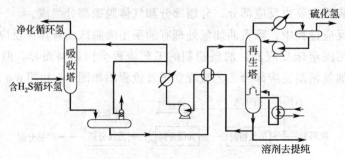

图 6-7　循环氢脱 H_2S 工艺流程图

解吸出来的硫化氢送到制硫装置回收硫黄，净化后的氢气循环使用。为了保证循环氢中氢气的浓度，用新氢压缩机不断向系统内补充新鲜氢气。

石油馏分加氢精制的操作条件因原料不同而异。直馏馏分油加氢精制条件比较缓和，重馏分油和二次加工油品则要求比较苛刻的操作条件。表 6-3 列出我国几种原料的加氢精制操作条件及主要精制结果。

表 6-3　我国几种原料的加氢精制操作条件及主要精制结果

原料油	大庆焦化汽油		胜利焦化汽油	胜利催化裂化柴油		胜利直馏汽油
催化剂	$Co-Ni-Mo/Al_2O_3$		$Ni-Mo/Al_2O_3$	$Ni-W/Al_2O_3$		$Ni-W/Al_2O_3$
压力/MPa	3.0	3.9	5.9	4.2	4.0	4.0
温度/℃	320	320	332	268.5	330	325
液时空速/h^{-1}	1.5	2.0	1.0	2.0	1.5	1.65
氢油比(体积比)	500	500	650～750	690	690	473～516
精制油收率(质量分数)/%	99.5	99.5	>99	99.4	99.4	>99
脱硫率/%	88.87	92.93	99.51	74.32	94.3	99.97
脱氮率/%	99.41	99.41	95	21.67	76.21	>96.75

任务6
掌握加氢裂化工艺流程

在生产过程中，加氢裂化装置根据所用反应器不同可以分为两种类型：固定床加氢裂化和沸腾床加氢裂化，其中固定床加氢裂化使用较为普遍。根据原料、目的产品及操作方式的不同，固定床加氢裂化可分为一段加氢、两段加氢裂化和串联加氢裂化。

1. 一段加氢裂化流程

一段加氢裂化流程中只有一个反应器，原料油加氢精制和加氢裂化在同一反应器内进行，精制段在反应器上部，下部为裂化段，所用催化剂具有较好的异构裂化活性、中间馏分油选择性和一定抗氮能力。这种流程用于粗汽油生产液化气、由减压蜡油或脱沥青油生产喷气燃料和柴油。大庆直馏重柴油馏分（330～490℃）一段加氢裂化工艺流程如图 6-8 所示。

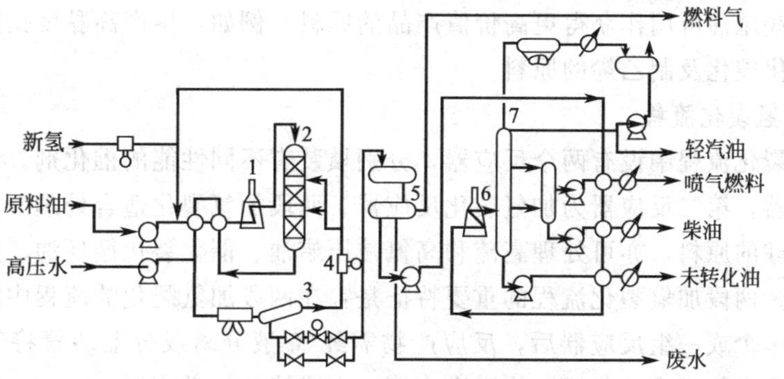

图 6-8　一段加氢裂化工艺流程图

1—加热炉；2—反应器；3—高压分离器；4—循环压缩机；5—低压分离器；6—加热炉；7—分馏塔

原料油用泵升压至16MPa后与新氢及循环氢混合，再和420℃左右的加氢生成油换热至321～360℃，进入加热炉，反应器进料温度为370～450℃，原料在380～440℃、空速1.0h^{-1}、氢油体积比约2500的条件下进行反应。为了控制反应温度，向反应器内分层注入冷氢。反应产物与原料换热后温度降至200℃，再经空冷器使温度降至30～40℃之后进入高压分离器。为了防止水合物析出堵塞管道，在反应产物进入空冷器之前需注入软化水（图中为高压水）以溶解其中的NH_3、H_2S等。由高压分离器顶部分出循环氢，经循环氢压缩机升压后，返回反应系统循环使用。由高压分离器底部分出的生成油，经减压系统减压至0.5MPa，进入低压分离器，在此进行脱水并释放出部分溶解气体，气体作为富气送出装置作燃料气使用。由低压分离器底部分出的生成油经换热后由加热炉加热至320℃后送至分馏塔，分馏得轻汽油、喷气燃料、低凝柴油和尾油，尾油可一部分或全部作为循环油与原料混合再去反应系统。

一段加氢裂化有三种操作方案，即原料一次通过、尾油部分循环和尾油全部循环。大庆直馏蜡油按三种方案操作所得产品分布数据见表6-4。

表6-4　一段加氢裂化三种操作方案的产品分布数据　　单位：%

产品分布	一次通过	部分循环	全部循环
<C_4	4.88	4.42	7.34
C_5～60℃	3.1	3.9	5.1
60～130℃	11.9	12.2	17.2
130～170℃	9.1	9.2	12.7
170～260℃	23.8	25.3	30.8
260～350℃	18.6	25.1	29.0
>350℃	30.0	20.5	—
转化率(对新鲜原料)/%	69.9	79.5	100.0
氢耗量(对新鲜原料)/%	1.42	1.67	2.1

由表6-4中数据可知：操作方案不同，所得产品的收率和质量不同。采用尾油循环方案，可增产喷气燃料和柴油。如将一次通过改为尾油全循环时，喷气燃料（130～260℃）收率由32.9%提高到43.5%，柴油（170～350℃）收率由42.4%提高到59.8%，但操作费用也会随之增加。一次通过流程除生产一定数量的发动机燃料外，还可以生产相当数量的润滑油及尾油。这些尾油可用作获得更高价值产品的原料。例如：生产高黏度指数润滑油的基础油，或作为催化裂化及制乙烯的原料。

2. 两段加氢裂化流程

两段加氢裂化流程中设有两个反应器，分别填装有不同性能的催化剂。第一个反应器为加氢精制反应器，第二反应器为加氢裂化反应器。两段加氢裂化适合处理一段加氢裂化很难处理或不能处理的原料，亦可处理高硫和高氮减压蜡油、催化裂化循环油、焦化蜡油，或这些油的混合油。两段加氢裂化流程的重要特征是：在两段加氢裂化的流程中设置两个或两组反应器，但在单个或一组反应器后，反应产物需经气-液分离或分馏装置将气体及轻质产品进行分离，重质产物和未转化反应物再进入第二个或第二组反应器。

两段加氢裂化工艺原理流程如图6-9所示。

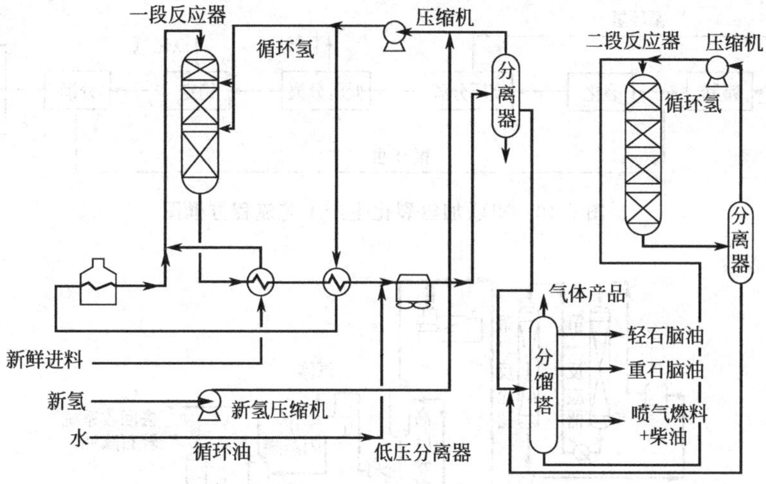

图 6-9 两段加氢裂化工艺原理流程图

新鲜进料、循环氢分别与第一反应器出口的生成油换热，氢气经加热炉加热后与原料油混合进入第一反应器，在此进行加氢精制反应。第一反应器生成油经过换热及冷却后进入分离器，由分离器下部流出的物料与第二反应器生成油分离器的底部流出的物料混合，一起进入共用的分馏系统，分别将酸性气以及液化石油气、石脑油、喷气燃料等产品分出后送出装置；由分馏塔底导出的尾油与循环氢混合加热后进入第二反应器。此时进入第二反应器的物料中 H_2S 及 NH_3 均已脱除，其中硫、氮化合物含量也很低，消除了这些杂质对裂化催化剂的影响，第二反应器的温度可大幅度降低。

与一段加氢裂化工艺相比较，两段加氢裂化工艺的特点是：气体产率低、干气少、目的产品收率高；产品质量好，尤其是产品中芳烃含量非常低；氢耗低；产品方案灵活；原料适应性强，可加工重质、劣质原料。但两段工艺流程复杂，装置投资和操作费用高。

反应系统的换热流程采用原料油、氢气分别与生成油换热的方式。其优点是：充分利用低温位热量，以利于最大限度降低生成油出换热器的温度，降低原料油和氢气在加热过程中的压力降，有利于降低系统压力降。

氢气与原料油的混合方式有两种：一是原料油与氢气混合后一同进入加热炉称为“炉前混油”；二是原料油只经换热，加热炉单独加热氢气，随后再与原料油混合称为“炉后混油”。“炉后混油”的好处是：加热炉只加热氢气，炉管中不存在气-液两相，流体易于均匀分配，炉管压力降小，而且炉管不易结焦。

两段加氢裂化有两种操作方案：一种是第一段加氢精制，第二段加氢裂化；另一种是第一段除进行精制部分外还进行加氢裂化，第二段再次进行加氢裂化。后者的特点是第一段和第二段生成油一起进入分馏系统，分出的尾油作为第二段进料（如图 6-9 流程中所示）。

3. 串联加氢裂化流程

串联加氢裂化工艺流程的主要特点在于使用了抗硫化氢抗氨催化剂，取消了两段流程中的脱氨塔，将加氢精制和加氢裂化两个反应器直接串联起来，省掉了一整套换热、加热、加压、冷却、减压和分离设备。

串联加氢裂化生产工艺方框流程和原理流程如图 6-10 和图 6-11 所示。

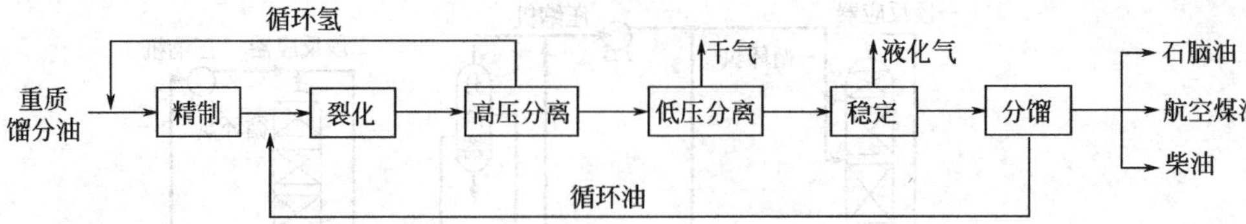

图 6-10　串联加氢裂化生产工艺流程方框图

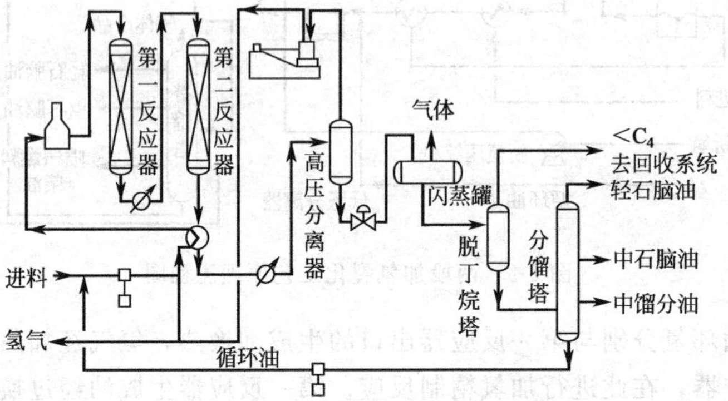

图 6-11　串联加氢裂化工艺流程

与一段加氢裂化工艺流程相比，串联加氢裂化工艺流程的优点在于：只要通过改变操作条件，就可以最大限度地生产汽油、航煤和柴油。例如：要多生产航煤或柴油，只要降低第二反应器的温度即可；要多生产汽油，只要提高第二反应器的温度即可。

对于同一种原料，分别用以上三种方案进行加氢裂化试验结果表明：从生产航煤的角度来讲，一段加氢裂化工艺流程航煤收率最高，但汽油的收率较低。从流程结构和投资角度来讲，一段流程也优于其他流程。串联加氢裂化工艺流程有生产汽油的灵活性，但航煤收率偏低。在三种方案中，两段流程的灵活性最大，航煤收率高，且能生产汽油。与串联流程一样，两段流程对原料油质量要求不高，可处理高密度、高干点、高硫、高残炭及高氮的原料油。而一段流程对原料油的质量要求比较严格。在国外，认为两段流程既能处理一段流程不能处理的原料，灵活性又大，能生产高质量的航煤和柴油。

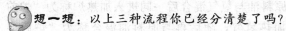

想一想：以上三种流程你已经分清楚了吗？

任务7
了解加氢裂化的其他流程

1. 沸腾床加氢裂化

沸腾床（又称膨胀床）工艺是利用流体流速带动具有一定颗粒度的催化剂运动，形成气、液、固三相床层，从而使氢气、原料油和催化剂充分接触而完成的加氢反应过程。控制流体流速，维持催化剂床层膨胀到一定高度（即形成明显的床层界面），液体与催化剂呈返混状态。图 6-12 为加氢裂化沸腾床反应器。

沸腾床加氢裂化工艺可以处理含金属较多和残炭值较高的原料（如减压渣油），能使重油深度转化，但反应温度较高，一般在400～450℃范围内。由于反应器中液体处于返混状态，因而有利于控制温度均衡平衡。

图 6-12 加氢裂化沸腾床反应器

沸腾床渣油加氢裂化工艺流程如图 6-13 所示。

(1) 沸腾床加氢技术的优点

① 原料油的适应性广。沸腾床渣油加氢裂化过程，可以加工固定床加氢处理过程所不能加工的原料。

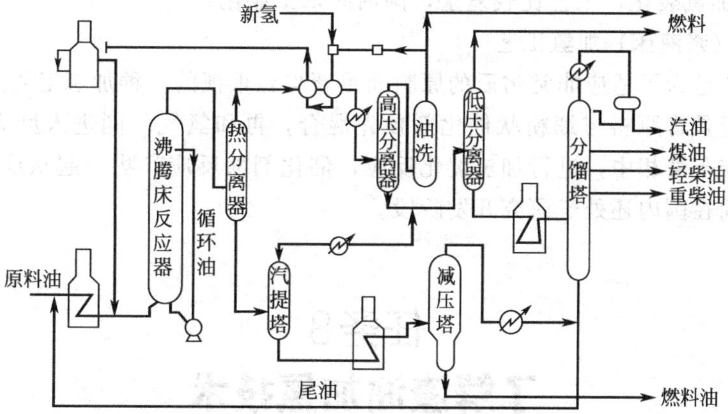

图 6-13 沸腾床渣油加氢裂化工艺流程

② 反应器内温度均匀。反应器内由于催化剂、原料油和氢气的剧烈搅拌作用和返混现象，使沸腾床反应器内从上到下温度基本一致，可以防止局部过热，同时可取消冷氢介质等控温的措施。公用工程消耗量比固定床低。

③ 催化剂在线加入和排出。沸腾床反应器可随时加入新鲜催化剂和排出旧催化剂，有利于维持较高的催化剂活性，保持长周期运转而产品性质不变。同时，可在不停工的情况下进行催化剂再生。

④ 运转周期长。由于沸腾床反应器中催化剂处于沸腾状态，不会造成床层堵塞和压降增加，系统压降较小，且系统压降不会随运转时间延长而增加。因此，沸腾床反应器可以采用颗粒细小的催化剂，有利于提高反应速率。

⑤ 良好的传质和传热。沸腾床操作状况下，原料、氢气和催化剂之间的激烈搅拌作用，促进了传质和传热过程，对反应有利。由于催化剂与原料油和氢气的充分接触，床层上下的催化剂活性基本一致，失活速率也基本一致，催化剂的利用率较高。

⑥ 渣油转化率高。一般固定床渣油加氢处理过程转化率为 30%～50%，而普通沸腾床渣油加氢过程转化率为 60%～80%，高转化率沸腾床渣油加氢过程转化率可达到 97%。

⑦ 装置操作灵活。沸腾床工艺操作灵活，可在保持产品选择性和产品质量的情况下，

通过改变催化剂品种、使用量及操作条件，加工不同的原料油。可根据市场对产品需求和价格变化，迅速调整产品生产方案。而固定床反应器没有这种灵活性。

⑧ 投资低。用于金属含量高、重质渣油改质或需要达到较高转化率时，若采用固定床技术需要的反应器数量较多，床层之间需要使用氢气冷却，装置操作周期较短。采用沸腾床的装置，其投资低于固定床。

(2) 沸腾床工艺的一些缺点

① 脱硫率较低。受反应器性能的限制，一段反应器的脱硫率只有65%左右。

② 反应器中催化剂藏量小。在每立方米反应器容积中，催化剂藏量仅为40～60kg，只相当于固定床反应器的60%。

③ 催化剂耗量较高。尤其是高脱硫操作时催化剂成本更高。反混现象还会造成新鲜催化剂损失。

④ 产品质量稍差。所得产品还需要进一步加氢处理。

⑤ 沸腾床加氢裂化，工艺比较复杂，国内尚未工业化。

2. 悬浮床（浆液床）加氢工艺

悬浮床工艺是为了适应非常劣质的原料而重新得到重视的一种加氢工艺。原理与沸腾床类似，基本流程是将原料与细粉状催化剂预先混合，再和氢气一同进入反应器自下而上流动，催化剂悬浮于液相中，进行加氢裂化反应，催化剂随反应产物一起从反应器顶部流出。悬浮床工艺目前在国内还处于研究开发阶段。

任务8
了解渣油加氢技术

随着原油的重质化和劣质化，加上硫、氮和金属等杂质又较为集中存在于渣油中，渣油加氢处理主要是脱除渣油中硫、氮和金属杂质，降低残炭值，脱除沥青质，为下游RFCC或焦化提供优质原料；也可通过渣油加氢裂化生产轻质燃料油。例如：孤岛减压渣油经加氢处理后，脱除沥青质达70%，脱除金属达85%以上，可直接作为催化裂化原料。渣油加氢反应器的主要类型有固定床、移动床、沸腾床及悬浮床等。

渣油加氢过程中，发生的主要反应有加氢脱硫、脱氮、脱氧、脱金属，以及残炭前身物的转化和加氢裂化反应。这些反应进行的程度和相对比例不同，渣油的转化程度也不一样。根据渣油加氢转化深度的差别，习惯上将渣油加氢过程分为渣油加氢处理（RHT）和渣油加氢裂化（RHC）。渣油加氢精制工艺原理流程如图6-14所示。

原料经过滤器过滤后与循环氢混合，在换热器内和从反应器来的热产物进行换热，然后进入加热炉，加热到反应温度的原料进入串联的反应器。反应器内装有固定床催化剂。大多数情况下是采用液流下行式通过催化剂床层，催化剂床层可以是一个或数个，床层间设有分配器，通过这些分配器将部分循环氢或液态原料送入床层，以降低因反应放热而引起的温升。控制冷却剂流量，使各床层催化剂处于等温状态下运转。催化剂床层的数目取决于产生的热量、反应速率和温升限制。

在串联反应器中可根据需要装入不同类型的催化剂，如脱金属催化剂、脱氮催化剂和裂

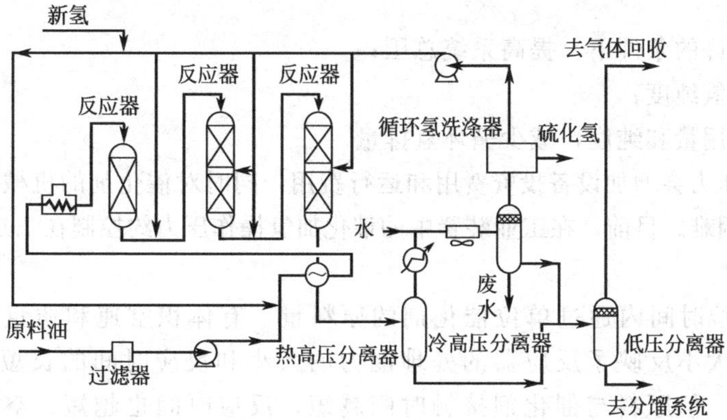

图 6-14 渣油加氢精制工艺原理流程

化催化剂，以实现不同的加氢目的。

渣油加氢处理工艺流程与馏分油加氢处理流程的不同之处有：

① 原料油先经过微孔过滤器，除去夹带的固体微粒，以防止反应器床层压降过快；

② 加氢生成油经热高压分离器与冷高压分离器，提高气液分离效果，以防止重油带出；

③ 由于一般渣油含硫量较高，故循环氢需要脱除 H_2S，防止或减轻高压反应系统腐蚀。

任务9 了解影响催化加氢的操作因素

在实际生产中，影响催化加氢过程的主要工艺条件有反应温度、压力、空速及氢油比等。对产品质量的调节，以调节反应温度为主要手段，空速、压力、氢油比等一般调节幅度不大。

1. 反应温度

温度对反应过程的影响，主要体现在对反应平衡常数和反应速率方面的影响。

加氢精制反应总体表现为放热反应，反应主要受反应速率制约，所以在一定温度范围内，提高温度，有利于加快反应速率。但温度过高易产生过多的裂化反应，增加催化剂表面积炭，使液体产品收率降低，甚至会影响产品中烯烃的含量。当温度较低时，从化学平衡的角度看是有利的，但采用较低温度时，会因反应速率太慢而失去经济意义。

对加氢裂化来讲，主要体现为对裂化转化率的影响。在其他参数不变的情况下，提高温度可加快反应速率，也意味着提高了转化率，这将导致低分子产品增加从而引起产品质量的变化。

在实际生产中，应根据原料油组成、性质及产品要求，选择适宜的反应温度。

2. 反应压力

反应压力在加氢反应过程中起着十分重要的作用。压力对反应的影响是通过氢分压来实现的，系统中氢分压一般以反应器入口循环氢纯度乘以总压来表示。加氢反应是体积缩小的反应，提高氢分压有利于加氢反应的进行，可加快反应速率，减少催化剂结焦。提高氢分压的方法有：

① 在设备允许的条件下，提高系统总压；

② 提高循环氢纯度；

③ 增加新氢用量和纯度，减少循环氢排量。

但是，提高压力会增加设备投资费用和运行费用，同时对催化剂的机械强度也要求提高，给设备制造带来困难。目前，在工业装置中的催化加氢操作压力约控制在7.0～20.0MPa。

3. 空速

空速是指单位时间内通过单位催化剂的原料量，有体积空速和质量空速，生产中多用体积空速。其大小反映了反应器的处理能力的大小和反应时间的长短。空速越大，装置处理能力越大，但原料与催化剂接触时间越短，反应时间也越短。空速的大小最终影响原料转化率和反应深度。一般情况下，不同原料油进行加氢处理的适宜空速范围见表6-5。

表6-5 不同原料油进行加氢处理的适宜空速范围

原料油加氢处理项目	适宜空速/h^{-1}	原料油加氢处理项目	适宜空速/h^{-1}
煤油馏分加氢	2.0～4.0	蜡油加氢裂化	0.4～1.0
柴油馏分加氢	1.2～3.0	重整油料预加氢	2.0～10.0
蜡油馏分加氢精制	0.5～1.5	渣油加氢	0.1～0.4

加氢精制的空速比较小，因为反应速率主要由催化剂表面反应来控制。加大空速会导致反应温度下降，此时需要提高反应温度予以补偿；低空速可以得到较好效果，但会促进加氢裂化反应，增加耗氢和催化剂积炭，在催化剂量不变时意味着降低了装置的处理能力。

4. 氢油比

氢油比指单位时间内进入反应器的氢气和原料油的比值，工业上常用体积氢油比。氢油比的变化实质上影响的是氢分压。增加氢油比，有利于加氢反应进行和提高催化剂寿命。提高氢油比的方法：①提高压力；②增加压缩机排量。但氢油比过高会使加氢深度下降，系统压力也增加，将增加装置的操作费用和设备投资费用。加氢氢油比的选择要综合考虑。

任务10
了解催化加氢的主要设备——反应器

反应器是加氢装置的关键设备。操作条件苛刻，要求反应器具有耐高温、高压，耐腐蚀等性能。因此，对材质要求高，制造困难，价格昂贵，占整个装置的投资比例大。根据介质是否直接接触金属器壁，可分为冷壁反应器和热壁反应器两种类型。反应器由简体和内部构件两部分组成。

看一看：下面是加氢反应器的运输和吊装过程（如图6-15～图6-17所示）。

图 6-15　陆上运输加氢反应器

图 6-16　水上运输千吨级加氢反应器

(a) 将反应器吊离拖车　(b) 单塔吊装反应器　(c) 双塔吊装反应器　(d) 反应器吊装就位

图 6-17　加氢反应器吊装过程

你知道吗？目前国内最大的加氢反应器高可达 50 多米，重量可达 1700 多吨。

1. 反应器筒体

加氢反应器筒体分为冷壁筒和热壁筒两种，其结构如图 6-18 所示。

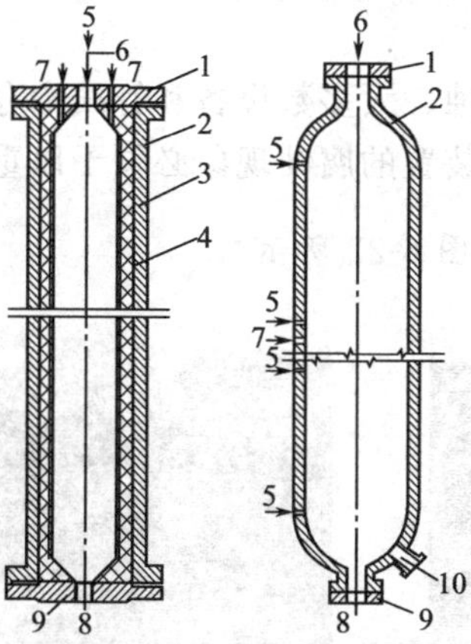

(a) 冷壁筒　(b) 热壁筒

图 6-18　加氢反应器两种筒体结构示意图

1—上端盖；2—筒体；3—内保温层；4—内衬筒；5—测温热偶管；6—反应物料入口；7—冷氢管入口；8—反应产物出口；9—下端盖；10—催化剂卸料口

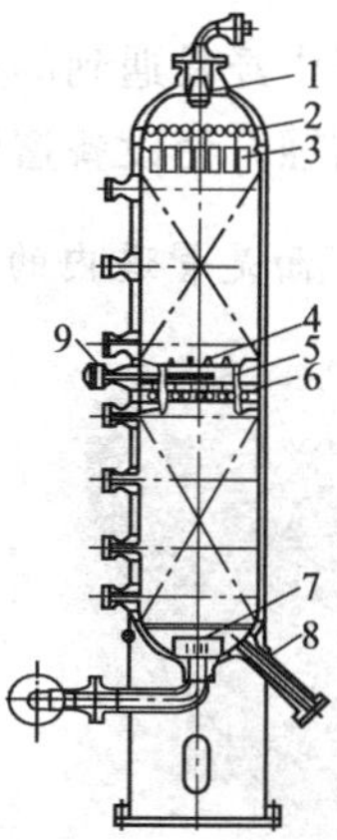

图 6-19　热壁加氢反应器示意图

1—入口扩散器；2—气液分配盘；3—积垢篮筐；4—催化剂支撑盘；5—催化剂连通管；6—急冷氢箱及再分配盘；7—出口收集器；8—卸催化剂口；9—急冷氢管

冷壁筒反应器设有隔热衬里，目前使用的内隔热衬里材料主要有矾土水泥、陶粒蛭石矾土水泥、火山灰水泥、轻质隔热混凝土、龟甲网耐热衬里和大颗粒膨胀珍珠岩等，且以大颗粒膨胀珍珠岩隔热混凝土衬里使用最多。冷壁筒反应器设有隔热衬里，筒体工作条件缓和，设计制造简单，价格较低，早期使用较多。但内衬里大大降低了反应器容积的利用率，单位催化剂容积用钢较高，而且，因衬里损坏而影响生产的事故还是时有发生。随着冶金技术和焊接技术的发展，冷壁反应器已逐渐被热壁反应器所取代。

热壁筒反应器是由带法兰的上端盖、筒体和下端盖组成的，所不同的是热壁筒体没有隔热衬里，而是采用双层堆焊衬里，需要选择抗高温氢腐蚀材料；若有硫化氢存在时，还要设不锈钢层以抵抗硫化氢侵蚀。侧壁还开有热电偶口、冷氢管口和卸料口。目前使用的最大尺寸为 ϕ3665×2780mm，材质为 21/4Cr-1Mo。

2. 反应器内构件

反应器内构件的设计，关键是要使反应物料与催化剂颗粒有效地接触，在催化剂床层内不发生流体偏流现象，另外对加氢反应为放热反应的特点，应设置有效的控温结构。

加氢反应器是多层绝热、中间氢冷、挥发组分携热和大量循环的三相反应器。因此，反应器内部要设置必要的内部构件，内部结构以达到气液均匀分布为主要目标。典型的反应器内构件有：入口扩散器、气液分配盘、积垢篮筐、催化剂支持盘、急冷氢箱、再分配盘及出口集合器等。如图 6-19 所示。

除反应器之外，加氢裂化装置还有其他一些重要的设备，包括高压分离器、高压换热器以及加热炉、空冷器等，这些设备也都具有特殊的要求。

任务11
了解催化加氢装置的腐蚀现象

在加氢过程中经常遇到的腐蚀有氢腐蚀和硫化氢腐蚀，大多数设备和管线中存在着这两种介质的同时腐蚀，使设备遭到破坏，造成事故，加氢装置的腐蚀现象必须予以重视。

看一看：下面是管道内的管壁腐蚀图（如图 6-20～图 6-22 所示）。

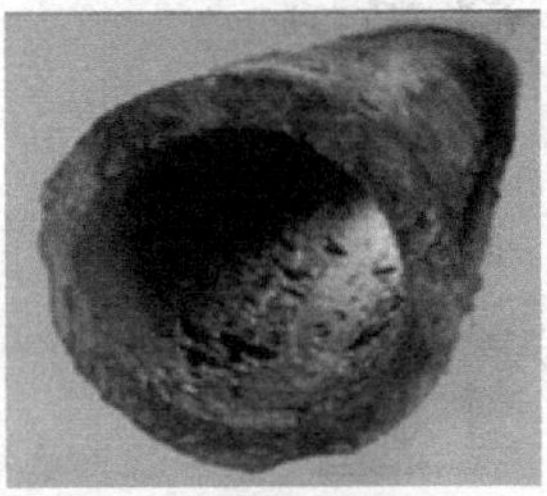

图 6-20　多处麻坑的氢腐蚀

图 6-21　垢下腐蚀

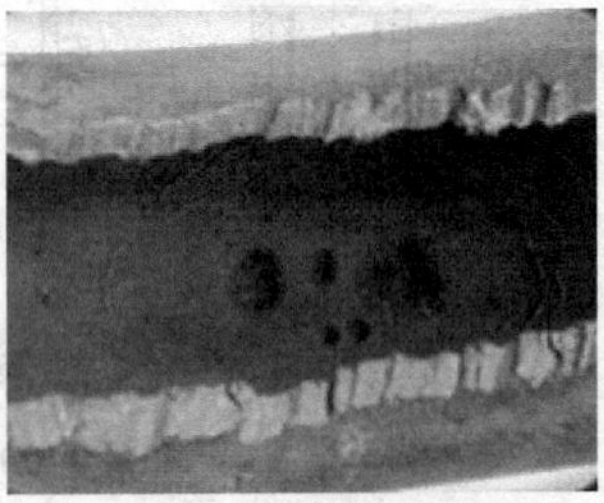

图 6-22　腐蚀坑

1. 氢腐蚀

在高温高压条件下，氢对钢有强烈的腐蚀作用，主要表现有：氢渗透、氢鼓泡、氢脆化、金属脱碳等。

氢渗透是指氢原子扩散到金属晶格里。常温常压下，氢气是以分子状态存在的，由于氢分子大，不可能渗入金属中，但高温高压下，氢是以氢原子的状态存在的，而氢原子直径小，能穿透金属表面层，扩散到金属晶格内或穿透金属向外排出。

渗入金属晶格的氢原子，在金属内部存留或集聚，在一定条件下有的转化成氢分子，放出热量，体积增大而出现氢鼓泡现象。氢鼓泡导致金属强度下降和产生内应力集中。

金属脱碳即渗入金属晶格的氢原子与金属内碳原子作用生成甲烷，甲烷在金属中不能扩散，只能积聚在金属原有的微孔隙中，形成局部高压，引起鼓泡并发展成裂纹。

鼓泡和金属脱碳会使金属的延展性降低，脆性增高，在金属晶体之间形成裂纹。随着使用时间的延长，裂纹由小变大，由少变多，到后期，无数裂纹相连，以致突然断裂。

几乎所有的钢种，在高压氢气中保持一定温度时，均是氢腐蚀脆化发生的“潜伏期”，潜伏期是指微裂纹成长至足够使拉伸试验或冲击试验的试件发生脆化的程度所用的时间。潜伏期的长短可以用来确定钢材在高温高压氢气中安全使用的年限。

目前加氢设备采用的防氢腐蚀措施有：①内保温法，即将反应器壁温度由 450℃以上降至 200℃左右，使反应器壁温度低于氢腐蚀开始的温度；②采用抗氢腐蚀衬里；③采用多层式结构。

2. 硫化氢腐蚀

在加氢原料中常含有或多或少的硫，且裂化过程中，为了使催化剂保持一定活性，必须维持循环氢中具有一定的硫化氢（H_2S）浓度，这些 H_2S 会使反应器、加热炉、换热器等系统的设备腐蚀。

H_2S 对设备的腐蚀主要取决于其浓度和操作温度。浓度越大，腐蚀越厉害。H_2S 气体操作温度在 200～260℃时，对钢基本不产生腐蚀或腐蚀较小；但温度大于 260℃时腐蚀加快，与铁作用生成硫化铁。硫化铁是一种具有脆性、易剥落、不起保护作用的锈皮，会造成管线压力增大，甚至毁坏设备或停产。

目前加氢设备采用的防 H_2S 腐蚀措施有：降低循环氢中 H_2S 浓度；采用一些不含铬或少含铬的抗 H_2S 钢种；采用渗铝工艺保护钢表面；采用内保温措施降低壁温来防止氢蚀以减轻 H_2S 腐蚀。

任务12 了解加氢过程相关计算

1. 加工能力、加工负荷及加工损失

装置加工能力是指装置的设计加工量。加工负荷是指装置的实际加工量。加工损失主要包括含硫污水带走的物质，以及装置的跑、冒、滴、漏、放空造成的损失。

$$装置加工损失=1-\Sigma物料收率$$

2. 氢耗的计算

加氢装置的氢耗包括化学耗氢、溶解损失、设备泄漏和废氢排放等四部分。化学耗氢根据化学反应类型不同耗氢量不同；溶解损失和高压分离器入口温度、压力和生成油的相对分子质量有关；泄漏损失和设备制造质量、安装质量有关；为了保证氢气纯度装置还要排放尾氢。

氢耗的计算一般按照装置每吨原料油消耗的氢气量计算。通常用每吨原料消耗的氢气体积表示，也可用消耗新氢占原料的百分数表示。

氢耗＝新氢纯体积流量/装置进料质量流量

氢耗＝新氢纯氢质量/装置进料质量流量

【例 6-1】 加氢进料量 240t/h，其中原料中硫含量为 10mg/g、氮含量 1mg/g、氧含量 0.5mg/g、烯烃 1.3mg/g。已知脱除各种杂质在标准状况下的耗氢量为 $5m^3/kg$ 硫、$3m^3/kg$ 氮、$3m^3/kg$ 氧、$7m^3/kg$ 烯烃。若将原料中全部杂质脱除，求每小时的反应耗氢量是多少？

解 每小时原料油的反应在标准状况下的耗氢量为：

$$(240\times1\%\times5+240\times0.1\%\times3+240\times0.05\%\times3+240\times0.13\%\times7)\times1000=15264\ (m^3/h)$$

答：每小时原料油的实际反应在标准状况下的耗氢量是 $15264m^3$。

3. 加氢脱硫率、加氢脱氮率的计算

装置脱硫率、脱氮率是体现催化剂性能的主要指标之一。

$$装置脱硫率=\left(1-\Sigma\frac{目的产品硫含量}{原料油硫含量}\right)\times100\%$$

$$=\frac{原料油硫含量-\Sigma目的产品硫含量\times目的产品的收率}{原料油硫含量}\times100\%$$

$$装置脱氮率=\left(1-\Sigma\frac{目的产品氮含量}{原料油氮含量}\right)\times100\%$$

$$=\frac{原料油氮含量-\Sigma目的产品氮含量\times目的产品的收率}{原料油氮含量}\times100\%$$

【例 6-2】 加氢装置改造后设计原料油硫含量为 11.8mg/g，柴油硫含量为 0.5mg/g，柴油收率为 97.95%；汽油硫含量为 0.12mg/g，汽油收率为 0.85%。求该装置汽、柴油对于原料的加氢脱硫率是多少？

解 脱硫率＝(11.8－0.5×97.95%－0.12×0.85%)×100%/11.8＝95.84%

答：加氢装置脱硫率为 95.84%。

4. 装置收率计算

加氢装置的收率，通常计算目的产品对于原料油的收率。

$$目的产品收率=\frac{目的产品产量}{原料油加工量}\times100\%$$

对于流量稳定的装置一般选取目的产品瞬时流量和原料油的瞬时流量来计算，亦可选取某段时间的数据作为计算依据。通过目的产品收率的计算，可以作为装置提供调整反应条件的依据，对于汽柴油混合加氢装置，目的产品应该是汽油和柴油。

任务13

了解馏分油加氢系统的开、停车操作基本要点

1. 催化剂湿法硫化正常开车操作

(1) 开车前准备工作

吹扫、单机试运行等试车完毕；水、电、汽、风、软化水、瓦斯供应正常；安全消防器

材配备齐全，安全措施落实；氮气合格并在临氢系统置换，以备在催化剂干燥时满足供应；重整开工正常，可供应足够的氢气；准备好硫化剂且操作时注意安全，准备好原料油在稳定催化剂初活性时用；催化剂装填完毕，反应器拆卸部位已安装好；各测压点装好合适的压力表，冷却器上冷却水；准备好硫化氢测试管和气密用具。

(2) 氮气置换、气密

拆除反应器出入口盲板，将临氢系统用盲板隔离；打通循环流程并按流程补入氮气给分离器充压，对临氢系统进行置换；置换合格后，升压进行全面检查，无泄漏后，进行压降试验至合格。

(3) 催化剂的干燥

反应系统气密合格后，排放各低点存水，降低系统压力，分析氧含量<0.5%，启动氢循环压缩机，建立气体循环，加热炉点火并按催化剂干燥程序表进行升温干燥。

(4) 氢气置换、气密

干燥结束后，反应器床层降温至150℃以下，加热炉熄火，反应系统压力放空。检查新氢管线，同重整联系新氢进装置，压缩机循环1h后，采样分析氢气纯度大于80%为置换合格。合格后反应床层升温并恒温，升压进行两个阶段的全面氢气气密，尤其停工期间拆卸过的部位重点检查，稳压试验压降小于0.06MPa/h为合格。

(5) 硫化，退硫化油

反应系统气密结束，将温度、压力降到合适值后，按硫化流程进直馏煤油使直馏煤油在装置内循环，引硫化剂进反应器硫化。

硫化结束的标志：床层最高点温度下移至反应器最下部；循环氢中硫化氢含量突然上升，连续两次分析硫化氢含量大于1.2%；生成油比例明显下降，硫化氢测试管现场测试已穿透。

硫化结束后，停注硫化剂，用硫化油循环使反应器降温，引直馏煤油置换硫化油。

(6) 原料油切换和调整操作，出产品

催化剂活性稳定后，切换原料油，加氢原料进装置，反应器注冷氢、分离罐注水，气提塔停全回流，粗汽油合格后去重整，产品合格后停大罐循环，柴油产品出装置。

(7) 装置安全操作

注意各装置操作的安全。

2. 正常停车操作（可分为催化剂再生前的停车和催化剂不需再生的停车操作）

(1) 停车前准备工作

按要求做好停车前准备工作。

(2) 反应系统降温、降量（催化剂不需再生的停车操作）

反应器入口温度降至280～300℃，切换直馏油品。

继续降温至200℃时，停进料、停注水，继续氢循环。

当温度降至150℃以下，加大氢气量，吹尽催化剂上烃类残留物。

当温度降至80℃以下，系统压力降低至0.5MPa，停氢气。

若停工时间较长，需用氮气置换系统，并保持反应器一定的氮气压力。

3. 安全操作

见项目三任务21中4。

4. 馏分油加氢操作中不正常现象的处理方法

在馏分油加氢操作中，不正常的现象和处理方法有以下几种。

（1）加氢反应器温升变化

可能原因	① 原料的烯烃含量，硫、氮、氧含量变化 ② 原料中混入直馏组分或改循环时间过长 ③ 氢纯度或循环氢、冷氢流量变化 ④ 系统总压变化 ⑤ 反应器或换热器有短路 ⑥ 原料带水 ⑦ 空速变化 ⑧ 催化剂结焦中毒，活性下降 ⑨ 新氢流量及组成变化
处理原则	① 根据实际情况找出原因 ② 加强平衡操作，对可调参数应迅速调整正常

（2）加氢临氢系统压差变化

压差变大可能原因	① 氢纯度下降 ② 循环氢量增加 ③ 原料处理量增大或组成变轻、带水 ④ 催化剂局部粉碎或结焦 ⑤ 反应器入口分配器堵塞或出口堵塞结焦 ⑥ 注水量减少，冷却器铵盐堵塞 ⑦ 换热器结垢或压缩机入口堵
压差变小可能原因	① 氢纯度上升，或氢油比、空速突然下降 ② 原料组成变重 ③ 换热器泄漏或气流走短路
压差变化的预防	① 每班定时观察记录系统差压 ② 选择合适的温度压力空速及氢油比 ③ 原料要定时脱水，并及时取得分析数据 ④ 保证注水正常连续 ⑤ 认真检查各设备状况（如反应器、炉管、换热器等重要部位发生异常）

（3）高压分离器液控失灵

可能原因	① 控制阀卡住或堵塞 ② 测量指示失灵 ③ 进料量变化过大 ④ 定位器故障 ⑤ DCS系统故障或仪表参数不适当
处理原则	① 修理或清扫控制阀及定位器 ② 修理一次表 ③ 称定进料量 ④ 定位器改手动 ⑤ 改副线操作，修理DCS系统或选择适当的仪表参数

（4）高压分离器压控失灵

可能原因	① 压力指示控制仪表参数不适当 ② 含氢气体管路不通 ③ 控制阀及定位器故障 ④ 新氢中断，控制阀内漏
处理原则	主操：①选择适当的登记表参数 ②放空系统放空，保持系统压力 外操：①修理控制阀及定位器 ②关死压控控制阀的前后截止阀，系统保压

（5）临氢降凝反应温度控制

影响因素	① 原料量波动，原料性质波动 ② 新氢量、循环氢量波动 ③ 加氢反应器出口温度波动 ④ 燃料气压力波动 ⑤ 冷氢量变化
调节方法	① 平稳原料量，稳定原料性质 ② 通知压缩机岗位，稳定压缩机循环量 ③ 及时调节加氢反应器出口温度 ④ 根据瓦斯组成的变化，调节瓦斯量或压力 ⑤ 冷氢调节阀的变化影响反应温度

（6）反应压力控制（反应压力以高压分离器压力为准）

影响因素	① 加氢进料不稳 ② 反应温度波动 ③ 高压分离器压控失灵 ④ 新氢或循环氢流量波动 ⑤ 高压分离器压控阀后，尾气管线堵塞或排放不畅 ⑥ 原料带水，反应器入口压力上升 ⑦ 气液分离效果差，耗氢量增加，引起系统压力下降
调节方法	① 平稳进料操作 ② 稳定反应器入口温度，控制床层温升 ③ 联系登记表修理，改手动或会线操作 ④ 检查氢压缩机是否发生故障，必要时切换备机 ⑤ 疏通管路，暂时从紧急放空线控制压力，处理畅通后再改回 ⑥ 加强脱水调整操作 ⑦ 调整高压分离器温度及液位，减少氢气损失

（7）低压分离器液位波动

可能原因	① 高分液面波动 ② 低分液控失灵 ③ 低压压力低，油压不出来 ④ 产物与生成油换热器内漏

续表

处理方法	① 检查高分液面控制阀，尽快平稳高压分离器液面 ② 高压分离器液控改搬运控制或会线操作 ③ 调节低压分离器压控阀，适当提高低压分离器压力 ④ 汇报车间及调度，按停工处理

(8) 高压分离器压力逐渐下降

可能原因	① 重整产氢量减少 ② 加氢反应温度较高，使耗氢量增大 ③ 加氢处理量增大，也引起耗氢量增大 ④ 原料性质改变
处理方法	首先查明原因，再采取措施。正常生产时，在保证精制柴油符合要求的情况下，加氢装置的处理量取决于重整的产氢量。在调度同意的情况下，遇到高压分离器压力逐渐下降时，可采取降低处理量的措施。在处理量降至 25t/h，还不能保证压力平衡，则要求降低反应温度，直至压力平衡，但是，此时应密切注意柴油的质量是否合格，也可以同时采取降温、降量的措施，降温每次 2～3℃/h，降量每次 1～2t/h

(9) 高压分离器压力逐渐上升

可能原因	① 重整产氢量增大 ② 加氢原料性质改变，如换原料品种等 ③ 加氢反应温度降低 ④ 加氢处理量减少 ⑤ 尾氢没按量排放
处理方法	① 提进料量 ② 增大尾氢排放量，保持压力平稳

任务14
了解加氢裂化系统的操作与维护基本要点

1. 正常开车操作

① 开车前准备工作；

② N_2 气密；

③ 高压部分进油前的准备工作；

④ 油运；

⑤ 催化剂干燥；

⑥ 催化剂硫化；

⑦ 催化剂活化；

⑧ 催化剂还原；
⑨ 催化剂钝化；
⑩ 切换进料；
⑪ 调整操作。

2. 正常操作

① 反应调节；
② 分馏调节。

3. 正常停车操作

① 停车前准备工作；
② 反应部分正常停车；
③ 分馏部分正常停车；
④ 系统停车吹扫；
⑤ 停车后检查。

4. 安全操作

见项目三任务 21 中 4。

任务15
了解渣油加氢系统开、停车操作基本要点

1. 正常开车操作

① 开车前准备工作；
② 催化剂装填；
③ 装置吹扫和气密；
④ 催化剂干燥；
⑤ 催化剂硫化；
⑥ 原料油切换和调整操作。

2. 正常停车操作

① 停车前准备工作；
② 反应系统降温降量；
③ 蜡油置换；
④ 柴油置换、浸泡；
⑤ 停进料、注水和 DEA；
⑥ 系统降压；
⑦ 反应器脱氢；
⑧ 反应系统降温。

3. 安全操作

与本项目任务 13 相同。

任务16
了解加氢反应器的操作与维护基本要点

1. 正常开车操作

① 开车准备工作；

② 反应器升温；

③ 反应器加压；

④ 反应器进料、提量；

⑤ 调整操作。

2. 正常维护

坚持进行闭灯检查反应器的密封性能。

3. 正常停车操作

① 停车准备工作；

② 反应器降温降量；

③ 油的置换和浸泡；

④ 停进料、注水；

⑤ 反应器降压；

⑥ 反应器脱氢；

⑦ 反应器降温。

4. 安全操作

与本项目任务 13 中安全操作相同。

项目小结

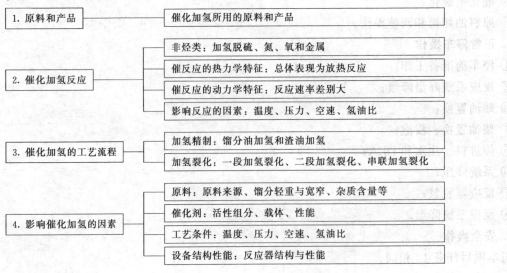

1. 原料和产品	催化加氢所用的原料和产品
2. 催化加氢反应	非烃类：加氢脱硫、氮、氧和金属
	催反应的热力学特征：总体表现为放热反应
	催反应的动力学特征：反应速率差别大
	影响反应的因素：温度、压力、空速、氢油比
3. 催化加氢的工艺流程	加氢精制：馏分油加氢和渣油加氢
	加氢裂化：一段加氢裂化、二段加氢裂化、串联加氢裂化
4. 影响催化加氢的因素	原料：原料来源、馏分轻重与宽窄、杂质含量等
	催化剂：活性组分、载体、性能
	工艺条件：温度、压力、空速、氢油比
	设备结构性能：反应器结构与性能

自测与练习

考考你，横线上应该填什么呢？

1. 加氢精制除去杂质的反应有______、______、______、______及______。
2. 加氢催化剂的使用性能有______、______、______和______。
3. 一段加氢裂化的方案有______、______和______。
4. 加氢裂化的化学反应有______、______、______。
5. 固定床加氢裂化有三种流程，即______、______、______。
6. 影响催化加氢过程的操作因素有______、______、______和______。
7. 在加氢裂化装置中，常见的腐蚀现象有______和______。

考考你，能回答以下这些问题吗？

1. 烃类加氢主要发生哪两类反应？具体反应有哪些？
2. 加氢精制和加氢裂化催化剂有什么不同？
3. 一段加氢裂化有什么特点？
4. 渣油加氢与馏分油加氢有什么不同？
5. 二段加氢裂化过程的特征是什么？与一段相比，工艺上有什么特点？
6. 简述各工艺条件对加氢过程的影响。

用图说话很方便！

1. 请完成下面加氢精制生产工艺流程方框图的内容。

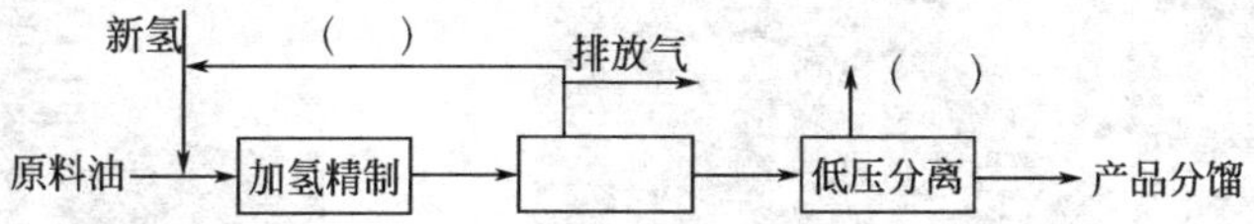

2. 请完成下面串联加氢裂化生产工艺方框的内容。

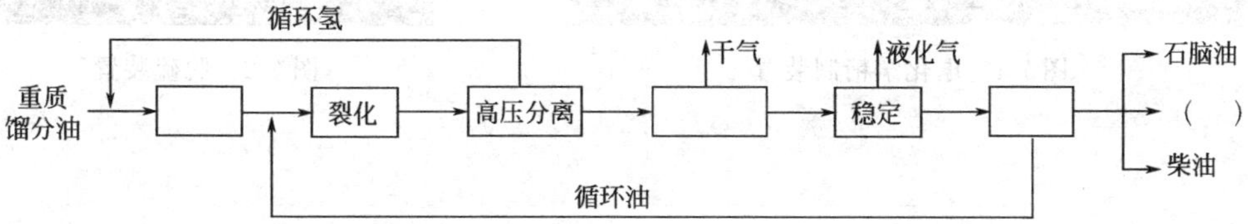

3. 试画出渣油加氢精制工艺原理流程方框图。

项目七

燃料油品的精制

知识目标

- 了解燃料油品精制的必要性和方法；
- 熟悉油品精制的原理、工艺流程、影响因素分析、产品组成要求。

能力目标

- 根据燃料油的使用要求，对燃料油的组成、性能做出正确判断；
- 对实际生产过程进行操作。

看一看，下面这些装置（如图 7-1、图 7-2 所示）是由哪些设备组成的？

图 7-1 电化学精制装置

图 7-2 脱硫装置

任务1 了解油品精制的必要性和方法

1. 油品精制的必要性

石油经一次加工、二次加工后得到各种轻质燃料油品，这些油品中常含有少量的杂质或非理想的成分，如硫、氮、氧等化合物，胶质，某些不饱和烃或芳香烃，尤其是加工含硫原油时，硫化物含量更高。这些杂质或非理想成分对油品的颜色、气味、燃烧性能、低温性能、安定性、腐蚀性等使用性能有很大的影响，而且燃烧后放出有害气体会污染大气，油品容易变质等，不能直接作为商品使用。为了使油品质量能够满足使用要求，需要通过进一步处理，将这些杂质或非理想成分从油品中除去。

用含硫原油加工得到的汽油经过精制除去硫化物或硫，以改善汽油的安定性、抗腐蚀性等指标。汽油辛烷值低需调入高辛烷值组分，加入抗爆剂，以提高汽油辛烷值；焦化汽油中有大量的烯烃存在，使汽油的安定性变坏，在存储期间易生成胶质，需经过精制除去不安定组分。

直馏柴油经过精制除去环烷酸，酸值才能合格；为了使含蜡高的直馏柴油凝固点合格，需要进行脱蜡；为了改善热裂化柴油和焦化柴油的安定性及抗腐蚀性，需经过精制除去胶质、沥青质、含硫化合物等杂质；对芳烃含量高的柴油馏分，为改善燃烧性能，需经过精制降低芳烃含量。

对含硫较多的喷气发动机燃料进行精制，除去硫、硫化物、有机酸和不饱和烃等。液化气中硫化物需要除去，以改善气味和消除腐蚀性。

2. 油品精制方法

石油产品所采用的精制方法，可以是一种，也可能是多种方法的组合，将各种加工过程所得到的半成品油加工成为商品油，需要以下两个过程。

（1）油品精制

为了使油品质量能够满足使用要求，需要将油品中杂质或非理想成分除去，以改善油品质量的加工过程叫做油品的精制。常见的精制方法见表 7-1。

表 7-1 常见的精制方法

精制方法	精制原理
化学精制	使用化学药剂如硫酸、氢氧化钠等，与油品中的一些杂质如硫化合物、氮化合物、胶质、沥青质、烯烃和二烯烃等发生化学反应，除去这些杂质，以改善油品的颜色、气味、安定性，降低硫、氮的含量等。化学精制过程有：酸碱精制和氧化法脱硫醇
溶剂精制	利用某些溶剂对油品中理想组分和非理想组分（或杂质）的溶解度差异，有选择地从油品中除去某些非理想组分，从而改善油品的一些性质。如，用二氧化硫或糠醛作为溶剂，降低柴油的芳香烃含量，改善柴油的燃烧性能，同时还能降低含硫量。但由于溶剂的成本较高，且来源有限，溶剂回收和提纯的工艺较复杂，因此在燃料生产中溶剂精制应用不多
吸附精制	利用一些对极性化合物有很强的吸附作用的固体吸附剂如白土等，脱除油品的颜色、气味，除掉油品中的水分、悬浮杂质、胶质、沥青质等极性物质。白土精制法技术落后，生产效率低不能脱硫，现已被其他的精制方法代替。目前，在炼油厂应用的分子筛脱蜡过程也是一种吸附精制过程
加氢精制	在催化剂存在下，用氢气处理油品的一种精制方法。由于高压氢气和催化剂的存在，油品中的非烃化合物如硫、氮、氧等化合物转化成相应的烃和硫化氢、氨、水，从油品中除掉，烯烃和二烯烃可以得到饱和，但烃仍保留在油中，使产品质量和产率高。加氢精制是燃料生产中最先进的精制方法。目前加氢精制已逐渐代替其他的精制过程，详见项目六加氢精制
柴油脱蜡	用冷冻的方法，使柴油中含有的蜡结晶出来，以降低柴油的凝点，同时又可获得商品石蜡

（2）油品调和

油品调和包含两层含义，一是不同来源的油品按一定比例混合。例如，催化裂化汽油和重整汽油调合成高辛烷值汽油；催化裂化柴油和常减压柴油调合成高十六烷值柴油。二是在油品中加入少量的添加剂，使油品性质得到改善。例如，在油品中加入抗氧化剂，可以改善燃料油抗氧化性能。

详见项目十。

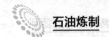

3. 各类石油产品的精制方法

（1）液化气和轻质油精制

原油蒸馏的直馏轻质烃、轻质油品（汽油、煤油、轻柴油）和二次加工生成的轻质油品以及液化石油气等，通过碱洗、脱硫醇、加氢精制等除去硫化氢、烷基酚、环烷酸和部分硫醇等，以得到合格的成品。

详见项目八。

（2）润滑油精制

详见项目九。

（3）石油蜡精制

由溶剂脱蜡和其他过程生产的石蜡原料，一般含油较多并有稠环芳烃、烯烃、硫、氮、氧的化合物等杂质，必须进行精制。目前大多采用溶剂蜡脱油和石蜡加氢精制的方法。

（4）重质燃料油精制

含硫原油生产的减压渣油通常含硫较高，如果作燃料使用会污染环境并腐蚀设备，一般经减黏处理使减压渣油转化为低黏度、低凝点的燃料油，然后经渣油加氢脱硫工艺生产低硫优质燃料油。

各类石油产品的精制方法见表 7-2。

表 7-2 各类石油产品的精制方法

序号	产品名称	精制方法
1	液化气	碱洗、乙醇胺脱硫、脱硫醇（脱臭）
2	汽油	电化学精制（碱洗、水洗）、脱硫醇（脱臭）、加氢精制
3	喷气燃料	碱洗、脱硫醇、分子筛脱蜡、加氢精制
4	煤油	电化学精制（酸洗、碱洗、水洗）、加氢精制
5	柴油	电化学精制、脱硫醇、尿素脱蜡、加氢精制
6	润滑油	溶剂脱蜡、溶剂精制（糠醛、酚、NMP 精制）、溶剂脱沥青、加氢精制、加氢脱蜡、白土精制
7	石蜡油	溶剂脱油、酸碱精制、加氢精制、白土精制

本项目主要介绍目前国内常用的酸碱精制和汽油、煤油脱硫醇两种精制工艺，有关加氢精制已在项目六中作了介绍。

阅读小资料　　石蜡的用途

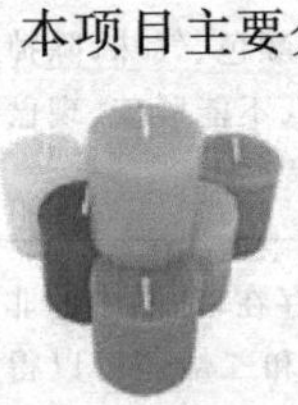

图 7-3　石蜡制品

石蜡（如图 7-3 所示）的用途十分广泛。将纸张浸入石蜡后就可制取有良好防水性能的各种蜡纸，可以用于食品、药品等包装、金属防锈和印刷业上；石蜡加入棉纱后，可使纺织品柔软、光滑而又有弹性；石蜡还可以制得洗涤剂、乳化剂、分散剂、增塑剂、润滑脂等。

任务2

了解燃料油酸碱精制的原理

燃料油进行酸碱精制，是利用酸和碱对油品中的一些杂质如硫化合物、氮化合物、胶质、沥青质、烯烃和二烯烃等进行溶解和反应，除去这些杂质，以改善油品的使用性能，提高油品质量。酸碱精制是最早出现的一种精制方法，这种精制方法工艺简单、设备投资和操作费用低。国内炼油厂现在采用的是改进了的酸碱精制方法，它是将酸碱精制与高压电场加速沉降分离相结合的方法，称为电化学精制。

酸碱精制过程包括酸、碱精制和静电混合分离。

1. 酸洗

酸洗所用的酸是硫酸，在精制条件下浓硫酸对油品起溶剂、化学试剂和催化剂的作用。

在一般的硫酸精制条件下，硫酸对各种烃类除可微量溶解外，对烷烃、环烷烃等主要组分基本上不起化学作用，但硫酸可与大部分的烯烃和非烃化合物发生化学反应，这些非烃化合物包括氧化合物、碱性氮化合物、含硫化合物、胶质等。

在过量的硫酸和升高温度的情况下，硫酸可与芳烃发生磺化反应生成磺酸，产物溶于酸渣而被除去。所以，在精制汽油时，应控制好精制条件，否则会由于芳烃损失而降低辛烷值。精制喷气燃料时，由于对芳烃含量有一定限制，可除去一部分芳烃，但是精制产品的收率会有所降低。

硫酸对非烃类化合物的溶解度较大，与它们的作用可分为化学反应、物理溶解和无作用等三种情况。其中硫化氢（H_2S）在硫酸的作用下氧化成硫，仍旧溶解于油中。所以在油品中含有相当数量的硫化氢时，必须用预碱洗法除去 H_2S。

总之，酸洗可以很好地除去胶质、碱性氮化物和大部分环烷酸、硫化物等非烃化合物，以及烯烃和二烯烃。

2. 碱洗

碱洗是用浓度为10%～30%（质量分数）的氢氧化钠水溶液与油品混合，碱液与油品中烃类几乎不起作用，但它可除去油品中的含氧化合物（如环烷酸、酚类等）和某些硫化物（如硫化氢、低低硫醇等）以及中和酸洗之后油品中残留的酸性产物（如硫酸、磺酸、硫酸酯等）。

碱洗过程经常是和酸洗联合应用，即所谓的酸碱精制。在酸洗之前的碱洗称为预碱洗，主要是为了除去 H_2S；在酸洗之后的碱洗，主要是为了除去酸精制后油品中残余的酸渣。

酸碱洗涤后，还需进行水洗，以除去残余的酸碱等杂质，保证成品油呈中性。

3. 电场沉降分离

纯净的油是不导电的，但在酸碱精制过程中生成的酸渣和碱渣能够导电。电场的作用主要是促进反应、加速聚集和沉降分离。

在酸碱精制过程中，酸碱呈微粒分散在油品中，在高压（15000～25000V）直流（或交流）电场的作用下，加速了酸碱微粒在油品中的运动，使各种杂质与酸碱充分接触，使杂质与酸碱的反应或溶解充分进行；加剧了反应产物颗粒间的相互碰撞，促进了酸渣和碱渣的聚集和沉降，从而达到快速分离的目的。如图7-4所示。

图7-4 电捕油器

任务3
掌握油品酸碱精制工艺流程

酸碱精制的工艺流程一般有预碱洗、酸洗、水洗、碱洗、水洗等步骤，生产中根据需要精制的油品种类、杂质含量和精制产品的质量要求，确定采取适当步骤。例如：当原料中含有较多的硫化氢时才采用酸洗前的预碱洗；而酸洗后的水洗，是为了除去一部分酸洗后未沉降完全的酸渣，以减少后面碱洗时的用碱量；对直馏汽油和催化汽油以及柴油，通常只采用碱洗。酸碱精制的工艺流程如图 7-5 和图 7-6 所示。

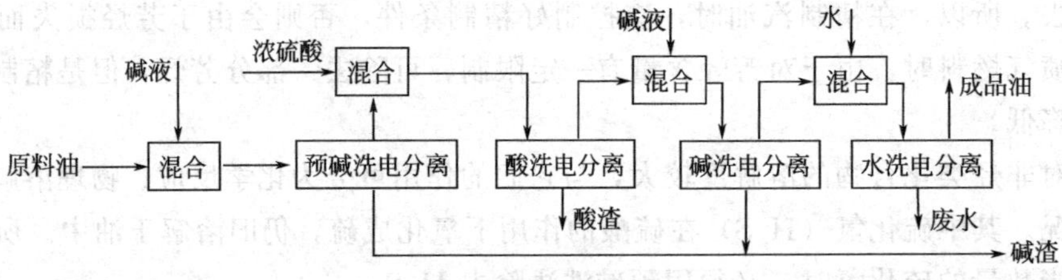

图 7-5 酸碱精制工艺流程方框图

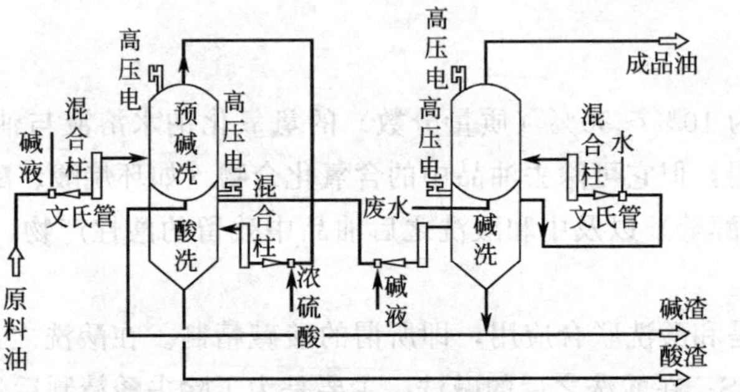

图 7-6 酸碱精制工艺流程

原料油与碱液（浓度一般为 4%～15%）充分混合后，进入电分离器，碱渣在高压电场作用下凝聚、沉降、分离后从分离器底部排出。混合器可以是文氏管或静态混合器等，如图 7-7～图 7-9 所示。

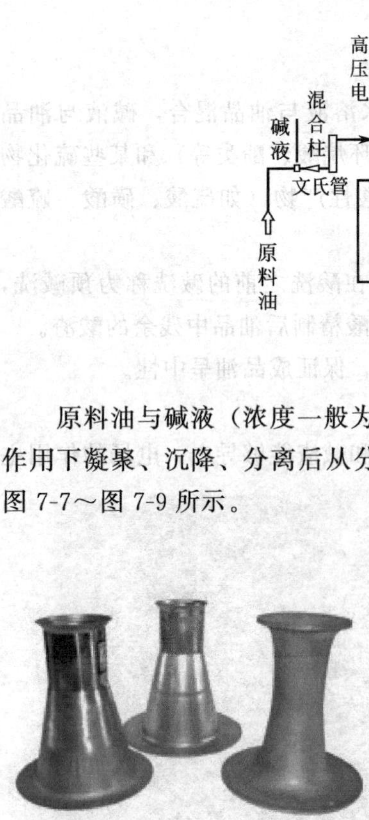

图 7-7 文氏管

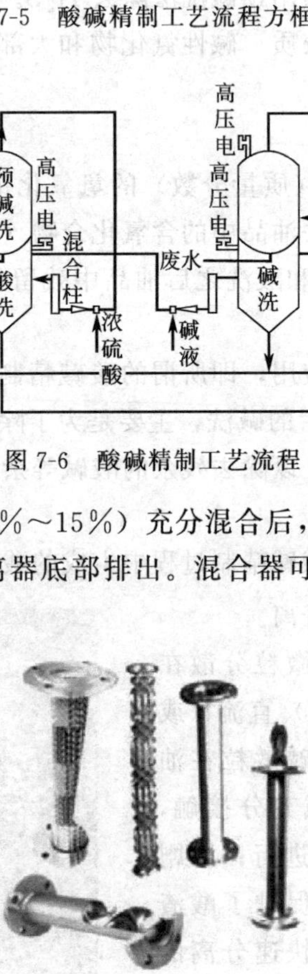

图 7-8 管式静态混合器

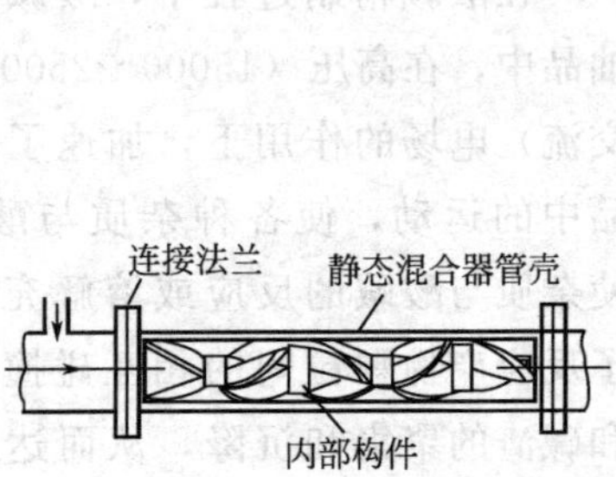

图 7-9 静态混合器结构剖视图

经过预碱洗的油品从分离器顶部流出，在常温下与浓硫酸充分混合后进入酸洗电分离器，酸渣自分离器底部排出。

酸洗后的油品从酸洗电分离器顶部流出，依次再经过碱洗和水洗电分离器，成品油自水洗电分离器顶部引出。

酸碱精制的主要设备是电分离器，外观为一立式圆筒，底部呈圆锥形。器内上部装有电极，电极电压为2万伏左右的直流或交流电，电场梯度为1600～3000V/cm。

酸碱精制过程虽然技术简单、设备投资少、操作费用低，但需要消耗大量的酸碱，产生的酸碱废渣不易处理，严重污染环境，以及精制损失大、产品收率低，所以酸碱精制正在被加氢精制所代替。

任务4 了解轻质油品脱硫醇的方法

直馏产品精制的目的，主要是脱除硫化物（特别是含硫原油加工的油品），而汽油、喷气燃料中所含硫化物大部分为硫醇。硫醇有极难闻的臭味（当油品中含有10^{-8}g/L的硫醇时，即可闻到恶臭味），属于弱酸（其酸性比乙酸弱），它会影响油品的其他使用性能。因此，脱除硫醇是提高轻质油品质量的主要方法之一，也称油品脱臭。脱硫醇的方法一般有：氧化法、抽提法和抽提-氧化法三种。

1. 氧化法脱硫醇

此法是利用空气中氧或氧化剂直接氧化油品中的硫醇，生成二硫化物。生成的二硫化物仍溶解于油品中，所以氧化后的油品含硫量与氧化前相同，对油品添加剂的感受性没有改善。

2. 抽提法脱硫醇

此法是利用含催化剂的强碱液抽提油品中的硫醇，反应后生成的硫醇钠存在于碱液中，碱液用水蒸气汽提分解硫醇钠，或用空气直接氧化硫醇钠，生成的二硫化物不溶于碱，可与碱液分层，碱液可循环使用。

3. 抽提-氧化法脱硫醇

此法是将氧化法和抽提法结合起来，碱液抽提后仍残留在油品中的高级硫醇氧化成二硫化物，有代表性的方法是催化氧化脱硫醇。

任务5 掌握催化氧化脱硫醇工艺流程

催化氧化法脱硫醇包括抽提和氧化脱臭两个部分。根据各种油品中硫醇分子大小及含量不同，可以单独使用抽提和氧化脱臭中的一部分，或将两部分结合起来。例如：液化石油气精制时，可只用抽提过程；对硫醇含量较低的汽油馏分，只用脱臭过程即可；但对硫醇含量较高的汽油，通常先抽提除去大部分硫醇，然后再进行脱臭；而精制煤油馏分，通常只用脱臭部分。

在脱硫醇处理之前，需用5%～10%的氢氧化钠溶液（NaOH）进行预碱洗，以除去原料油中所含的硫化氢、酚类和环烷酸等酸性杂质。

催化氧化法脱硫醇工艺流程如图7-10和图7-11所示。

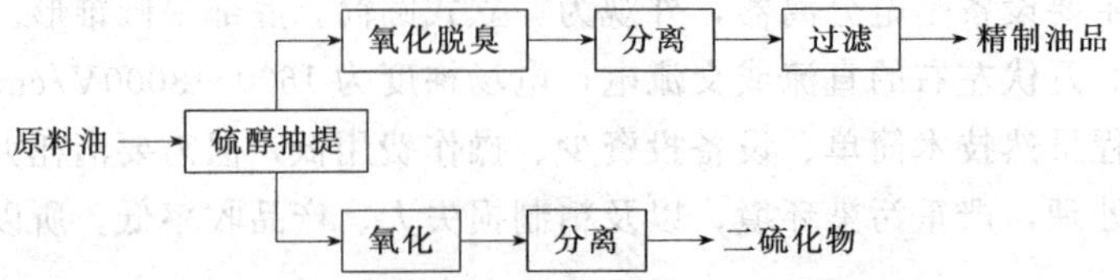

图7-10　催化氧化法脱硫醇工艺流程方框图

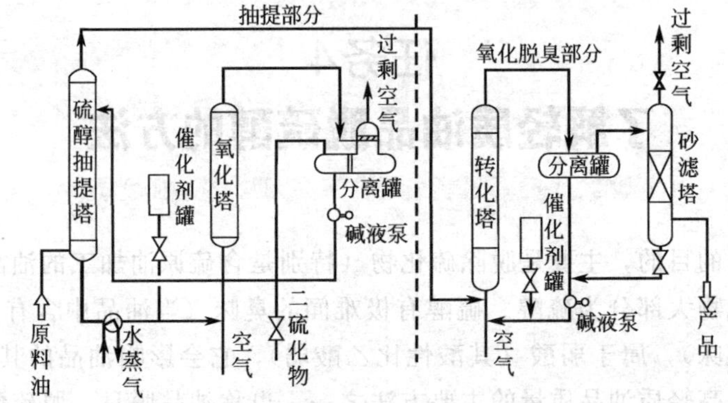

图7-11　催化氧化法脱硫醇工艺流程

经过预碱洗后的原料油进入硫醇抽提塔下部，含有催化剂的氢氧化钠碱液从抽提塔的上部进入，油与碱逆流接触，油中的硫醇在催化剂作用下与碱反应生成硫醇钠，并溶于碱液中。

含硫醇钠的碱液从抽提塔底部引出，经加热后与空气一起进入氧化塔，把硫醇钠氧化为二硫化物，送入二硫化物分离罐，分离出过剩的空气和二硫化物，分离罐下层分离出来的再生催化剂碱溶液送回抽提塔上部循环使用。

抽提后的油品自抽提塔顶部排出，与空气及含催化剂的碱液混合后进入氧化脱臭部分的转化塔，在转化塔内残余在油中的硫醇氧化成二硫化物（在此二硫化物仍存在于油中），然后进入静置分离器，与碱液及空气分离后，在砂滤塔内除去残留的碱液即得精制油品。由分离器底分出的含有催化剂的碱液送回到转化塔循环使用。

任务6
了解脱硫、脱臭系统操作与维护的基本要点

1. 正常开车操作

① 开车准备工作；

② 蒸汽吹扫；

③ 系统控制系统压力；

④ 调整碱液浓度；

⑤ 通入需脱硫、脱臭的物料；

⑥ 根据质量及时调整注风及加活化剂量等。

2. 正常停车操作

① 停车准备工作；

② 系统降温降量；

③ 停进料；

④ 系统降压；

⑤ 扫线。

3. 安全事项

见项目三任务 21 中 4。

任务7 了解轻质油脱臭抽提塔操作与维护的基本要点

1. 正常开车操作

① 开工准备工作；

② 填装活性炭；

③ 建立液面；

④ 再生塔升温；

⑤ 压力控制；

⑥ 改通流程，开启预碱洗阀门，混合器注风、注活化剂等。

2. 正常维护

① 反应系统维护；

② 再生系统维护。

3. 正常停车操作

① 停车准备工作；

② 汽油改出装置，剩余的活化剂抽进系统；

③ 污水汽提退碱；

④ 水顶汽油；排凝完毕后，进行蒸汽吹扫。

4. 安全事项

见项目三任务 21 中 4。

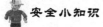

安全小知识 硫醇的危害与防护

硫醇又称为乙硫醇，别名是硫氢乙烷，或巯基乙烷。为无色液体，有强烈的蒜气味，微溶于水，易溶于碱水、乙醇、乙醚等多数有机溶剂，属低闪点易燃液体。主要用于黏合剂的稳定剂、煤气的添加剂（警戒气）和化学合成（农药）的中间体。

对健康危害：主要作用于中枢神经系统。吸入低浓度蒸气时可引起头痛、恶心；吸入较高浓度时出现麻醉作用。高浓度可引起呼吸麻痹致死。中毒者可发生呕吐、腹泻，尿中出现蛋白、管型及血尿。侵入的途径有吸入、食入、经皮肤吸收。

防护措施：对呼吸系统防护——空气中浓度超标时，应该佩戴自吸过滤式防毒面具（半面罩），必要时，建议佩戴空气呼吸器；对眼睛防护——戴化学安全防护眼镜；对身体防护——穿防静电工作服；对手防护——戴橡胶手套；对于其他防护——工作现场严禁吸烟，工作完毕，淋浴更衣，注意个人清洁卫生。

急救措施：皮肤接触——脱去被污染的衣着，用肥皂水和清水彻底冲洗皮肤；眼睛接触——提起眼睑，用流动清水或生理盐水冲洗，就医；吸入——迅速脱离现场至空气新鲜处，保持呼吸道通畅，如呼吸困难，给输氧；如呼吸停止，立即进行人工呼吸，就医。食入——饮足量温水，催吐，就医。

项目小结

- 1. 酸碱精制
  - 原理：利用酸和碱对燃料油中烯烃、芳烃及非芳烃等非理想组分的溶解和反应并辅助电场的作用，除去燃料油中的非理想组分，改善燃料油的性能
  - 精制流程：预碱洗 — 酸洗 — 水洗 — 碱洗 — 水洗
- 2. 催化氧化脱硫醇
  - 原理：在催化剂和浓碱存在下硫醇与氧反应生成二硫化物
  - 工艺流程：抽提和氧化脱臭两部分

自测与练习

考考你，横线上应该填什么呢？

1. 半成品油加工成商品燃料油的两个过程是______和______。
2. 燃料油精制的方法有：______、______、______和______。
3. 酸碱精制过程包括：______、______和______。
4. 酸碱精制的工艺流程一般有______、______、______、______和______等步骤。
5. 催化氧化脱硫醇工艺流程由______和______两部分组成。
6. 脱硫醇的方法一般有______、______和______三种。

考考你，能回答以下这些问题吗？

1. 燃料油精制的目的是什么？
2. 油品精制方法的方法有几种？
3. 催化氧化脱硫醇工艺由哪几部分组成？
4. 试述轻质油品脱硫醇的方法有哪些。
5. 试述各种石油产品所用的精制方法是什么。
6. 油品进行酸碱精制的目的是什么？依照什么原理进行酸碱精制？

用图说话很方便！

1. 请完成下面酸碱精制工艺流程方框图的内容。

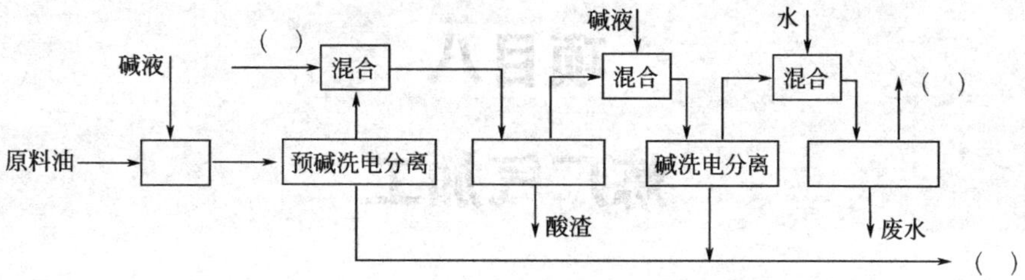

2. 请完成下面催化氧化脱硫醇的工艺流程简图。

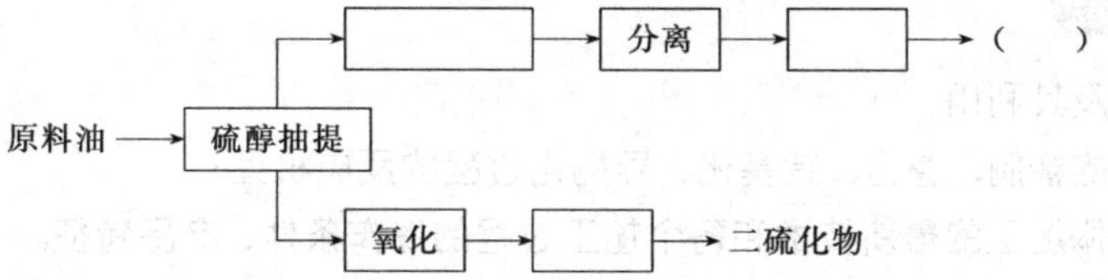

项目八

炼厂气加工

知识目标

- 了解炼厂气及其利用；
- 熟悉炼厂气的精制、叠合、烷基化、异构化过程的反应机理；
- 了解炼厂气体加工的最新技术和各个加工过程的操作条件、产品特征。

能力目标

- 根据气体组成和性质合理选择气体的加工方式；
- 对实际生产过程进行操作。

你见过下面的照片（如图 8-1～图 8-4 所示）吗？

图 8-1　无碱脱臭装置

图 8-2　甲基叔丁基醚装置

图 8-3　气体分馏装置

图 8-4　烷基化转移装置

炼油过程中产生的气体烃类统称炼厂气，主要来源于原油蒸馏、催化裂化、热裂化、石油焦化、加氢裂化、催化重整、加氢精制等石油加工过程。炼厂气的产率随原油的加工深度不同而不同，深度加工的炼厂气一般为原油加工量的6%左右。在美国约有2%的乙烯、60%的丙烯和90%的丁烯来自炼厂气。炼厂气能否有效利用也直接影响炼厂的经济效益，因此，炼厂气的加工和利用常被看作是石油的第三次加工。

炼厂气可用于生产石油化工产品、高辛烷值汽油组分或直接用作燃料。炼厂气的加工一般先经过气体分离装置，利用吸收和解吸的方法使 C_2 以下气体与大于 C_3 的气体进行分离，然后分别进行加工：

① C_2 以下气体经乙醇胺脱硫和硫回收后，可作为制氢和乙烯的原料，或作为燃料气；

② 由气体分离装置来的 C_3、C_4 馏分，经分馏得到 C_3 和 C_4 两种组分，C_3 组分主要用于叠合生产叠合汽油；

③ C_4 组分去烷基化装置，利用硫酸或氢氟酸作催化剂，使异丁烷和丁烯转化成以异构烷烃为主的烷基化汽油。

在这个项目里，主要介绍炼厂气生产高辛烷值汽油的几个过程：烷基化、叠合和甲基叔丁醚生产工艺。

不同来源的炼厂气其组成也不同，主要成分是 C_4 以下的烷烃、烯烃以及氢气和少量氮气、二氧化碳、硫化物等。因此，炼厂气在加工之前，必须除去对使用和加工过程有害的非烃气体，并根据需要将炼厂气体分离成不同的单体烃或馏分，这需要通过气体精制和气体分馏来完成。

任务1 了解炼厂气的精制

炼厂气中常含有硫化氢等硫化物，若用含硫气体作燃料或石油化工原料时，会引起设备和管道的腐蚀、催化剂中毒、环境污染、危害人体健康和动植物的生长，并且还会影响产品质量。同时，气体中的硫化氢也是制造硫黄和硫酸的原料。因此，炼厂气精制的主要目的就是脱硫。

1. 干气脱硫

气体脱硫方法基本上分为两大类：一类是干法脱硫，就是将气体通过吸附剂床层，使硫化物被吸附在吸附剂上，以达到脱硫的目的。常用的吸附剂有氧化铁、活性炭、泡沸石、分子筛等，这类方法适用于处理含有微量硫化氢的炼厂气，以及需要较高脱硫率的场合。另一类是湿法脱硫，就是用液体吸收剂洗涤炼厂气，以除去气体中的硫化物。在湿法脱硫中，使用最普遍的是醇胺法脱硫，我国炼厂干气脱硫绝大多数采用这种方法。

醇胺法脱硫包括吸收和再生两个过程。其基本原理是：用弱碱性水溶液（醇胺类）作吸收剂，吸收干气中的酸性气体硫化氢（H_2S），同时也吸收二氧化碳（CO_2）和其他含硫杂质，使干气得到精制。吸收了 H_2S 等气体的醇胺水溶液（富液），再依靠加热将所吸收的气体解吸出来，使吸收剂得到再生。经再生后的贫液（即醇胺类水溶液）在装置中循环使用。

由吸收和再生两部分组成的醇胺法脱硫工艺流程如图8-5和图8-6所示。

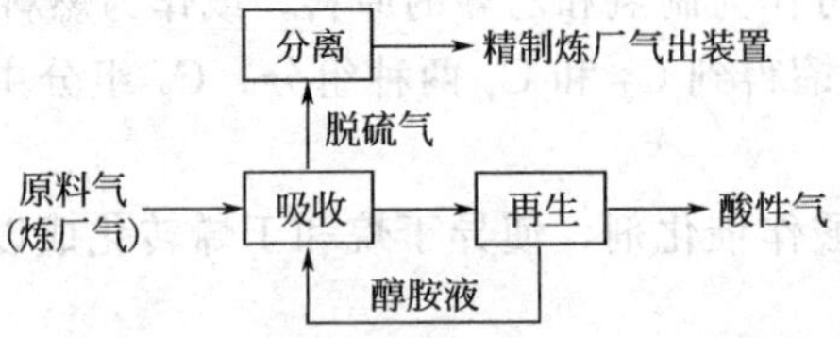

图 8-5　醇胺法脱硫工艺流程方框图

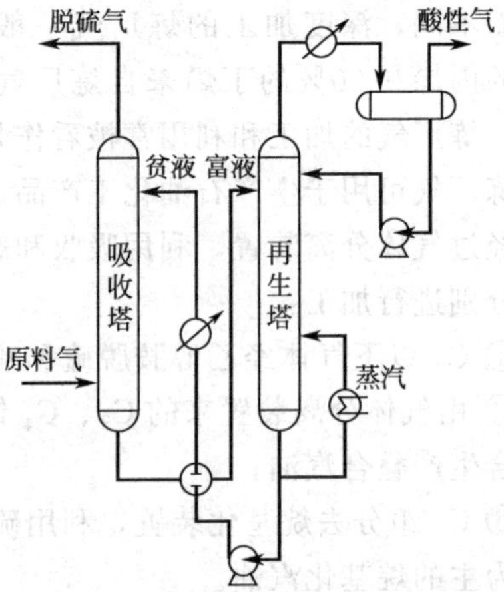

图 8-6　醇胺法脱硫工艺流程

(1) 吸收部分

将含硫炼厂气冷却至40℃以下，在气液分离器内分出水和杂质后，从吸收塔的下部进入塔内，与从塔上部引入的温度为40℃左右的醇胺溶液（贫液）进行逆向接触，使醇胺溶液吸收炼厂气中的 H_2S 和 CO_2 等，炼厂气即得到了精制。脱硫后的气体由吸收塔顶引出，进入分离器，分离出所携带的少量醇胺溶液后出装置。

(2) 再生部分

从吸收塔底引出的醇胺溶液（富液），经换热后从再生塔（即解吸塔）上部进入，在塔内与下部上升的蒸汽（由塔底再沸器产生）直接接触，将溶液中吸收的气体大部分解吸出来，解吸后的气体从塔顶引出的酸性气体，经冷凝、冷却、分液后送往硫黄回收装置。再生后的醇胺溶液由塔底引出，一部分进入再沸器与水蒸气换热汽化后返回再生塔，另一部分经换热、冷却后送回吸收塔上部进行循环使用。

干气脱硫所用的溶剂（吸收剂）有：一乙醇胺、二乙醇胺和二异丙醇胺三种，采用最多的是一乙醇胺。

干气脱硫装置中所用的吸收塔和再生塔大多为填料塔，液化气脱硫则多用板式塔。

阅读小资料　　　　**中国制造最大干法脱硫装置**

地处新疆塔里木河畔千里油区的中石化西北油田分公司塔河油田采油二厂集输队某中心站干法脱硫装置（天然气脱硫处理系统），每三座分塔为一组，把6座分塔区分为T1组和T2组交替运行，图8-7是由我国自行设计制造，国内最大干法脱硫工艺装置。

图 8-7　国内最大干法脱硫工艺装置

2. 液化气脱硫醇

液化气中的硫化物主要是硫醇，一般用化学方法或吸附的方法除去。目前我国对液化气的精制广泛采用的是把催化剂分散到碱液（氢氧化钠）中，将含硫醇的液化气与碱液接触，其中的硫醇与碱反应生成硫醇钠盐，将硫醇钠盐分出并氧化成二硫化物。所用的催化剂为磺化酞菁钴或聚酞菁钴。

由于存在于液化气中的硫醇分子量很小，易溶于碱液中，因此液化气脱硫醇一般采用液-液抽提法，工艺流程比汽油、煤油脱硫醇的简单，而且脱硫率很高。

图 8-8 和图 8-9 为液化气脱硫醇的工艺流程及方框图，其流程由抽提、氧化和分离三部分组成。

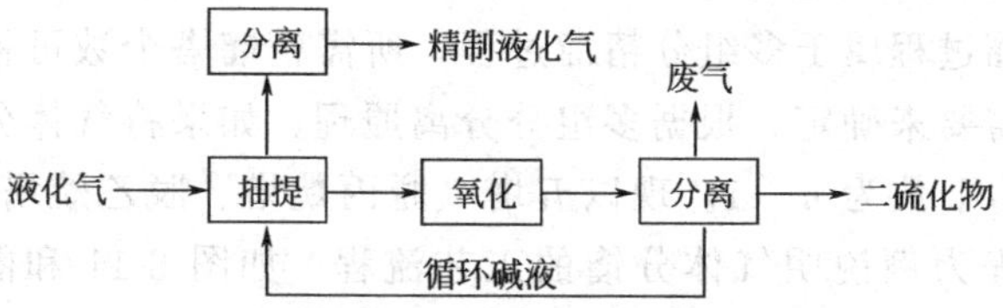

图 8-8 液化气脱硫醇的工艺流程方框图

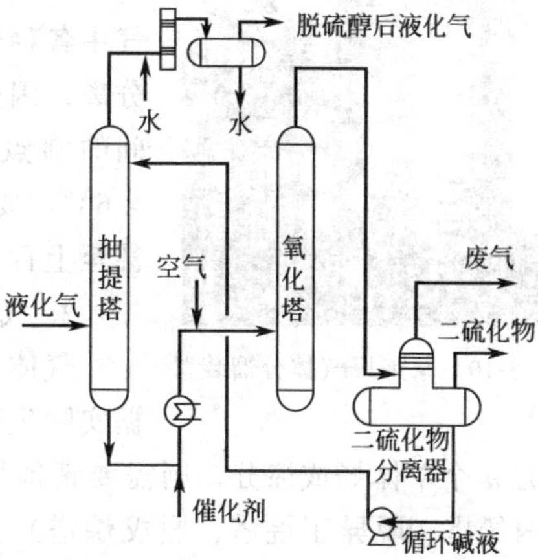

图 8-9 液化气脱硫醇的工艺流程

(1) 抽提

经碱或乙醇胺洗涤脱除硫化氢后的液化气进入抽提塔下部，在塔内与带催化剂的碱液逆流接触，在小于 40℃和 1.37MPa 的条件下，硫醇溶于碱液中。脱去硫醇后的液化气由抽提塔顶引出与新鲜水在混合器混合，洗去残存的碱液送至沉降罐与水分离后出装置。所用碱液的浓度一般为 10%～15%（质量分数），催化剂在碱液中的浓度为 $(100\sim200)\times10^{-6}$。

(2) 氧化

由抽提塔底出来的碱液，经加热器被蒸汽加热到 65℃左右，与一定比例的空气混合后，进入氧化塔的下部，将硫醇钠盐氧化为二硫化物。此塔为一填料塔，在 0.6MPa 压力下操作。

(3) 分离

氧化后的气液混合物进入分离器的分离柱中部，气体通过分离柱上部的破沫网除去雾滴，由废气管去火炬。液体在分离柱中分为两相，上层为二硫化物，用泵定期送出，下层的再生碱液用泵抽出送往抽提塔循环使用。

有的炼油厂将上述流程中的抽提塔改为静态混合器，依然能使液化气中的硫醇含量由 1000～2000mg/m³ 降至 20mg/m³ 以下。另外，静态混合器还有压降低（为抽提塔的 30%左右）、设备结构简单、操作维修方便等优点。

任务2 掌握气体分馏

干气若用作燃料时不需要分离；当液化气用作烷基化、叠合或石油化工原料时，则应进行分离，从中得到适宜的单体烃或馏分。

图 8-10　某炼厂气体分馏装置

1. 气体分馏的原理

炼厂液化气中的主要成分是 C_3、C_4 的烷烃和烯烃等，这些烃的沸点很低。如：丙烷的沸点为－42.07℃，丁烷为－0.5℃，异丁烯为－6.9℃等。这些组分在常温常压下均为气体，但在一定的压力下（2.0MPa 以上）可呈液态。根据液化气中各种烃类的沸点不同，可以采用加压精馏的方法将其进行分离。因此，气体分馏在精馏塔中进行，但由于各个气体烃之间的沸点差别很小。如丙烯的沸点为－47.7℃，比丙烷低 4.6℃，要将它们单独分出，就必须采用塔板数很多（一般几十甚至上百）、分馏精确度较高的精馏塔，如图 8-10 所示。

2. 气体分馏的工艺流程

气体分馏过程属于多组分精馏过程，所需精馏塔个数可根据实际生产需要来确定。根据多组分分离原理，如果将气体分离为 n 个单体烃或馏分，则需要精馏塔的个数为 $n-1$。现以五塔（脱丙烷塔、脱乙烷塔、脱丙烯塔、脱异丁烷塔、脱戊烷塔）流程为例说明气体分馏的工艺流程，如图 8-11 和图 8-12所示。

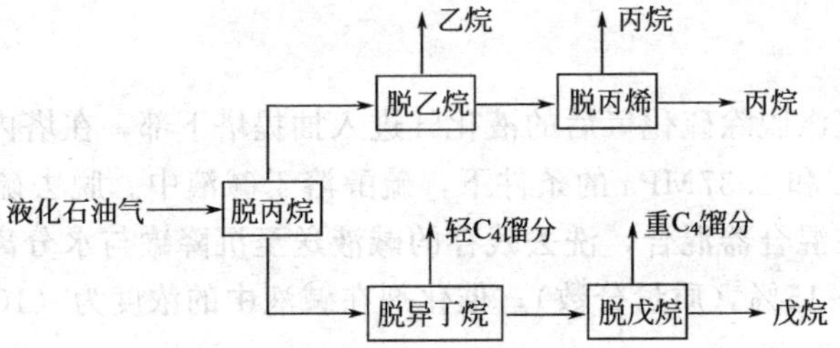

图 8-11　气体分馏装置工艺流程方框图

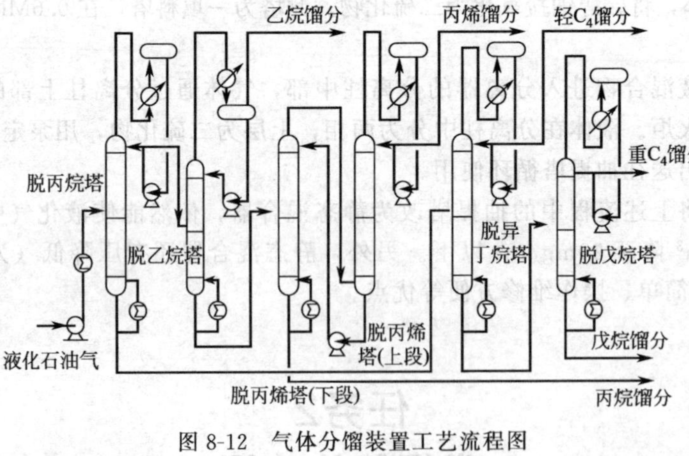

图 8-12　气体分馏装置工艺流程图

① 经脱硫后的液化气用泵打入脱丙烷塔，在一定的压力下分离成乙烷-丙烷和丁烷-戊烷两个馏分；由脱丙烷塔顶引出的乙烷-丙烷馏分经冷凝冷却后，部分作为脱丙烷塔顶的冷回流，其余送入脱乙烷塔，在一定的压力下进行分离，塔顶分出乙烷馏分，塔底为丙烷-丙烯

馏分。

② 将丙烷-丙烯馏分送入脱丙烯塔，在一定压力下进行分离，塔顶分出丙烯，塔底为丙烷。

③ 由脱丙烷塔底出来的丁烷-戊烷馏分送入脱异丁烷塔进行分离，塔顶分出轻 C_4 馏分，其主要成分是异丁烷、异丁烯、1-丁烯等，塔底为脱异丁烷馏分。

④ 脱异丁烷馏分在脱戊烷塔中进行分离，塔顶引出重 C_4 馏分，主要为 2-丁烯和正丁烷，塔底引出戊烷馏分。

液化气经气体分馏装置分出的各个单体烃或馏分，根据实际需要可作不同加工过程的原料，比如：丙烯可以生产聚合级丙烯，或作为叠合装置原料等；轻 C_4 馏分可先作为甲基叔丁基醚装置的原料，然后再与重 C_4 馏分一起作为烷基化装置原料；戊烷馏分可掺入车用汽油等。

任务3 掌握烷基化生产过程

在催化剂存在下，异丁烷和烯烃的加成反应就叫做烷基化。我们利用烷基化工艺可以生产高辛烷值汽油组分——烷基化油，其主要成分是异辛烷，所以又叫工业异辛烷。烷基化油不仅辛烷值高、敏感性（研究法辛烷值与马达法辛烷值之差）小，而且具有理想的挥发性和清洁的燃烧性，是航空汽油和车用汽油的理想调和组分。近几年来，车用汽油无铅化或低铅化的进程加快，使烷基化工艺得到了较大的发展。

1. 烷基化原理

烷基化过程的原料是异丁烷和丁烯，在一定的温度和压力下（一般是 8～12℃，0.3～0.8MPa），用浓硫酸或氢氟酸作催化剂，异丁烷和丁烯发生加成反应生成异辛烷。但在实际生产中，烷基化的原料并不是纯的异丁烷和丁烯，而是异丁烷-丁烯馏分，因此反应原料和生成的产物都较复杂。

烷基化的主要反应是异丁烷和各种烯烃的加成反应；异丁烷-丁烯馏分中还可能含有少量的丙烯和戊烯，也可以与异丁烷反应；除此之外，原料和产品还可能发生分解、叠合、氢转移等副反应，生成低沸点和高沸点的副产物以及酯类和酸油等。因此，烷基化产物——烷基化油是由异辛烷与其他烃类组成的复杂混合物，若将此类混合物进行分离，沸点范围在 50～180℃的馏分叫轻烷基化油，其马达法辛烷值在 90 以上；沸点范围在 180～300℃的馏分叫重烷基化油，可作为柴油组分。

目前，工业上广泛采用的烷基化催化剂有无水氯化铝、硫酸和氢氟酸，我国常用的催化剂是硫酸和氢氟酸，近年来氢氟酸催化剂的应用受到重视，因为使用氢氟酸催化剂时，反应温度可接近常温，制冷问题比较简单，催化剂活性高、易回收、稳定、不腐蚀设备等，但氢氟酸难得到而且有毒，又使它的应用受到一定限制。从安全环保的角度出发，硫酸和氢氟酸都不是理想的催化剂。最近，美国 UOP 公司宣称，开发的 Alklene 工艺，用固体酸代替传统的硫酸和氢氟酸作为烷基化过程的催化剂取得满意的效果。

2. 烷基化的工艺流程

烷基化的工艺流程因催化剂的不同而异，下面以氢氟酸法为例介绍烷基化工艺流程。我国的氢氟酸法烷基化装置，采用的是美国菲利浦斯公司专利技术，其工艺流程主要包括：原料脱水、反应、产物分馏和酸再生四个部分。如图 8-13 和图 8-14 所示。

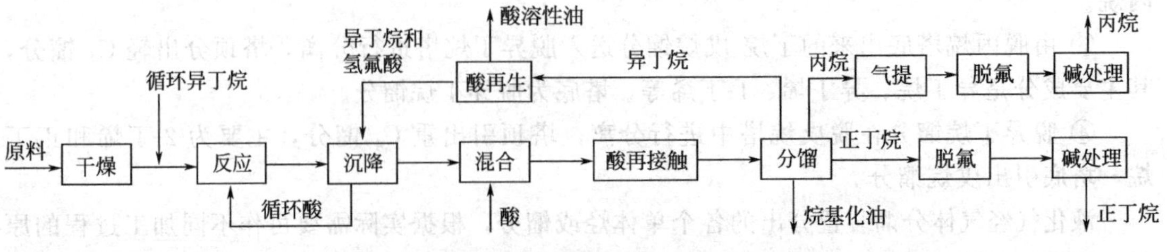

图 8-13　菲利浦斯氢氟酸烷基化工艺流程方框图

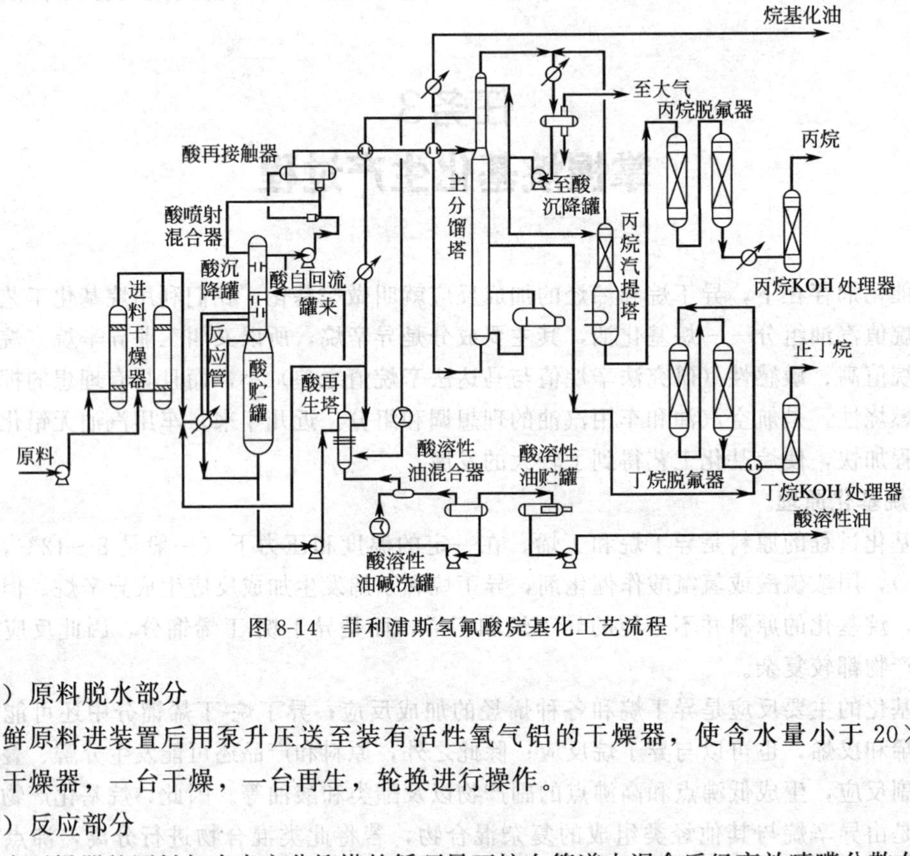

图 8-14　菲利浦斯氢氟酸烷基化工艺流程

(1) 原料脱水部分

新鲜原料进装置后用泵升压送至装有活性氧气铝的干燥器，使含水量小于 20×10^{-6}，有两台干燥器，一台干燥，一台再生，轮换进行操作。

(2) 反应部分

来自干燥器的原料与来自主分馏塔的循环异丁烷在管道内混合后经高效喷嘴分散在反应管的酸相中，烷基化反应即在垂直上升的管式反应器内进行。反应后的物料进入酸沉降罐，依靠密度差进行分离，酸积集在罐底，利用位差进入酸冷却器除去反应热后，又进入反应管循环使用。沉降罐上部的烃相经过三层筛板，除去有机氟化物后，与来自主分馏塔顶回流罐酸包的酸混合，再用泵送入酸喷射混合器，与从酸再接触器抽入的大量氢氟酸相混合后，进入酸再接触器，在此酸和烃充分接触，使副反应生成的有机氟化物重新分解为氢氟酸和烯烃，烯烃再与异丁烷反应生成烷基化油，因此酸再接触器可看作一个辅助反应器，可使酸耗减少。

(3) 产物分馏部分

反应产物自酸再接触器出来并经换热后进入主分馏塔，塔顶馏出物为丙烷并带有少量酸，经冷凝冷却后进入回流罐，一部分丙烷用作塔顶回流，温度约 40℃，另一部分丙烷进入丙烷汽提塔。酸与丙烷的共沸物由汽提塔顶出去，经冷凝冷却后返回主分馏塔顶回流罐，塔底丙烷送至丙烷脱氟器脱除有机氟化物，再经碱（氢氧化钾）处理脱除微量的氢氟酸后送出装置。

循环异丁烷从主分馏塔的上部侧线液相抽出，经与塔进料换热、冷却后返回反应系统。正丁烷从塔下部侧线气相抽出，经脱氟和碱处理后送出装置。塔底为烷基化油，经换热、冷却后出装置。

（4）酸再生部分

为使循环酸的浓度保持一定，必须脱除循环酸在操作过程中逐渐积累的酸溶性油和水分，即需要进行酸再生。从酸冷却器来的待生氢氟酸加热汽化后进入酸再生塔，塔底用过热异丁烷蒸气汽提，塔顶用循环异丁烷打回流。汽提出的氢氟酸和异丁烷从塔顶抽出，进入酸沉降罐的烃相被冷凝，塔底的酸性油和水可定期排入酸溶性油碱洗罐，用5%浓度的碱进行碱洗，以中和除去残余的氢氟酸。碱洗后的酸溶性油从碱洗罐上部溢流至贮罐，定期用泵送出装置。

任务4 掌握催化叠合生产过程

将两个或两个以上的烯烃分子，在一定温度和压力下结合成较大的烯烃分子的反应，叫做叠合反应。以炼厂气中烯烃为原料，在催化剂作用下通过叠合反应，生产高辛烷值汽油组分或石油化工原料等的过程叫做叠合工艺，又叫催化叠合。

按照原料组成和目的产品的不同，叠合工艺分为两种：其一是非选择性叠合，用未经分离的 $C_3 \sim C_4$ 液化气作为原料，目的产品主要是高辛烷值汽油的调和组分；其二是选择性叠合，将液化气进行分离，用组成比较单一的丙烯作原料，选择适宜的操作条件进行特定的叠合反应，生产某种特定的产品或高辛烷值汽油组分，例如丙烯选择性叠合生产四聚丙烯，作为洗涤剂或增塑剂的原料，异丁烯选择性叠合生产异辛烯，进一步加氢可得异辛烷，作为高辛烷值汽油组分等。

1. 叠合的原理

进行叠合反应的主要原料是丙烯和丁烯，在一定的温度和压力条件下，在酸性催化剂上发生叠合反应。

$$C_3H_6 + C_3H_6 \xrightarrow{催化剂} C_6H_{12}$$

$$C_4H_8 + C_4H_8 \xrightarrow{催化剂} C_8H_{16}$$

实际上，叠合反应生成的二聚物还能继续叠合成为高聚物。在生产叠合汽油时，希望只得到二聚物和三聚物，不希望有过多的高聚物产生，因此要适当控制反应条件。在叠合过程中，除了发生叠合反应外，还会有一些副反应发生，如异构化、环化、脱氢、加氢、分解等反应，因此叠合产物的组成是比较复杂的。

2. 催化叠合工艺流程

（1）非选择性叠合工艺流程

如图8-15和图8-16所示，为非选择性叠合工艺生产叠合汽油的典型流程。

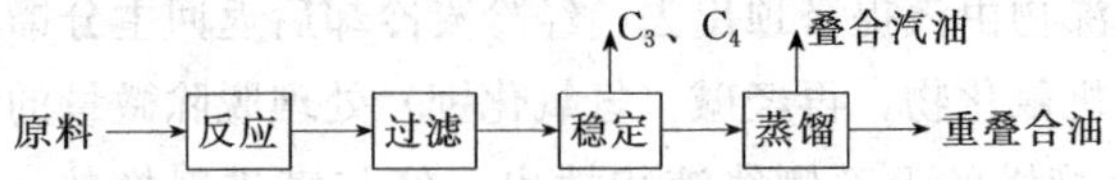

图 8-15　非选择性叠合工艺流程方框图

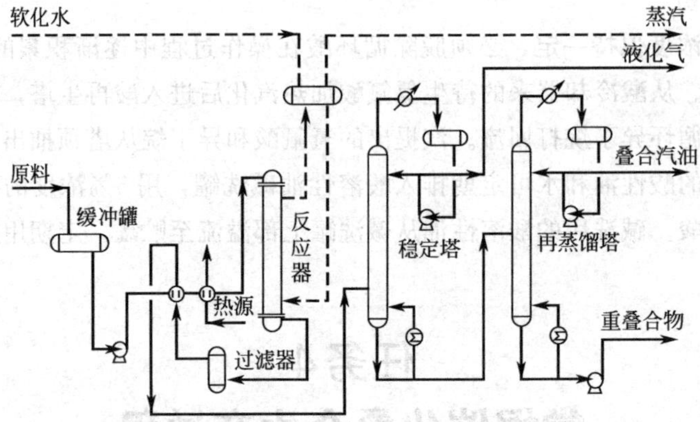

图 8-16　非选择性叠合工艺流程

脱硫后的液化石油气先与反应器出来的物料进行换热，再经加热器加热至反应温度后进入反应器，在 190～220℃和 3～5MPa 的条件下进行叠合反应。

叠合反应器如同一个立式管壳式换热器，中间有许多管子，管内填装有催化剂，即属于管式反应器。由于叠合反应是放热反应，所以在反应的壳程通入软化水取走反应热并产生蒸汽，用控制壳程水蒸气的压力来控制反应温度。

反应产物由反应器底部出来，经过滤器滤去油气带出的催化剂粉末，与叠合原料换热后进入稳定塔，从稳定塔顶分出 C_3、C_4 等轻质组分，塔底是稳定后的叠合产物。稳定后的叠合产物中含有少量的重叠合油，需送入再蒸馏塔除去，再蒸馏塔顶出叠合汽油，塔底出少量的重叠合油。

非选择性叠合工艺生产的叠合汽油具有较高的辛烷值和很好的调和性能，马达法辛烷值为 82～85，研究法约为 93～96。但是由于叠合汽油中绝大部分是不饱和烃，储存安定性差，因此一般只作为高辛烷值汽油调和组分，单独储存或使用时需加入防胶剂。

(2) 选择性叠合的工艺流程

法国石油科学研究院研究开发了异丁烯选择性叠合新工艺。在烷基化原料不足的炼油厂，将这一工艺与烷基化工艺相结合，可形成生产高辛烷值汽油组分独具特色的工艺路线。

我国采用的选择性叠合工艺，使用国产硅铝小球催化剂，可使 C_4 馏分中异丁烯几乎全部转化为二聚物或三聚物，而正丁烯的转化率较少，可通过改变反应温度的方法来控制，因此这一工艺还可用来生产高纯度的 1-丁烯。

如图 8-17 所示，为选择性叠合装置工艺流程。在选择性叠合工艺中，对原料中杂质及水的含量要求严格，原料进入反应器前要先经脱水塔，将含水量降低至 10×10^{-6} 以下才能进入反应器，流程中设有两个筒式固定床反应器，入口压力分别为 4MPa 和 3.9MPa，入口温度分别为 82℃和 124℃，出口温度均为 130℃。由于进料中的异丁烯含量不高，反应温升不大，因此反应器内不需要采取冷却措施，只在两个反应器之间设一冷却器以调节反应温度。由反应器出来的物料进入稳定塔，稳定塔顶引出不含异丁烯的 C_4 馏分，塔底得到叠合产品（即叠合汽油）。塔底产物的干点较高（约 280℃），应该经过再蒸馏分出终馏点合格的汽油及重叠合油。在装置中未设再蒸馏塔，而是将叠合产物送至催化裂化分馏塔进行分离。叠合汽油的马达法辛烷值为 82，研究法辛烷值为 97。

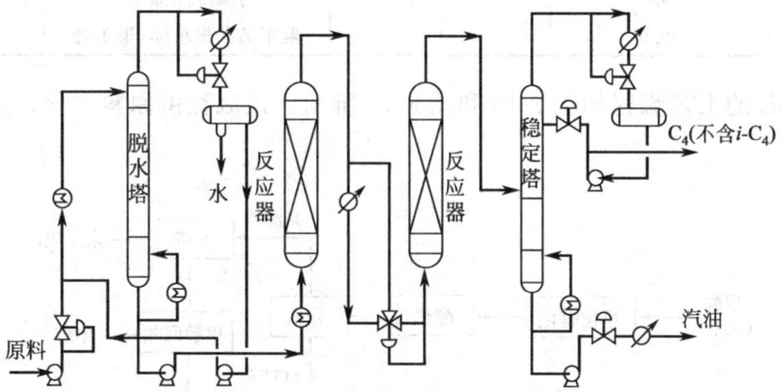

图 8-17　选择性叠合工艺流程

任务5
了解甲基叔丁基醚合成工艺

合成甲基叔丁基醚（MTBE）是生产高辛烷值汽油调和组分的工艺过程。随着无铅汽油的推广应用，作为汽油优质调和组分的甲基叔丁基醚（MTBE）的需要量也日益上升，工业合成 MTBE 的生产工艺得到了快速发展。但发展 MTBE 并不是最好的选择，由于 MTBE 污染地下水，欧盟和美国已相继推出法规限制其使用，正积极开发更好的替代品。

1. 合成 MTBE 的基本原理

甲基叔丁基醚生产工艺的主要原料是炼厂气中的异丁烯和甲醇，处于液相状态的异丁烯与甲醇在催化剂作用下生成 MTBE，其反应式为：

$$CH_3-\underset{CH_3}{C}=CH_2+CH_3OH\xrightarrow{\text{催化剂}}CH_3-O-\underset{CH_3}{\overset{CH_3}{C}}-CH_3$$

该反应是可逆的放热反应。反应温度越高，反应速度越快；反应温度越低，平衡常数越高，平衡转化率越高。另外，在合成 MTBE 的同时还有一些副反应发生，如异丁烯与原料中的水反应生成叔丁醇，甲醇脱水缩合生成二甲醚，异丁烯聚合生成二聚物或三聚物等，生成的这些副产物会影响产品纯度和质量，因此要控制适宜的反应条件，减少副反应的发生。

合成 MTBE 工艺所用的催化剂是强酸性离子交换树脂（国内使用的催化剂有 S 型、D72 型等）。为了维持催化剂的活性、减少副反应的发生，要求原料中的金属阳离子含量小于 1×10^{-6}，不含碱性物质和游离水。

2. 合成 MTBE 的工艺流程

按照异丁烯在 MTBE 装置中达到的转化率及下游配套工艺的不同，合成 MTBE 技术可分为三种类型，见表 8-1。

表 8-1 MTBE 技术的三种类型

类型	异丁烯转化率/%	残余异丁烯含量/%	下游用户	备注
标准转化型	95～98	2～5	烷基化	炼油型
高转化型	99	0.5～1	丁烯氧化脱氢	化工型
超高转化型	99.9	1	聚丁烯共聚单体、聚丁烯	化工型

合成 MTBE 的工艺流程如图 8-18 和图 8-19 所示。该流程由原料净化、反应部分和产品分离部分组成。

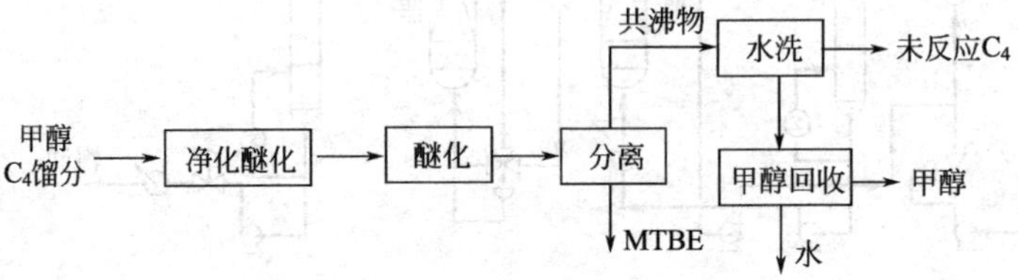

图 8-18 合成 MTBE 的工艺流程方框图

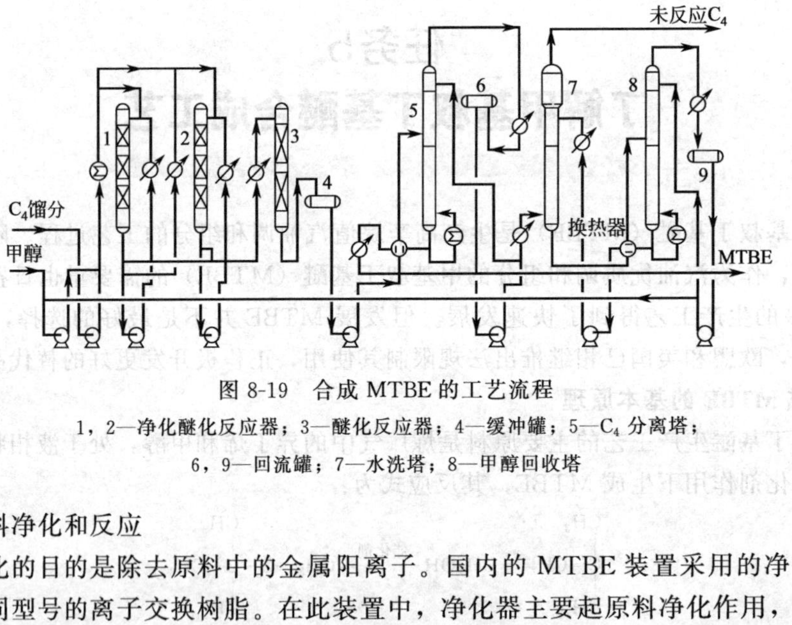

图 8-19 合成 MTBE 的工艺流程

1，2—净化醚化反应器；3—醚化反应器；4—缓冲罐；5—C_4 分离塔；6，9—回流罐；7—水洗塔；8—甲醇回收塔

(1) 原料净化和反应

原料净化的目的是除去原料中的金属阳离子。国内的 MTBE 装置采用的净化剂是和醚化催化剂相同型号的离子交换树脂。在此装置中，净化器主要起原料净化作用，还可起一定的醚化反应作用，净化器实际上是净化-醚化反应器。装置中设有两台净化-醚化反应器，进行切换使用。C_4 馏分和甲醇按比例混合，经加热器加热到 40～50℃后，从净化-醚化反应器上部进入，反应压力一般为 1～1.5MPa。由于醚化为放热反应，为了控制反应温度，设有打冷液循环的设施。

本装置要求异丁烯的转化率为 90%～92%，因此只设一个醚化反应器，并在较低温度下操作，甲醇与异丁烯的比值，即醇烯摩尔比约为（1～1.05）∶1。如果要求异丁烯的转化率大于 92%，则醇烯摩尔比约为 1.2∶1，并且需要增设第二反应器，在两个反应器之间设置蒸馏塔，用来除去第一反应器出口反应物中的 MTBE，以减少第二反应器中逆反应的发生，有利于提高异丁烯的转化率。

（2）产品分离

从醚化反应器出来的反应产物中含有未反应的C_4馏分、剩余甲醇、MTBE以及少量的副反应产物，需要进行分离。因甲醇在水中的溶解度大，在一定条件下能与C_4馏分或MTBE形成共沸物，以及反应时醇烯摩尔比的不同，所以有两种分离流程。

① 前水洗流程。反应产物先经甲醇水洗塔除去甲醇，再经分馏塔分出C_4馏分和MTBE。从甲醇水洗塔底出来的甲醇水溶液送往甲醇回收塔进行甲醇与水的分离。

② 后水洗流程。如图8-19所示，即为后水洗流程。反应流出物先经C_4分馏塔完成MTBE与甲醇-C_4馏分共沸物的分离，塔底为MTBE产品。塔顶出来的甲醇与C_4馏分共沸物进入水洗塔，用水抽提出甲醇以实现甲醇与C_4馏分的分离。由水洗塔底出来的甲醇水溶液进入甲醇回收塔，甲醇回收塔顶出来的甲醇送往反应部分使用，从甲醇回收塔底出来的含微量甲醇的水大部分送往水洗塔循环使用，少部分排出装置以免水中所含甲醇积累。当装置采用的醇烯摩尔比不大（为1.0～1.05），反应流出物中的残余甲醇在一定压力下可全部与未反应的C_4馏分形成共沸物时，可采用此后水洗分离流程。

从上述流程中得到的MTBE产品，其中MTBE的含量大于98%，研究法辛烷值为117，马达法为101。

3. MTBE装置的主要设备

MTBE装置的主要设备是反应器。国内采用的MTBE装置的反应器有：列管式、筒式和膨胀床式三种类型。

（1）列管式反应器

其结构和管壳式换热器类似，在管内填装催化剂，管外通冷却水以除去反应热，控制反应温度。反应物料自上而下通过催化剂床层。该反应器操作简单，床层轴向温差小，但结构复杂，制造及维修较麻烦，且催化剂装卸比较困难。

（2）筒式反应器

属固定床反应器，反应器内催化剂可一段或多段填装，每段根据需要设置打冷循环液设施，反应物料自上而下通过反应器，所需的异丁烯转化率通过调节新鲜原料与循环液的入口温度和循环比实现。这种反应器结构简单，钢材用量及投资较少，催化剂装卸容易，能适应各种异丁烯浓度的原料，但操作稍复杂，床层的轴向温差较大。

（3）膨胀床式反应器

反应物料自上而下通过反应器，造成催化剂床层有25%～30%的膨胀量，因此传热较好，可避免催化剂结块。这种反应器结构简单，钢材用量及投资少，装卸催化剂容易，但要求催化剂有一定的强度和抗磨能力。

以上三种反应器各有利弊，总的来看，列管式反应器技术比较陈旧，而筒式和膨胀床式相差不多。因此，在工业上采用后两种形式的反应器较多。

4. MTBE生产新技术

齐鲁石化公司研究院成功开发了系列MTBE生产新技术，荣获8项中国专利授权，2项美国专利授权和1项德国专利授权，并获国家科技进步二等奖。

（1）催化蒸馏技术

在催化蒸馏专利技术中，反应与分馏在一个塔内进行，简化了工艺流程，降低了投资与能耗。催化剂散装在催化蒸馏池中部反应段的床层中，结构简单，投资小，反应效率高，异丁烯转化率可达到99.5%以上。

（2）混相反应技术

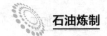

混相反应技术的特点是原料预加热到能引发反应的温度后进入反应器顶部，然后向下流动，通过催化剂床层进行反应，随着反应的进行，产生的反应热使物料温度上升至物料部分汽化，反应处于气-液混相状态，床层温度稳定。该技术中异丁烯转化率达92%～96%。

（3）混相反应蒸馏技术

混相反应蒸馏技术包括 MDR-A 和 MRD-B 技术。MDR-A 是在反应蒸馏塔中部设一个混相反应段，原料经混相反应后，转化率即可达到 92%～96%。MDR-B 技术是将 MDR-A 技术与催化蒸馏技术相结合，在中部反应段的下部是一个混相反应床，经混相反应后的气相物料与来自下部的汽提段的气相物料一起向上流动，通过重叠放置的若干个催化蒸馏床层进一步反应，使总转化率达 99.5%以上。

任务6
了解干气脱硫设备的操作与维护基本要点

1. 正常开车操作

① 开工准备工作；

② 建立液面；

③ 再生塔升温；

④ 压力控制；

⑤ 改通流程。

2. 正常维护

① 反应系统维护；

② 再生系统维护。

3. 正常停车操作

① 停车准备工作；

② 将干气改出装置或并入其他干气脱硫塔生产；

③ 再生系统降温；

④ 系统塔内降压；

⑤ 利用各低点排空阀把设备内存水排干。

4. 操作时的安全事项

见项目三任务 21 中 4。

安全小知识　　　　硫化氢中毒

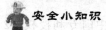

为什么人容易吸入硫化氢而中毒？硫化氢为无色气体，有臭鸡蛋味；化学式 H_2S；相对分子质量 34.08；相对密度 1.19，比空气重；熔点－82.9℃，沸点－61.8℃；蒸气压 2026.3kPa（25.5℃）；易溶于水，也溶于醇类、石油溶剂和原油中。H_2S 广泛存在于石油、化工、皮革、造纸等行业中。废气、粪池、污水沟、隧道、垃圾池中，均有各种有机物腐烂分解产生的大量的 H_2S。如吸入浓度 300mg/m^3，即对呼吸道、眼睛产生刺激症状。吸入

2～3h 达 1000mg 时，可发生“闪电式”死亡。不同浓度硫化氢对人的影响见表 8-2。

表 8-2 不同浓度硫化氢对人的影响

浓度/(mg/m³)	接触时间	毒性反应
1400	立即	昏迷并呼吸麻痹而死亡，除非立即人工呼吸急救。于此浓度时嗅觉立即疲劳，其毒性与氢氰酸相似
1000	数秒钟	很快引起急性中毒，出现明显的全身症状。开始呼吸加快，接着呼吸麻痹而死亡
760	15～60min	可能引起生命危险——发生肺水肿、支气管炎及肺炎。接触时间更长者，可引起头痛、头昏、兴奋、步态不稳、恶心、呕吐、鼻和咽喉发干及疼痛、咳嗽、排尿困难等
300	1h	可引起严重反应——眼和呼吸道黏膜强烈刺激症状，并引起神经系统抑制，6～8min 即出现急性眼刺激症状。长期接触可引起肺水肿
70～150	1～2h	出现眼及呼吸道刺激症状。长期接触可引起亚急性或慢性结膜炎。吸入 2～15min即发生嗅觉疲劳
30～40		虽臭味强烈，仍能忍耐，这是可能引起局部刺激及全身性症状的阈浓度
4～7		中等强度难闻臭味
0.4		明显嗅出
0.035		嗅觉阈

H_2S 中毒会出现的症状有：头痛剧烈、头晕、烦躁、谵妄、疲惫、昏迷、抽搐、咳嗽、胸痛、胸闷、咽喉疼痛、气急，甚至出现肺水肿、肺炎、喉头痉挛以至窒息，可有结膜充血、水肿、怕光、流泪，进而血压下降、心律失常等。

H_2S 中毒后的急救措施：

① 迅速搬运出现场，移至空气新鲜处。

② 有条件时静脉注射 50%高渗葡萄糖 20mL，加维生素 C 300～500mg。

③ 严重者速送医院抢救。

预防 H_2S 中毒的方法：

① 改造工业生产工艺，不跑、不漏硫化氢气体。

② 加强宣教，加强预防措施。

③ 戴好防护工具。

项目小结

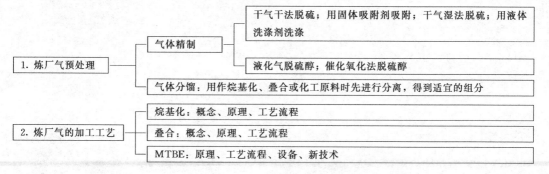

- 1. 炼厂气预处理
  - 气体精制
    - 干气干法脱硫；用固体吸附剂吸附；干气湿法脱硫；用液体洗涤剂洗涤
    - 液化气脱硫醇；催化氧化法脱硫醇
  - 气体分馏：用作烷基化、叠合或化工原料时先进行分离，得到适宜的组分
- 2. 炼厂气的加工工艺
  - 烷基化：概念、原理、工艺流程
  - 叠合：概念、原理、工艺流程
  - MTBE：原理、工艺流程、设备、新技术

自测与练习

考考你，能回答以下这些问题吗？

1. 炼厂气为什么要进行精制？
2. 气体精制方法有哪些？常用方法是什么？
3. 乙醇胺法脱硫工艺由哪几部分组成？
4. 气体分馏的目的是什么？应用什么原理？
5. 烷基化产品是什么？其工艺流程由哪几部分组成？
6. 叠合的目的产品是什么？
7. 甲基叔丁基醚工艺的主要原料是什么？
8. MTBE生产的产品是什么？工艺流程由哪几部分组成？
9. 为什么欧美国家要限制MTBE的生产？
10. 目前，我国已开发的MTBE生产技术有哪些？
11. 干气脱硫和干法脱硫是一回事吗？为什么？

用图说话很方便！

1. 请画出气体分馏过程的工艺流程方框图。
2. 试绘制烷基化工艺流程方框图。
3. 试绘制生产选择性叠合工艺流程方框图。
4. 试绘制MTBE的工艺流程方框图。

*项目九

润滑油的生产

知识目标

- 了解润滑油的作用、使用要求、分类及化学组成；
- 了解润滑油基础油的来源、组成性质、产品组成要求；
- 熟悉润滑油精制、调和原理和方法。

能力目标

- 根据润滑油的使用要求，对润滑油的组成、性能做出正确判断；
- 对实际生产过程进行操作和控制。

看一看下面这些图片中的生产装置（如图 9-1、图 9-2 所示），你是否见过？

图 9-1 某炼厂分子筛脱蜡装置

图 9-2 某炼厂糠醛精制装置

任务1
了解摩擦和润滑油

1. 产生摩擦的原因

两个相互接触的物体，在发生相对运动时就会产生摩擦。发生摩擦的原因如下。

① 物体表面不平滑。

② 相互接触的部分分子间的引力也会导致摩擦产生。实践表明摩擦不一定随着表面粗糙度降低而减小，有时反而会增大。这是因为表面越光滑，相互接触的部分越多，分子间引

力产生的摩擦阻力也越大。

当以上两种因素同时存在时，对于一般表面，前者是主要的；对于光滑的表面，后者是主要的。

2. 摩擦产生的后果

金属表面发生相对运动时，其凸起的部分发生碰撞会使一部分机械能转化为热能，使机件表面温度升高，严重时会使金属熔化而烧结。有时，在碰撞过程中凸起部分会被撕裂，或因疲劳而碎裂，坚硬的部分还可以将较软的部分刻伤，这些都会使机件损毁，即磨损。除了皮带传动、摩擦轮等部件外，一般的机械部件要减小摩擦和磨损，以保证机械正常、高效地运转。因此，摩擦主要导致消耗动力、发热、物件磨损三种后果。

3. 润滑的类型

为了不使金属表面直接接触发生摩擦，防止由于摩擦导致的三种不理想后果出现，一般考虑在两金属面之间加入一些润滑剂，用润滑剂的液体层或润滑剂中的某些分子形成的表面膜，将摩擦表面全部或部分地隔开的过程，称为润滑。所使用的润滑剂称为润滑油。根据加入介质类型、金属面接触的部位、机械面承载负荷、金属面和运动规律，将摩擦分为干摩擦和液体摩擦；将润滑分为流体动力润滑、弹性流体动力润滑、边界润滑和极压润滑等。

4. 润滑的作用

润滑油在金属表面所起的作用是：

① 润滑作用，有效地防止由于摩擦可能产生的上述三种后果；

② 冷却作用，将机械能转化的热能带走；

③ 冲洗作用，将磨损产生的金属碎屑或其他固体杂质冲洗带走；

④ 密封作用，防泄漏、防尘、防窜气；

⑤ 保护作用，防锈、防尘；

⑥ 减震作用，即缓冲作用；

⑦ 动能传递作用，如液压系统、遥控发动机及摩擦无级变速等。

5. 润滑油的基本性能

润滑油要具有润滑作用，必须具备两种性能：一是具有一定的油性，润滑油要与金属表面结合形成一层靠牢的润滑分子层，也就是润滑油要与金属表面有较强的亲和力；二是具有一定的黏性，这样润滑油才能保持一定厚度液体层，将金属面完全隔开。另外，根据润滑油的组成、性能、工作环境、所起的作用等，润滑油还要具备其他更广泛的性能。润滑油的基本性能包括一般理化性能和使用性能。

（1）一般理化性能

润滑油的一般理化性能，其取决于润滑油的化学组成，表明该产品的内在质量。润滑油的主要理化性能见表 9-1。

表 9-1 润滑油的主要理化性能

理化性能	说　明
外观颜色	反映润滑油基础油精制程度和稳定性。氧、硫、氮化合物含量越少，颜色越浅
密度	反映润滑油分子大小和结构。分子越大，非烃类及芳烃含量越高，密度越大
黏度	表示润滑油油性和流动性的一项指标。黏度越大，油膜强度越高，流动性越差
黏度指数	表示润滑油黏度随温度变化的程度。黏度指数越高，表示其黏度受温度的影响越小

续表

理化性能	说　明
闪点	表示润滑油组分轻重和安全性指标。组分越轻，闪点越低，安全性则越差
凝固点和倾点	表示润滑低温流动性能。分子越大或蜡含量越高，低温流动性越差，凝固点和倾点越高
酸值	反映润滑油中含有酸性物质的多少，表示润滑油抗腐蚀性能的指标
水分	对润滑油的润滑性能和抗腐蚀性能有影响。润滑油中水含量越少越好
机械杂质	反映润滑油中不溶于汽油、乙醇和苯等溶剂的沉淀物或胶状悬浮物含量多少
灰分	一般认为是一些金属元素及其盐类，反映润滑油基础油的精制深度
残炭	是为判断润滑油基础油的性质和精制深度而规定的项目

(2) 使用性能

使用性能是指润滑油除了一般理化性能之外，还应具有表征及其使用特性的特殊理化性质，润滑油质量要求越高，或是专用性越强的油品，其使用性能就越突出。反映润滑油使用性能的主要指标有：氧化安定性、热安定性、油性和极压性、腐蚀和锈蚀、抗泡性和水解安定性等。

6. 润滑油分类

润滑油根据原料来源可分为石油基润滑油和合成润滑油。

(1) 石油基润滑油

石油基润滑油是以石油为原料，经分馏、精制和脱蜡等加工过程而得到的润滑油基础油，基础油经过调和得到不同档次、不同牌号的各类润滑油成品。

① 润滑油基础油。润滑油基础油主要分矿物基础油和合成基础油两大类。矿物基础油应用广泛，用量很大（约95%以上），但有些应用场合则必须使用合成基础油调配的产品，因而使合成基础油得到迅速发展。

基础油是润滑油的主要成分，决定润滑油的基本性质。润滑油基础油的性能与化学组成见表9-2。

表9-2　润滑油基础油的性能与化学组成

性能要求	化学组成影响	解决方法
黏度适中	馏分越重黏度越大；沸点相近时，链状烃黏度小，环状烃黏度大	蒸馏切割馏程合适的馏分
黏温特性好	链状烃黏温特性好；环状烃黏温特性差；且环数越多黏温特性越差；胶质和沥青质黏温特性差	脱除多环短侧链芳烃(精制)；脱沥青
低温流动性好	大分子链状烃(蜡)凝固点高；大分子多环短侧链；胶质和沥青质低温流动性差	脱蜡、脱沥青、精制
抗氧化安定性好	非烃类化合物安定性差。烷烃易氧化，环烷烃次之，芳烃较稳定。烃类氧化后生成酸、醇、醛、酮、酯	脱除非烃类化合物
残炭低	形成残炭主要物质为润滑油中的多环芳烃、胶质和沥青质	提高蒸馏精度，脱除胶质沥青质
闪点高	安全性指标。馏分越轻，闪点越低；轻组分含量越多，闪点越低	蒸馏切割馏程合适的馏分，并汽提脱除轻组分

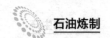

由以上分析可知，润滑油的理想组分是异构烷烃、少环长链烃。非理想组分是胶质、沥青质、多环短侧链以及大分子链状烃。

润滑油基础油生产方法有物理和化学两种。我国主要采用物理方法。

生产润滑油基础油的原料有馏分油和渣油两大类，即

馏分油生产方向：减压馏分或常压重馏分油→溶剂精制→溶剂脱蜡→白土或加氢补充精制

减压渣油生产方向：减压渣油→溶剂脱沥青→溶剂精制→溶剂脱蜡→白土或加氢补充精制

润滑油溶剂精制与溶剂脱蜡有两种流程：正序流程（即先精制后脱蜡）和反序流程（即先脱蜡后精制）。两种流程各有特色，正序流程副产蜡产品，而反序流程可以副产凝固点较低的高附加值抽出油。

② 添加剂。添加剂是近代高级润滑油的精髓，正确选用合理加入，可改善其物理化学性质，对润滑油赋予新的特殊性能，或加强其原来具有的某种性能，满足更高的要求。根据润滑油要求的质量和性能，对添加剂精心选择，仔细平衡，进行合理调配，是保证润滑油质量的关键。

一般常用的添加剂有：黏度指数改进剂，倾点下降剂，抗氧化剂，清净分散剂，摩擦缓和剂，油性剂，极压剂，抗泡沫剂，金属钝化剂，乳化剂，防腐蚀剂，防锈剂，破乳化剂。

(2) 合成润滑油

合成润滑油是通过有机合成的方法制备的液体润滑剂。合成润滑油的分子结构中，除含碳氢元素外，还含有氧、硅、磷、氟、氯等元素。

根据化学结构不同，合成润滑油有：酯类油、聚亚烷基醚、聚硅氧烷（硅油和硅酸酯）、含氟油、磷酸酯和聚 α-烯烃。各种合成润滑油都有其独特的化学结构、特定的原料和制备工艺、特殊的性能和应用范围。

一般来讲，合成润滑油具有优良的黏温性和低温流动性、良好的热氧化安定性、润滑性和低挥发性，也具有一些类似化学安定性和耐辐射性的特殊性能，且各类合成润滑油的性能各具特色，因此能够满足矿油所不能满足的使用要求。这也是合成润滑油虽然价格较贵仍能不断发展的重要原因。

任务2 了解润滑油的调和

润滑油的调和分为两类：一类是基础油的调和，即两种或两种以上不同黏度的中性油调和；另一类是基础油与添加剂调和，以改善油品使用性能生产符合规格的不同档次、不同牌号的各类润滑油成品。

1. 润滑油的调和机理

润滑油调和大部分为液-液相互溶解的均相混合。个别情况下也有不互溶的液-液物系，混合后形成液-液分散体。当润滑油添加剂是固体时，则为液-固物系的非均相混合或溶解，固态的添加剂为数不多，混合最终为互溶形成均相。一般认为，液-液均相混合是以分子扩

散、涡流扩散和主体对流扩散的综合作用。

2. 润滑油的调和工艺

润滑油的调和工艺主要有：间歇调和和连续调和两种。

（1）间歇调和

将定量的各组分依次或同时加入到调和罐中，加料过程中不需要度量或控制组分的流量，只需确定最后的数量。当所有的组分配齐后，调和罐便可开始搅拌，使其混合均匀。调和过程中随时采样化验分析油品的性质，也可随时补加某种不足的组分，直至产品完全符合规格标准。这种调和方法，工艺和设备比较简单，不需要精密的流量计和高度可靠的自动控制手段，也不需要在线质量检测手段。因此，建设此种调和装置所需投资少，易于实现。此种调和装置的生产能力受调和罐大小的限制，只要选择合适的调和罐，就可以满足一定生产能力的要求，但劳动强度较大。某润滑油生产车间如图 9-3所示。

图 9-3 润滑油生产车间

（2）连续调和

该方法是将全部调和组分以正确的比例，同时送入调和器进行调和，在管道的出口同时得到质量符合要求的最终产品，调和过程是连续进行的。这种调和方法不仅需要有满足混合要求的连续混合器和能够精确计算、控制各组分流量的计量器和控制手段，而且还要有在线质量分析仪表和计算机控制系统。由于这种调和方法拥有先进的设备和控制手段，因此连续调和具有可以实现优化控制、合理利用资源、减少不必要的质量过剩，从而使成本降低的优点。

任务3 了解溶剂脱沥青过程

减压渣油中，含有相当一部分高黏度的高分子烃类，这部分烃类是宝贵的高黏度润滑油组分。但是，残渣中也含有大量的胶质和沥青质，这些物质不是润滑油的理想组分，因此必须先脱除胶状和沥青状物质，才能顺利进行润滑油的精制和脱蜡。

必须指出，沥青并不是沥青质，它包括沥青质、胶质、某些大分子烃类、含硫和含氮的化合物，甚至还含有 Ni、V 等金属有机化合物等。

1. 溶剂脱沥青的原理

溶剂法脱沥青是最常用的方法，本质上是一个抽提过程。即采用溶剂萃取的方法，除去渣油中胶质和沥青质，以生产润滑油、催化裂化或加氢裂化的原料。脱除的“石油沥青”可以制造铺路沥青，氧化后可得到建筑沥青。萃取溶剂一般使用丙烷、丁烷或戊烷。

溶剂脱沥青的基础是各种烃类在这些溶剂中的溶解度不同，利用它们对环烷烃-烷烃及低分子芳烃有相当大的溶解度，而对胶质难溶或几乎不溶的特性，将胶质、沥青质从残渣油中脱除。本节以丙烷溶剂为例来说明溶剂脱沥青的原理。

丙烷脱沥青是依靠丙烷对减压渣油中不同组分的选择性溶解来完成的。丙烷对减压渣油

图 9-4　某炼厂丙烷脱沥青装置

中各种组分的溶解度有很大差别。在一定温度下，液体丙烷对减压渣油中的润滑油组分和蜡有相当大的溶解度，而几乎不溶解胶质和沥青质。利用丙烷的这一特性，将渣油和液体丙烷充分混合接触，使油和蜡溶解于丙烷，除去渣油中的非理想组分和有害物质，得到脱沥青油。溶于脱沥青油中的丙烷，可经蒸发回收后循环使用。

2. 溶剂脱沥青的工艺流程

尽管溶剂脱沥青的方法较多，但原理基本相同，只是目的产品、溶剂回收方法或流程不同而已。下面以丙烷脱沥青工艺为例，该工艺流程分别由溶剂抽提和溶剂回收两个部分构成，如图 9-4 和图 9-5 所示。

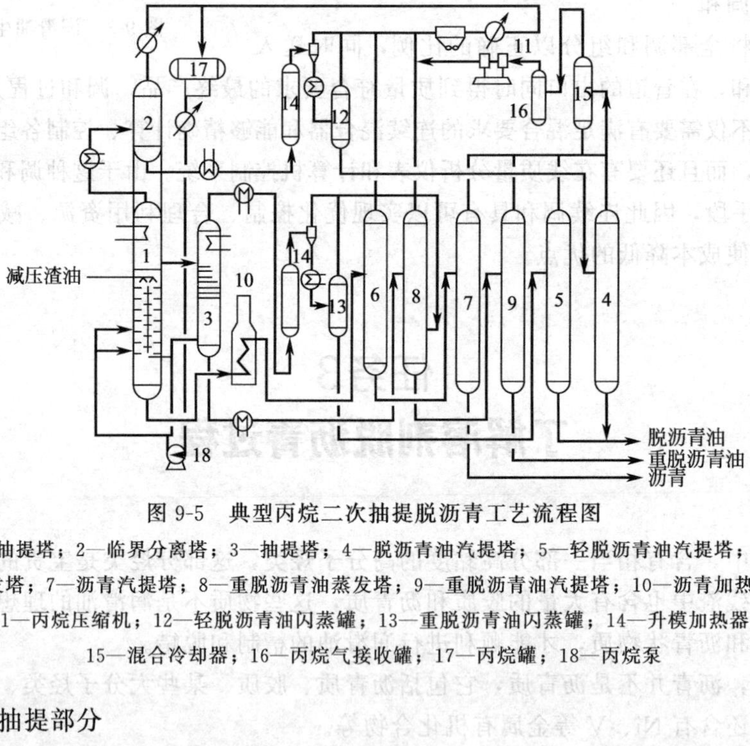

图 9-5　典型丙烷二次抽提脱沥青工艺流程图

1—转盘抽提塔；2—临界分离塔；3—抽提塔；4—脱沥青油汽提塔；5—轻脱沥青油汽提塔；6—沥青蒸发塔；7—沥青汽提塔；8—重脱沥青油蒸发塔；9—重脱沥青油汽提塔；10—沥青加热炉；11—丙烷压缩机；12—轻脱沥青油闪蒸罐；13—重脱沥青油闪蒸罐；14—升模加热器；15—混合冷却器；16—丙烷气接收罐；17—丙烷罐；18—丙烷泵

（1）溶剂抽提部分

溶剂抽提的目的是将丙烷溶剂和原料油充分接触，而将原料油中的润滑油组分溶解出来，使之与胶质和沥青质分离。抽提部分的主要设备是抽提塔，工业上多采用转盘塔。抽提塔内分为上下两层，下层是抽提段，上层是沉降段。其结构见图 9-6。

原料（减压渣油）经换热降温到合适的温度后，进入转盘抽提塔的中上部，经分散管进入抽提段。循环溶剂（副丙烷）从转盘抽提塔的下部进入。主丙烷在最下层转盘处进入塔内；副丙烷在沥青界面以下，另一路丙烷用来推动转盘主轴下端的水力涡轮。

原料油和溶剂在转盘抽提塔内逆流接触，塔上部为沉降段，沉降段内设有立式翅片加热管，用蒸汽作热源。沉降段与抽提（萃取）段之间有一集油箱，部分沉降析出物从中析出，

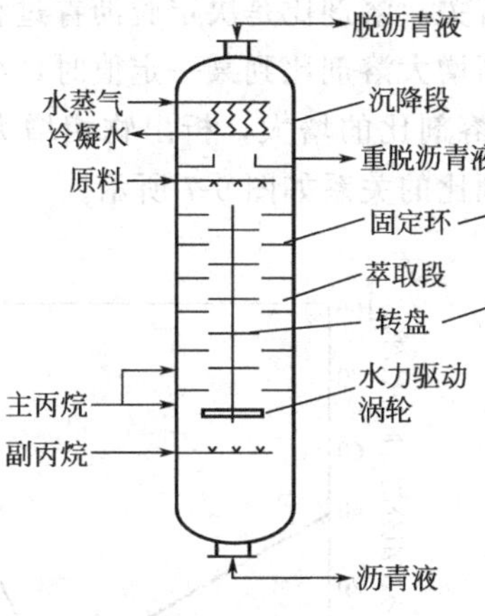

(a) 转盘塔剖面图

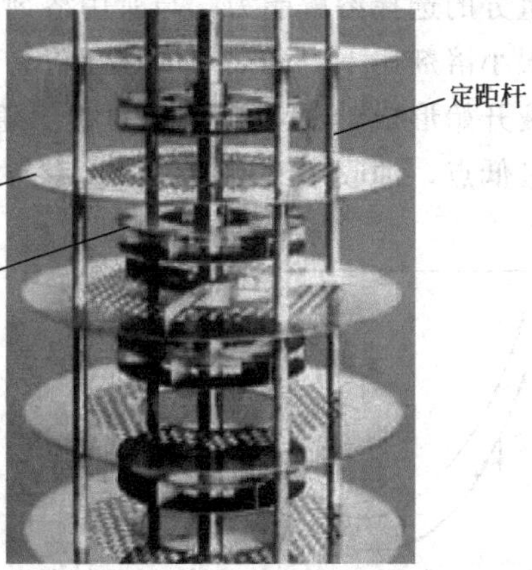

(b) 转盘塔内结构示意图

图 9-6 典型丙烷脱沥青转盘抽提塔

称作二段油（即重脱沥青油）。经升温沉降后的一次抽出液（即脱沥青油）由转盘抽提塔顶引出，在管壳式加热器中加热到丙烷临界温度（96.67℃）后，进入临界分离塔。

由集油箱中引出的二段油为中间产品，含有较重的润滑油料，也含有较多的胶质，送入抽提塔的中上部，抽提塔底打入溶剂丙烷，在抽提塔中进行二次抽提。二次抽出液在抽提塔上部沉降段加热沉降，沉降后的二次抽出油分出溶剂丙烷后得到轻脱沥青油，可单独作为产品，也可与一次抽出油合并为沥青油。抽余油分出溶剂丙烷后得重脱沥青油。

（2）溶剂回收部分

溶剂回收部分包括：从抽出油和抽余油中分离出丙烷，并得到油和沥青，一方面回收溶剂循环利用，另一方面使产品中不含溶剂。

① 脱沥青油中溶剂回收。溶剂的绝大部分在脱沥青油中。在临界温度下，脱沥青油基本上全部自丙烷中析出，析出油称作脱沥青油。分油后的丙烷，自临界分离塔顶引出，经冷却回到循环丙烷罐，供循环使用。脱沥青油中还含有少量丙烷，经加热后进入升膜蒸发器蒸出其中大部分丙烷，再经水蒸气汽提塔脱出残余丙烷，也可和轻脱沥青油合并为轻脱沥青油冷却后送出装置。

② 轻脱沥青油中溶剂回收。轻脱沥青油中含有丙烷，经加热后在蒸发器中蒸出其中大部分丙烷，再经水蒸气汽提塔脱出残余丙烷，冷却后送出装置。

③ 重脱沥青油中溶剂回收。重脱沥青油经加热进入重脱沥青油蒸发塔蒸出大部分丙烷，再通过汽提塔用水蒸气汽提出残余丙烷，冷却后出装置。

④ 脱油沥青中溶剂回收。脱油沥青中也含有少量丙烷，经过加热炉加热后，进入蒸发塔蒸出大部分丙烷，再经水蒸气汽提残余丙烷，冷却后出装置。

⑤ 低压溶剂回收。在前面的溶剂回收过程中，由于普遍采用水蒸气汽提的方法除去残余的溶剂，这样便产生大量的水蒸气和丙烷的混合气体，且压力较低，不能直接循环利用。工业上将溶剂蒸气与水蒸气冷却分离，溶剂蒸气由压缩机加压，冷凝后重新利用。

3. 影响丙烷溶解能力的主要因素

丙烷对烃类的溶解能力，与所采用的操作条件有重要关系，即并非在任意条件下都能达到脱沥青的目的。影响丙烷溶解能力的主要因素是溶剂比和温度。

（1）溶剂比

单位时间进入抽提塔的溶剂量与原料油量之比，称为溶剂比。在一定温度下，液体丙烷对渣油中各组分的选择溶解能力，与所用溶剂比有关。溶剂比是决定脱沥青过程经济性的重要因素。在很小溶剂比下，渣油与丙烷互溶。逐渐增大溶剂比到某一定值时，会有部分不溶物析出，溶液开始形成油相和沥青相两相。随着溶剂比的增大，析出物相增大，油收率减少，经过一最低点，油收率又增加。油收率与溶剂比的关系如图 9-7 所示。

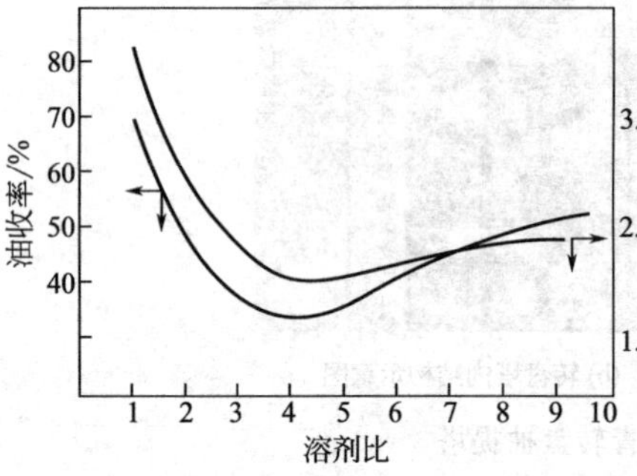

图 9-7　油收率-溶剂比-油的残炭值关系

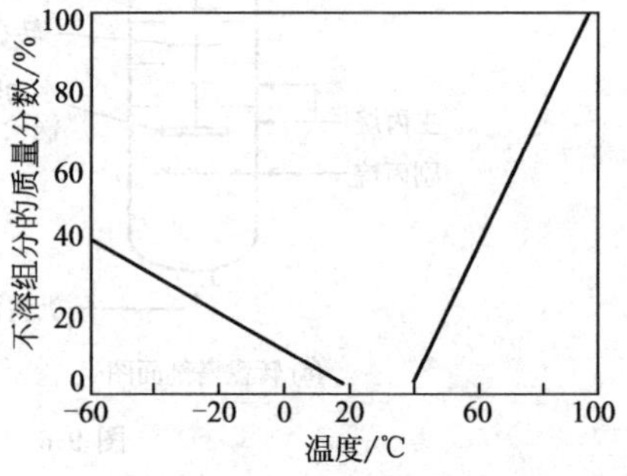

图 9-8　丙烷对渣油的溶解性能图

脱沥青油的残炭值和溶剂比（或油收率）也存在相对应的关系。油收率增加，残炭值增大。脱沥青的深度可从脱沥青油的残炭值看出。渣油中沥青脱除得越彻底，得到的脱沥青油残炭值越低。残炭值是润滑油的重要规格指标之一，若用脱沥青油作优质润滑油原料时，残炭值要求在 0.7%以下；若用脱沥青油作高黏度润滑油或作催化裂化原料时，残炭值可高一些。因此，要根据生产目的不同，选用适宜的溶剂比。通常，用脱沥青油作润滑油原料时采用的溶剂比为 8∶1（体积比）。

（2）温度

实验证明，丙烷对渣油的溶解性能有三个温度区，如图 9-8 所示。

① 在 20℃左右以下，丙烷的溶解能力随温度的升高而增加，即分离出的不溶物随温度升高而减少；

② 在 20～40℃，丙烷与渣油完全互溶为均相溶液，即无法分离出不溶物；

③ 当温度高于 40℃以后，丙烷与渣油又开始分为两相，并且丙烷溶解能力随温度升高而降低，即分离出的不溶物随温度升高而增加；当温度达到丙烷的临界温度时，对渣油的溶解能力接近零，形成油和溶剂不互溶的两相。

由以上规律可见，温度是溶剂脱沥青过程中最重要、最敏感的因素。同时可看出，第二个两相温度区是丙烷脱沥青较理想的范围。因此，工业上脱沥青过程都是在第二个两相区靠近临界点温度条件下进行的。

任务4 了解润滑油的溶剂精制

在减压馏分油和丙烷脱沥青油中，含有多环短侧链芳烃、硫、氮、氧化合物和胶质等润滑油非理想组分，它们的存在会使油品黏度指数降低、酸值升高、抗氧化安定性变差、腐蚀性增强、颜色变深。为了使产品满足润滑油基础油的要求，必须除去这些非理想组分。目前，常用的精制方法有：酸碱精制、溶剂精制、吸附精制、加氢精制等。溶剂精制是我国目前应用最广的一种方法。

1. 溶剂精制原理

（1）溶剂精制原理

溶剂精制是利用某些有机溶剂，对润滑油原料中所含的各种烃类溶解不同的特性，在一定条件下，可将润滑油原料中的理想组分与非理想组分分离开（即非理想组分在溶剂中的溶解度比较大，而理想组分在溶剂中的溶解度比较小）。这种分离过程属于液-液抽提（或萃取）过程。

（2）工业上常用抽提溶剂

工业使用的抽提溶剂主要有糠醛、酚和 *N*-甲基吡咯烷酮（NMP）三种，其主要使用性能见表 9-3。

表 9-3 三种抽提溶剂主要使用性能对比表

性能	*N*-甲基吡咯烷酮	酚	糠醛
相对成本	1.0	0.36	1.5
适用性	很好	好	极好
选择性	很好	好	极好
溶解能力	极好	很好	好
稳定性	极好	很好	好
腐蚀性	小	腐蚀	有
毒性	小	大	低
抽提温度	低	中	中
剂油比	很低	低	中
精制油收率	很好	好	极好
产品颜色	极好	好	很好
能耗	低	中	中

由表 9-3 可知：*N*-甲基吡咯烷酮溶剂毒性小、安全性高，使用的原料范围也较宽，加之溶解能力、热稳定性及化学稳定性方面都高于其他两种溶剂，选择性居中，所得精制油收率高、质量好、装置能耗低，因此，*N*-甲基吡咯烷酮溶剂近年来已被广泛采用。全世界 *N*-甲基吡咯烷酮精制，在润滑油精制中所占比例已超过 50%。但我国的情况却有所不同，因 *N*-甲基吡咯烷酮的价格贵且需要进口，尚未得到广泛应用。在我国糠醛的价格较低，来源充分（我国是糠醛出口国），适用的原料范围较宽（对石蜡基和环烷基原料油都适用），毒性低，与油不易乳化而易于分离，加之工业实践较多，因此，糠醛是目前国内应用最广泛的精制溶剂，约占总处理能力的 83%。酚因溶解能力强，常被用作残渣油精制，其缺点主要是毒性大，适用原料范围窄，近年来有逐渐被取代的趋势。

2. 溶剂精制工艺流程

选用不同的抽提溶剂，其精制原理相同，在工艺流程上也大同小异。目前，我国应用最多的是糠醛精制工艺流程，如图 9-9 所示。该工艺过程包括：原料油脱气、溶剂抽提、精制液和抽出液溶剂回收以及溶剂干燥脱水四个部分。

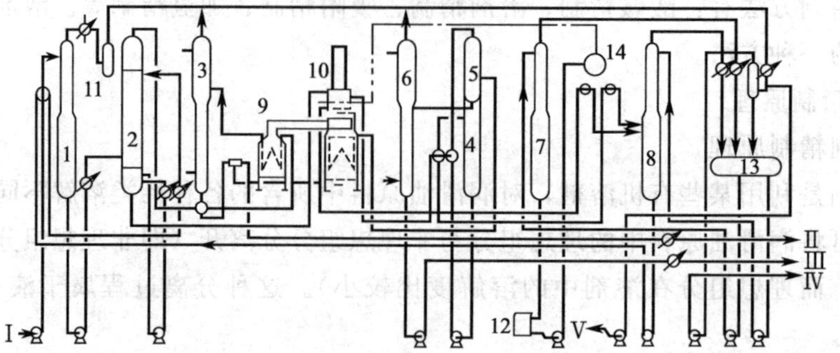

图 9-9 糠醛精制工艺流程图（双效蒸发）

Ⅰ—原料油；Ⅱ—精制油；Ⅲ—抽出油；Ⅳ—尾气；Ⅴ—碱液

1—脱气塔；2—抽提塔；3—精制液蒸发汽提塔；4—抽出液一次蒸发塔；5—抽出液二次蒸发塔；6—抽出液汽提塔；7—脱水塔；8—糠醛干燥塔；9—精制液加热炉；10—抽出液加热炉；11—分液罐；12—水罐；13—糠醛、水溶液分层罐；14—蒸汽包

（1）原料油脱气部分

原料油罐没有惰性气体保护时，原料油中会溶入 50～100μg/g 的氧气。这些微量的氧气足以使糠醛氧化生成酸性物质，并进一步缩合生成胶质，造成设备的腐蚀与堵塞，严重地影响正常生产。因此，在原料油进入抽提塔之前必须进行脱气。

脱气过程通常在筛板塔内进行，利用减压和汽提使溶入油中的氧气析出而脱除。影响脱气的主要因素是脱气塔的真空度和吹气量，脱气塔在 13.3kPa 压力下操作时，可将溶入原料油中的氧气大部分脱除。如果在塔内吹入少量蒸汽进行汽提，则可以脱除 99%以上的氧气。原料油进脱气塔前，必须预热到塔压力下水的沸点以上若干摄氏度，以防止脱气塔吹入的水蒸气在塔内凝结，造成原料油带水。

若脱气不彻底，系统中的糠醛还有被缓慢氧化的可能。系统中如果有这样的问题存在，可以在回收系统注入适量的乙醇胺等碱性物质，以使溶剂经常保持中性，防止腐蚀。

（2）溶剂抽提部分

糠醛精制的抽提塔也采用转盘塔。原料油自脱气塔底抽出，经换热冷却到适当的温度后，从抽提塔下部进入塔内。回收的溶剂经换热和冷却到适当温度，从抽提塔上部引入。抽提塔在一定压力下操作，含少量溶剂的精制液（提余液）与含大量溶剂的抽出液，分别从抽提塔顶部和底部排出，去各自的溶剂回收系统。

（3）溶剂回收部分

溶剂回收的能耗可占到溶剂精制总能耗的 75%～80%，溶剂回收部分有精制液和抽出液两个系统。精制液中含溶剂少，在一个蒸发汽提塔中就可完成全部溶剂回收。精制液蒸发汽提塔在减压条件下操作，塔底吹入水蒸气，蒸出的溶剂及水蒸气经冷却进入水溶液分层罐。塔底精制油与精制液换热冷却后，用泵送入精制油罐。

抽出液中含糠醛量可达 85%以上，这部分溶剂回收所需能耗要占溶剂回收总能耗的 70%，所以各炼厂都把抽出液的溶剂回收作为节能工作的重点。采用双效或三效蒸发，能显著地降低能量消耗。

如图 9-10 所示，为糠醛抽出液溶剂回收三效蒸发工艺流程。

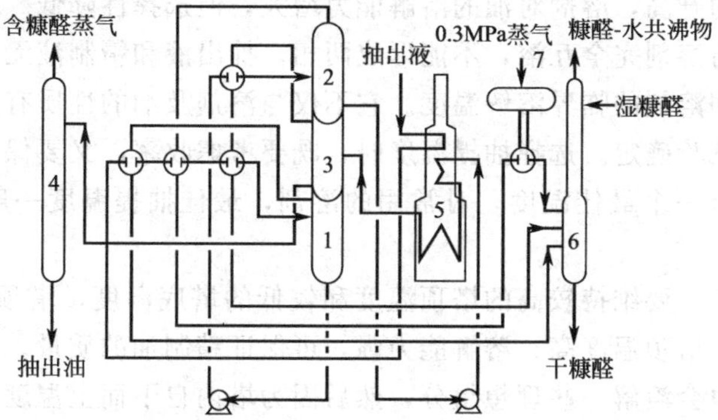

图 9-10 糠醛抽出液溶剂回收三效蒸发工艺流程

1—低压蒸发塔；2—中压蒸发塔；3—高压蒸发塔；4—汽提塔；5—加热炉；6—干燥塔；7—蒸汽发生器

（4）溶剂干燥和脱水部分

如图 9-11 所示，为糠醛干燥双塔回收流程。由于糠醛与水可形成低沸点共沸物，共沸物中含糠醛 35%，该共沸物蒸气冷凝冷却后分为两层，在 40℃时，上层为富水溶液，含糠醛 6.5%，下层为富糠醛溶液，含水也约为 6.5%。富水溶液从脱糠醛塔上部进入，直接用水蒸气汽提的方法，将其中的糠醛以共沸物的形式蒸出，返回分层罐进行分离，脱醛净水从塔底排入下水道，或作为装置余热蒸汽发生器用水。分层罐下层的富糠醛溶液则送入干燥塔进行干燥，干燥塔的热源由各级蒸发塔出来的经过部分换热及热回收后的热溶剂提供。干燥塔顶蒸出的共沸物经冷凝冷却后，再返回分层罐进行分层，干糠醛从塔底抽出作为循环溶剂。

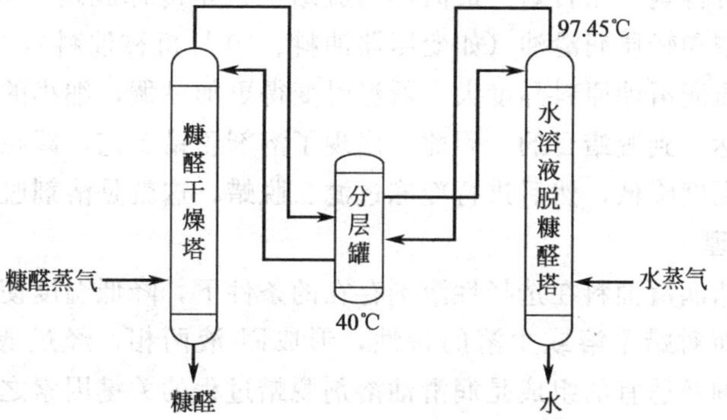

图 9-11 糠醛干燥双塔回收流程

3. 影响溶剂精制的主要操作因素

影响抽提过程的主要操作因素有溶剂比和抽提温度。

（1）溶剂比

溶剂比的大小取决于溶剂和原料油的性质以及产品质量要求。在一定抽提温度下，增大溶剂比，可抽出更多的理想组分，提高精制深度，改善精制油质量。但精制油收率降低，溶剂回收系统负荷增大；当装置规模一定时，处理能力将减小。在工业上，通常采用的溶剂比在（1～4）∶1 范围之内。

（2）抽提温度

抽提温度即抽提塔内的操作温度。温度是影响溶剂精制过程最灵敏、最重要的因素之一。随着抽提温度的升高，溶剂对油的溶解能力增大，但选择性降低。当温度超过一定数值后，原料中各组分与溶剂完全互溶，不能形成两相，抽出液和精制液无法分开，达不到精制的目的，这一温度即溶剂的临界溶解温度。它不仅与溶剂及油的性质有关，而且还受溶剂比的影响，需要通过试验确定。选择抽提温度时，既要考虑收率，又要保证产品质量，对某一具体的精制过程都有一个最佳温度。对常用的溶剂，最佳抽提温度一般比临界溶解温度低10～20℃。

一般在抽提塔中，要维持较高的塔顶温度和较低的塔底温度，塔顶和塔底有一温度差，叫温度梯度。这样，塔顶温度高、溶解能力强，可保证精制油的质量。溶剂进塔后，逐渐溶解非理想组分，但也会溶解一些理想组分，然后因为塔内自下而上温度逐渐降低，理想组分就会从溶剂中分离出来，抽出液在较低的温度下排出，保证了精制油的收率。

所用溶剂不同，温度梯度值不一样。酚精制的温度梯度为20～25℃，糠醛精制时约为20～50℃。

任务5 了解润滑油溶剂脱蜡

我们都知道：低温流动性是润滑油的重要指标，为了使润滑油在低温条件下具有良好的流动性，必须将润滑油中易于凝固的蜡脱除，这一过程称为脱蜡。润滑油经过脱蜡后，凝点会显著降低，同时可得副产品石蜡。最简单的脱蜡工艺是冷榨脱蜡（或称压榨脱蜡），但这一方法只适用于柴油和轻质润滑油（如变压器油料、10号机械油料），对大多数较重的润滑油不适用。由于重质润滑油原料黏度大，低温时变得更加黏稠，细小的蜡晶粒和黏稠油浑然一体，难于过滤，达不到脱蜡目的。因此，出现了溶剂脱蜡工艺，即在润滑油原料中加入适宜的溶剂，使油的黏度降低，然后进行冷冻过滤、脱蜡，这就是溶剂脱蜡。

1. 溶剂脱蜡原理

溶剂脱蜡是含蜡润滑油料在选择性溶剂存在的条件下，降低温度使蜡形成固体结晶，并利用溶剂对油溶解而对蜡不溶或少溶的特性，形成固-液两相，经过滤使蜡与油得到分离。所以选择合适的溶剂及适宜的组成是润滑油溶剂脱蜡过程的关键因素之一。

（1）溶剂在脱蜡过程中的作用

大家可能使用过过滤方法分离固-液混合物的经验，若混合物中固体颗粒大、液体黏度小，则过滤速度较快，分离效果较好；反之，过滤速度较慢，分离效果较差。对于黏稠的混合物，几乎不可能用过滤的方法分离出其中的固体物质。因此，在润滑油过滤时要加入溶剂以稀释油料。理想的润滑油脱蜡溶剂应具有以下特性：

① 有较强的选择性和溶解能力，在脱蜡温度下，能完全溶解原料油中的油，而对蜡则不溶或溶解度很小；

② 析出蜡的结晶好，用机械法过滤法易于分离；

③ 沸点较低，与原料油的沸点差大，以便用闪蒸的方法回收溶剂；

④ 具有较好的化学及热稳定性，不易氧化、分解，不与油、蜡发生化学反应；

⑤ 凝点低，能使混合物保持好的低温流动性；

⑥ 无腐蚀，无毒性，来源容易。

在工业中，溶剂酮-苯混合溶剂应用较为广泛。其中酮类可用丙酮、甲乙基酮等；苯类可用苯、甲苯。甲乙基酮-甲苯混合溶剂，既具有必要的选择性，又有充分的溶解能力，同时能满足其他性能要求，因而在工业上得到广泛使用。

一般要根据润滑油原料的性质和脱蜡深度的要求，正确选择混合溶剂中两种溶剂的配比，同时，选择适宜的溶剂加入方式及加入量，才能达到最佳的脱蜡效果。

(2) 润滑油原料的冷冻

为了使润滑油中的蜡结晶析出，必须把原料油冷却降温，工业上采用的冷却设备为套管结晶器。润滑油原料从内管流过，液氨在外管空间蒸发吸热，使润滑油温度下降。蒸发后的氨蒸气经冷冻机压缩冷却成液体后循环使用。

调节液氨的蒸发量，能使润滑油原料降至需要的低温，蜡即可呈结晶析出。脱蜡油与蜡结晶分离时的温度叫脱蜡温度。脱蜡温度和所要求的脱蜡油凝点有关。脱蜡温度越低，油的凝点越低。但脱蜡油凝点和脱蜡温度并不一致，其差值即为脱蜡温差。在实际生产中，脱蜡油凝点一般高于脱蜡温度，脱蜡温差越大，表明脱蜡效果越差。脱蜡温差与溶剂性质、冷却速度、过滤方法等因素有关。

2. 溶剂脱蜡工艺流程

溶剂脱蜡工艺流程和酮-苯脱蜡装置如图 9-12 和图 9-13 所示。

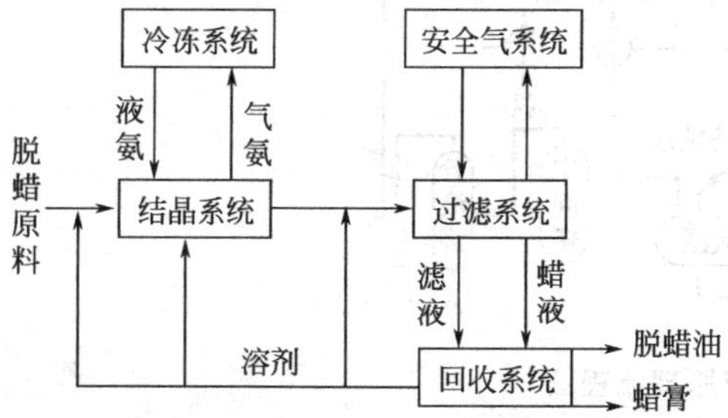

图 9-12 溶剂脱蜡工艺原理流程图

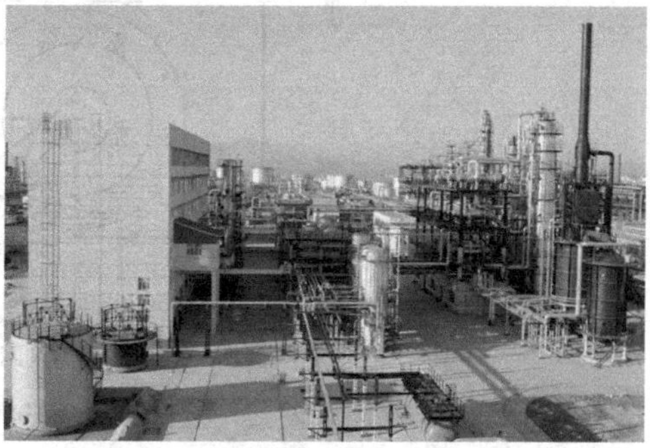

图 9-13 酮-苯脱蜡装置

溶剂脱蜡工艺流程是由冷冻结晶系统、制冷系统、过滤系统、溶剂回收系统和安全气系统等大系统组成的。

(1) 原料油冷冻结晶系统

原料油的冷冻结晶系统原理流程如图 9-14 所示。

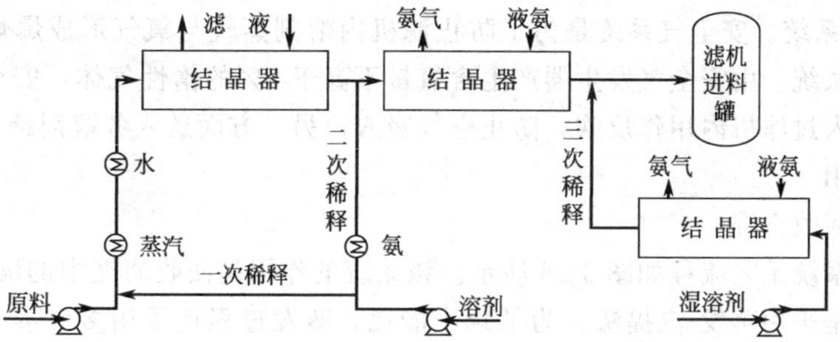

图 9-14 原料油的冷冻结晶系统原理流程图

原料油先经热处理，使原有结晶全部熔化，以便控制在有利条件下重新结晶。对脱沥青原料，通常在热处理前加入一次稀释溶剂进行稀释，对馏分油原料则直接在第一台结晶器的中部注入溶剂稀释，称为“冷点稀释”。通常在前面的结晶器用滤液作冷源以回收滤液的冷量，后面的结晶器用氨作冷源。原料油在进入氨冷结晶器之前先与二次稀释溶剂混合，由氨冷结晶器出来的油-蜡-溶剂混合物与三次稀释溶剂混合后去滤机进料罐，三次稀释溶剂是经过冷却的由蜡系统回收的湿溶剂。由于湿溶剂含水，冷冻时会在传热表面结冰，因此在冷却时也用结晶器，氨冷结晶器的温度通过控制液氨罐的压力来调节。

酮-苯脱蜡过程的结晶器一般都用套管式结晶器，原料油走内管，冷冻剂走外管。内管中心有贯通全管的装有刮刀的旋转钢轴，刮刀与轴用弹簧相连使刮刀紧贴管壁，可以随时刮掉结在冷却表面上的蜡，从而提高传热效率，保证生产正常进行。

(2) 过滤系统和安全气系统

① 过滤系统。过滤系统原理流程如图 9-15 所示。该系统的作用是将固-液两相分开。冷冻后的含蜡溶液自过滤机进料罐进入真空过滤机，经过滤分离为两部分：一部分是含有溶剂的脱蜡油即滤液；另一部分是含有少量油和溶剂的蜡即蜡液。滤液去滤液罐，蜡液进入蜡罐。滤液与原料油换冷，蜡液与溶剂换冷，换冷后的滤液和蜡液分别去溶剂回收系统。

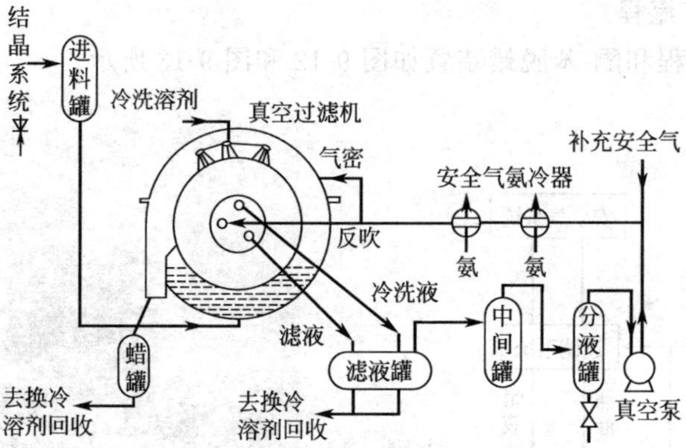

图 9-15 过滤系统原理流程图

过滤系统的主要设备是鼓式真空过滤机。过滤机的主要部分是装在壳内的转鼓，转鼓蒙以滤布，转鼓部分浸没于冷冻好的原料油-溶剂混合物中，并以一定转速旋转，浸没深度约为转鼓直径的 1/3 左右。转鼓内为负压，可连续将油与溶剂经滤布吸入鼓内，再通过管道流入滤液罐。蜡晶体被截留在转鼓外层的滤布上，随着转鼓的旋转，经冷溶剂冲洗，将蜡带出的油洗回油中。随之用安全气将蜡饼吹松，用刮刀刮下，刮下的蜡饼用螺旋输送机送至蜡罐。这样，冷冻后的润滑油原料在真空过滤机内被分成滤液和蜡液。

② 安全气系统。安全气系统是为了防止滤机内溶剂蒸气与氧气形成爆炸性混合物而设置的一套安全系统。由安全气发生器产生含氧量不高于 5%的惰性气体，安全气一方面经过滤机分配头吹入过滤机内用作反吹，防止空气吸入；另一方面送入各溶剂罐、滤液罐、含油蜡罐内作密封用。

(3) 溶剂回收系统

溶剂回收系统工艺流程如图 9-16 所示。该系统的作用是回收滤液中的溶剂，循环使用。回收的方法都是采用蒸发-汽提法。为了减小能耗，蒸发过程均采用多效蒸发，依次进行低压蒸发、高压蒸发、再低压蒸发。最后用汽提的方法除去油和蜡中残余的溶剂，得到的脱蜡油和含溶剂量一般低于0.1%的蜡。

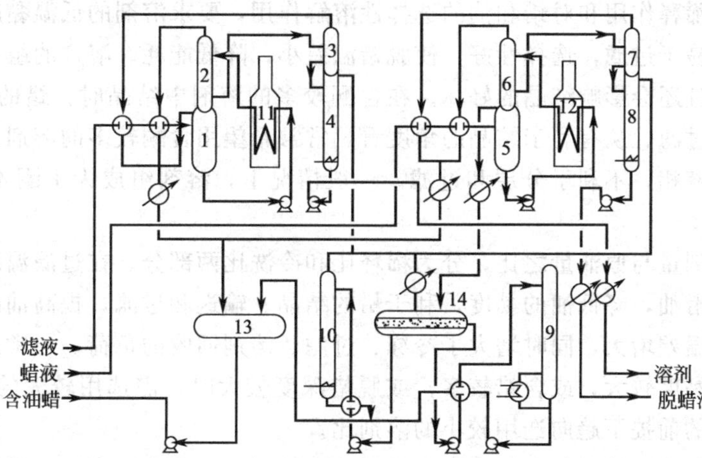

图 9-16 酮-苯脱蜡溶剂回收系统工艺流程图

1,3—滤液低压蒸发塔；2—滤液高压蒸发塔；4—脱蜡油汽提塔；5,7—蜡液低压蒸发塔；6—蜡液高压蒸发塔；8—含油汽提塔；9—溶剂干燥塔；10—酮脱水塔；11—滤液加热炉；12—蜡液加热炉；13—溶剂罐；14—湿溶剂分水罐

各滤液蒸发塔及蜡液第二、第三个蒸发塔出来的溶剂蒸汽经冷凝后进入溶剂罐（干溶剂），用作循环溶剂。从蜡液第一个蒸发塔及两个汽提塔出来的蒸气含有水分，经冷凝后都进入溶剂分水罐，分水罐内上层为含水3%～4%的湿溶剂，下层为含溶剂约10%的水。溶剂和水的分离采用双塔分馏方法，最后得到基本上不含溶剂的水和含水低于0.5%的溶剂。

国外有的溶剂回收装置采用惰性气代替水蒸气汽提。由于惰性气和溶剂不需要经过汽化、冷凝，故可减小能耗。这样做也减少了系统的水分从而减少了结冰，因而节省了冰的融化和水的蒸发所消耗的能量，同时减少过滤系统的温洗过程。

3. 影响酮-苯脱蜡过程的主要因素

溶剂脱蜡过程的工艺条件要满足两个要求：一是保证脱蜡油的凝固点达到要求；二是形成的蜡结晶状态良好而易于过滤分离，以提高脱蜡油收率和装置处理能力。

影响酮-苯脱蜡过程的主要因素有以下几方面。

(1) 原料油性质

在脱蜡油原料中，随馏分变重，蜡晶粒越小，生成蜡饼间隙越小，渗透性越差；另外，重原料油的黏度大，不易过滤。

原料油馏分越窄，蜡的性能越相近，结晶越好，且越易于找到合适的操作条件。

原料油胶质、沥青质含量较多时，蜡结晶不易连接成大颗粒晶体，而生成微粒晶体，易堵塞滤布，降低过滤速度，同时易粘连使蜡含油量大；但原料油中含有少量胶质，反而使蜡晶粒连接成大颗粒，提高过滤速度。

原料油中链状烃和环状烃的相对含量对脱蜡过程也有影响。含石蜡较多时，结晶颗粒较大，生成共熔物较少，过滤速度较快；而含环烷烃较多时，容易与正构烷烃形成共熔物，影响过滤速度。

(2) 溶剂的影响

溶剂的组成、溶剂比、加入方式和加入位置对脱蜡过程的效果、装置能耗等有较大的影响。

由于溶剂的稀释作用和对蜡和油的选择性溶解作用，要求溶剂的低温黏度要小，对油的溶解能力要大，易于过滤；选择性好，使脱蜡温差小，降低能耗。溶剂的组成不仅影响对油的溶解能力，而且还会影响结晶的好坏。在含酮较多的溶剂中结晶时，蜡的结晶比较紧密、带油较少，易于过滤。从有利于结晶的角度看，常常希望用含酮较多的溶剂。但是含酮量过大易产生第二个液相，不利于分层和过滤。一般情况下，溶剂组成为丁酮40%～65%、甲苯35%～60%。

溶剂比是溶剂量与原油量之比，分为稀释比和冷洗比两部分。在过滤温度下溶剂的稀释比应充分溶解润滑油，降低油的黏度，利于蜡的结晶、输送和过滤，提高油的收率。但稀释比增大可使脱蜡温差增大，同时增大了冷冻、过滤、溶剂回收的负荷。通常来讲，若原料油的沸程较高，或黏度较大，或含蜡较多，或脱蜡深度较大时，需选用较大的溶剂比。一般，在满足生产要求的前提下趋向选用较小的溶剂比。

溶剂的加入方式对蜡晶的生长有很大的影响，溶剂加入的方法有一次稀释法和多次稀释法。为利于蜡晶生长，生产中一般采用多次稀释法，即在冷冻前和冷冻过程中逐步把溶剂加入到脱蜡原料中，充分利用溶剂的稀释作用，改善蜡的结晶，提高过滤速度，并可在一定程度上减小脱蜡温差。在采用多次稀释方式时，国内有的脱蜡装置采用将稀释点后移的“冷点稀释”方式，即将脱蜡原料油冷却降温至蜡晶开始析出、流体黏度较大时，才第一次加入稀释溶剂。冷点稀释方式用于轻馏分油时效果较好，对重馏分油则效果差些，对碱渣油则不起作用。冷点稀释方式用于石蜡基原料油时的效果比用于环烷基原料油好。进行多次稀释时，加入的溶剂温度应与加入点的油温或溶液温度相同或稍低，温度过高，则会把已结晶的蜡晶体局部溶解或熔化；温度过低，则溶液受到急冷，会出现较多的细小晶体，不利于过滤。

(3) 冷却速度的影响

冷却速度是指单位时间内溶剂与脱蜡原料油混合物的温度降，用℃/h或℃/min表示。

蜡的结晶是蜡在油中溶解由饱和状态到过饱和状态时析出蜡的过程。冷却速度越大，过饱和度越大，从饱和状态到过饱和状态的时间就越短，生成的晶核数目越多，但结晶增长时间越短，晶体也就越细小。因此，在冷冻初期冷却速度不宜过快，后期冷却速度可提高，提高冷却速度可以提高套管结晶器的处理能力。

(4) 助滤剂

助滤剂能与蜡分子产生共晶，将薄片形蜡晶改变成类似树枝状的大晶，可明显提高过滤速度，而提高设备处理能力和脱蜡油收率。

任务6 了解润滑油的白土补充精制

润滑油料经过溶剂脱沥青、溶剂精制和溶剂脱蜡后，其质量已基本达到要求，但所得油品中还含有少量未除净的硫化物、氮化物、环烷酸及因回收溶剂被加热而生成的大分子缩合物、胶质和残留的极性溶剂等，这些杂质的存在，影响油品的安定性、乳化性、透光度、颜色和残炭值等。为了除去这些杂质，需要对润滑油进行补充精制。白土补充精制是广泛采用的一种补充精制方法。

1. 白土补充精制的原理

白土是一种具有吸附作用的矿物，具有多孔结构、较大比表面积的物质，是优良的吸附剂。其组成是硅酸铝钒土和水，此外还有铁、钙、镁的氧化物等。天然白土孔隙内常有一些杂质，用盐酸或硫酸处理后，吸附活性可大大提高，这一处理过程叫活化，活化后的白土称活性白土（如图 9-17 所示）。白土不耐高温，温度超过 800℃，吸附活性会完全失去。

图 9-17 活性白土

白土对润滑油中各种组分的吸附能力有明显的差异，当白土与润滑油充分混合后，白土极易将油中的胶质、沥青质、残余溶剂等杂质吸附在表面上，而对油的吸附能力则较差。白土吸附各种烃类能力的顺序为：胶质、沥青质＞芳烃＞环烷烃＞烷烃；芳烃和环烷烃的环数越多，越易被吸附。

白土补充精制利用白土的选择性吸附，在一定温度下用活性白土处理油料，吸附而除掉极性杂质，降低油品的残炭值及酸值（或酸度），改善油品的颜色及安定性，得到精制润滑油。

2. 白土补充精制工艺流程

白土补充精制有渗滤法和接触法。目前接触法使用较为普遍。

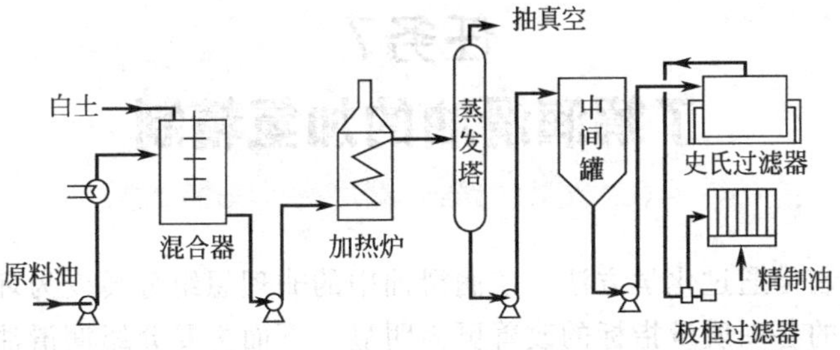

图 9-18 润滑油白土补充精制流程

图 9-19 润滑油酸碱白土精制装置

润滑油白土补充精制流程和酸碱白土精制装置如图 9-18 和图 9-19 所示。原料油经预热后进入混合器与白土搅拌混合约 20～30min，然后用泵将混合物送入加热炉加热，以降低油品黏度提高吸附收率。加热后进入真空蒸发塔，蒸出在加热炉中裂化产生的轻组分和残余溶剂，塔底悬浮液进入中间罐，由中间罐打入史氏过滤器，滤掉绝大部分白土，然后再通过板框式过滤器脱除残余固体颗粒，经补充精制后得到符合质量要求的润滑油基础油。

3. 白土精制操作条件分析

影响白土精制操作的主要因素是原料油和白土性质、工艺操作条件等。

(1) 原料油和白土性质

原料预处理精制深度不够、含溶剂过多等，都会给白土精制增加难度。原料越重，黏度越大，油品质量要求越高，操作条件越苛刻；当白土活性高、颗粒度和含水量适当时，在同样操作条件下，精制产品较好。

（2）白土用量

白土用量越大，精制油质量越好；但白土用量过多，对不加抗氧化剂的油品会因精制过度而将天然的抗氧化剂（如微量酚基或硫基胶质）完全除掉，使油品安定性降低。另外也会造成白土浪费、精制油收率降低、过滤机负荷加大、设备磨损等弊端。不同的油品，白土用量不同，如：精制内燃机油时，白土用量为1%～3%，机械油为2%～4%，真空泵油为10%～15%。

（3）精制操作温度

白土的吸附速度主要取决于精制油品的黏度。油品黏度越大，则吸附速度越小；升高精制操作温度，有利于降低黏度，增加不良组分的移动速度和与白土活性表面接触的机会。但温度过高容易使油品裂解、装置能耗增加。因此，在实际操作中，应在保证油品精制质量的前提下，尽量降低操作温度。白土精制温度一般控制在200～280℃下进行。

（4）接触时间

接触时间是指在精制温度下白土与油品接触的时间。该时间主要是指在蒸发塔内高温下，白土与油品的停留时间。为了达到一定精制深度，必须使油品与白土充分接触，保证一定的扩散和吸附时间。

在白土精制操作中，白土与油品适宜的接触时间一般为20～40min。

任务7 了解润滑油的加氢精制

润滑油加氢精制是通过化学方法，使润滑油中的非理想组分转变为理想组分脱除杂环化合物，因此润滑油的各项质量指标的改善更为明显。下面主要介绍润滑油加氢补充精制、加氢处理（或叫加氢裂化）、加氢降凝等工艺。

1. 润滑油加氢补充精制

（1）白土补充精制与加氢补充精制方法的比较

白土补充精制方法中的脱硫能力较差，但脱氮能力较强，精制油凝固点回升较小，光安定性比加氢补充精制油好。白土补充精制的缺点是要使用固体物，劳动条件差，劳动生产率低，废白土污染环境，不容易处理。

加氢补充精制操作灵活，原料来源不同、精制深度不同，均有较好的精制效果，产品收率高，没有白土供应和废白土处理等问题，是取代白土精制的一种较好的方法。

加氢补充精制是以元素的形式脱除杂质；而白土补充精制是以化合物的方式除去杂质。但加氢补充精制安全风险高，设备投资大，也是目前润滑油补充精制的发展趋势。

（2）润滑油加氢补充精制原理

润滑油加氢补充精制是在一定温度、压力和催化剂等操作条件下，对润滑油中的硫、氮、氧等进行加氢，分别生成H_2S、NH_3和H_2O的形式，以脱除上游加工工序中残存在润滑油中的硫、氮、氧等杂质，而且也使得不饱和烃加氢饱和，以改善润滑油的色度、气味、透明度、抗乳化性以及对添加剂的感受性等，因而提高了产品质量。

在润滑油加氢补充精制过程中，使用的催化剂有铁-钼催化剂、钴-钼催化剂、镍-钼催化剂等。这些催化剂有的是专为润滑油加氢补充精制研究开发的，有的是由燃料加氢精制催化剂转化过来的。应注意的是，加氢精制催化剂在使用前都需要经过硫化处理过程。

(3) 润滑油加氢补充精制工艺流程

润滑油加氢补充精制工艺流程如图 9-20 所示。该流程是由原料油的制备、加氢反应和产品处理等三部分组成的。

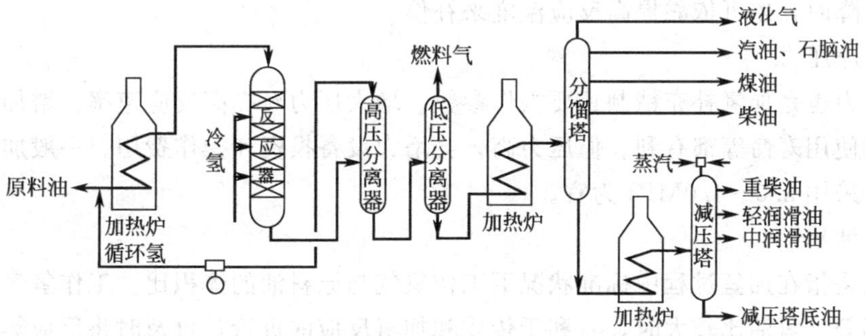

图 9-20 润滑油加氢补充精制工艺流程

原料油经过滤器除掉杂质，进入脱气缓冲罐，在油品温度 60～70℃、压力约为 8MPa 条件下，蒸发出油中所含水分及空气等。脱气后原料油与干燥塔底油及反应器出来的油换热后进入加热炉。在原料油进入换热器之前与新氢和循环氢混合，采用炉前混氢操作。加热到需要温度的原料油和氢气的混合物进入固定床反应器，在催化剂的作用下进行加氢反应。反应物与原料油换热后进入高压分离器，从高压分离器分出的氢气经冷却分液和循环压缩机升压后循环使用。高压分离后的精制油经减压进入低压（蒸发）分离器，分离出残留氢气及反应产生的轻烃。经低压分离后的油品再经过汽提、干燥、换热、冷却和过滤后出装置。

(4) 加氢补充精制的工艺特点

一般来讲，润滑油白土补充精制在生产流程中放在溶剂精制和溶剂脱蜡之后，而加氢补充精制可以放在润滑油加工流程中任意位置，如图 9-21 所示。

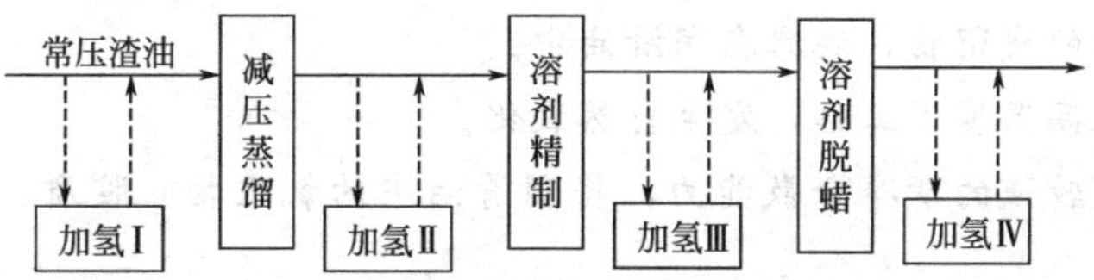

图 9-21 加氢补充精制在润滑油加工流程中的位置

由图 9-21 可知：若将加氢精制放在溶剂精制前，可降低溶剂精制的深度，改善产品质量，提高收率。

将加氢补充精制放在溶剂脱蜡之前，不但解决了油和蜡的精制问题，而且还解决了后加氢油凝点升高的问题；生产石蜡时可不建石蜡精制装置，使流程简化。先加氢后脱蜡，还可使脱蜡温差降低，节省能耗。

2. 润滑油加氢补充精制的操作条件

润滑油加氢补充精制的主要操作条件有反应温度、反应压力、氢油比、空速等。

(1) 反应温度

反应温度对产品质量和收率起着主要作用。虽然加氢反应是放热反应，但为了提高催化剂的效能和有效地利用催化剂的活性温度范围，并适当提高反应速率，在工业生产中还是需要保持一定的反应温度。加氢补充精制工艺条件比较缓和，反应温度一般采用210～300℃。

随着加氢反应的进行，催化剂床层温度会逐步上升，反应器出口处温度最高，为了控制在催化剂上不发生或少发生裂化及结焦反应，加氢补充精制床层温度以不超过320℃为宜。在使用新鲜催化剂时，保持油品质量的前提下，尽量采取较低的起始反应温度。这样，当催化剂活性下降时，还可依靠提高反应温度来补偿。

(2) 反应压力

反应压力也是加氢补充精制重要操作参数。增大压力对提高反应速率、增加精制效果和延长催化剂使用寿命等都有利。但压力高，会增大设备投资和操作费用。一般加氢补充精制的反应压力采用2.0～4.0MPa为宜。

(3) 氢油比

氢油比是指在加氢过程中标准状况下工作氢气与原料油的体积比。工作氢气包括新氢和循环氢两部分。氢油比较大时，有利于传质和加氢反应的进行，可及时将反应热从系统中排除，使反应温度平稳，容易控制，使加氢精制深度提高。但是氢油比过大时，由于原料油在反应空间内停留时间短，反而使加氢深度下降，氢油比超过一定范围后，还会使系统的阻力增加，同时增加了动力消耗，因此需要加粗管径。润滑油加氢补充精制的氢耗量很低，工业上采用的氢油比一般在$50\sim150m^3/m^3$。

(4) 空速

空速是决定装置处理能力的基本条件之一。一般来说，当空速降低时脱硫脱氮率增加。空速对脱硫脱氮率的影响程度是不一样的，空速对脱硫率的影响比对脱氮率的影响大。在润滑油加氢补充精制中，空速主要与原料油和催化剂的性质有关，工业上采用的空速一般为$1.0\sim2.5h^{-1}$。

阅读小资料　　润滑油变黑的原因

润滑油变黑多数是正常现象，在发动机技术状况正常，所用燃料及润滑油质量符合要求的情况下，使用中的润滑油颜色逐渐加深，直到变黑，这是因为：

① 燃料燃烧后的残留物，混溶在润滑油中。

② 润滑油在很高温度下工作，发生自然氧化。

③ 润滑油具有较强的清净分散能力，将润滑油中的氧化物、胶质、沥青质溶解或分散在油中。

以上这些物质的数量，随工作时间的延长而增多，颜色也必然逐渐加深变黑。

如果润滑油在很短的时间内加深变黑，就不正常了，应从以下几个方面查找原因：

① 发动机工作时燃料是否燃烧完全，活塞、活塞环和缸体之间是否磨损过大，密封不严。如果燃料燃烧不完全，尾气进入润滑油箱会使润滑油迅速变得黑稠。

② 换油时，是否已将润滑油箱及油道清洗干净。如果没有清洗干净，其残留物会对新油构成污染。

③ 润滑油级别是否符合使用要求。高温、高速、高负荷发动机应使用氧化安定性好、添加剂质量好的高档润滑油，使用质量不好的油会使油色迅速加深变黑。

项目小结

- 1. 润滑油精制
  - 目的：除去润滑油原料中多环短侧链芳烃，含硫、氮、氧化合物和胶质，改善润滑油黏度指数，抗氧化安定性、腐蚀性、颜色等
  - 原料与产品：原料是常压馏分油和润滑油脱沥青油，产品有精制油和抽出油
  - 方法：酸碱精制、溶剂精制、吸附精制、加氢精制
  - 工艺流程：溶剂抽提和溶剂回收两部分
  - 影响溶剂精制的操作因素：溶剂比、抽提温度
- 2. 润滑油脱蜡
  - 目的：除去润滑油原料中正构长链物质，改善润滑油低温流动性
  - 原料与产品：原料是常压馏分油和渣油的精制油，产品有脱蜡润滑基础油和蜡
  - 方法：冷榨脱蜡、溶剂脱蜡
  - 工艺流程：结晶系统、冷冻系统、过滤系统、溶剂回收系统、安全气系统
  - 影响酮-苯脱蜡的因素：原料性质、溶剂、冷却速度、助滤剂
- 3. 润滑油补充精制
  - 目的：除去润滑油精制油中硫化物、氮化物、环烷酸、胶质和残留的极性溶剂，改善润滑油的氧化安全性、光安定性、腐蚀性、乳化性、颜色、透光性等
  - 原料与产品：原料是润滑油精制油，产品有润滑油补充精制基础油
  - 方法：白土精制、加氢精制
  - 工艺流程：白土精制包括吸附和过滤；加氢精制包括加氢反应和产品分离
  - 影响因素：① 白土精制：原料油和白土的组成和性质，白土用量，温度和接触时间
② 加氢精制：原料和催化剂性质，反应温度、压力、剂油比和空速

自测与练习

考考你，能回答以下这些问题吗？

1. 评价润滑油的性能指标是什么？
2. 摩擦产生的原因是什么？
3. 润滑的作用是什么？
4. 润滑油的理想组分和非理想组分分别是什么？
5. 润滑油基础油的原料有哪些？
6. 润滑油为什么要进行补充精制？常用方法有哪些？精制原理如何？
7. 润滑油溶剂精制和溶剂脱蜡的目的是什么？
8. 润滑油加氢补充精制工艺有什么特点？

用图说话很方便！

1. 请画出润滑油脱沥青工艺流程方框图。
2. 请画出润滑油溶剂精制的工艺流程方框图。
3. 请画出润滑油溶剂脱蜡的工艺流程方框图。

*项目十

燃料油品的调和

知识目标

- 了解燃料油调和方法；
- 了解调和燃料油性质估算。

能力目标

- 初步掌握燃料油调和方法；
- 掌握催化裂化原料和产品特点。

在石油加工过程中，进行燃料油品调和，其目的是将生产装置所得到的产品，为了保证成品油的质量，调和时需全面评价各种油的优缺点，然后按照市场的需求，将两种或两种以上的油品，加上添加剂（或不加添加剂）调和在一起，以达到某一石油产品的质量指标，提供给用户。

例如：用石蜡基原油生产的柴油组分，其十六烷值及凝点均较高，而由中间基、环烷基原油生产的柴油组分则相反，因此将两者加以调和，恰恰可以生产合格的柴油。再如：石蜡基直馏柴油和催化裂化，或热裂化柴油调和，在改进十六烷值的同时，还可以改善其安定性。

燃料油的调和通常需要控制的项目有：汽油主要控制辛烷值、馏程、蒸汽压、实际胶质等；柴油主要控制十六烷值、黏度、闪点、倾点、冷滤点、贮存安全性；喷气燃料主要控制馏程、冰点、密度、燃烧性能、热安定性、氧化安定性等。

那么，用什么方法来实现燃料油品调和？调和指标又是如何计算的呢？

任务1 掌握油品的调和方法

燃料油调和的方法主要有：压缩空气调和、泵循环调和和管道调和三种方法。前两种方法为间歇式操作，又称为油罐调和，而油罐调和又分为泵循环和机械搅拌调和两种；管道调和为连续式操作。

1. 压缩空气调和法

采用压缩空气进行搅拌调和工艺，如图 10-1 所示。先将算好配比的两组分油分别送入调和罐，然后通入压缩空气，搅拌 0.5～2h 后，取样分析，合格即出成品油外输。

压缩空气搅拌调和是一种简便易行的方法，多用于数量大而质量要求一般的石油产品，如轻柴油、重油和普通润滑油等。但由于这种方法容易使油品氧化变质，造成环境污染和挥发损失大等缺点，近年来已不采用。

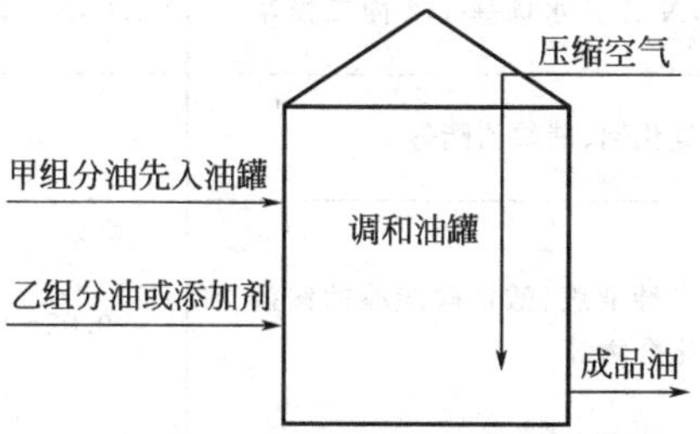

图 10-1　压缩空气调和工艺流程示意图

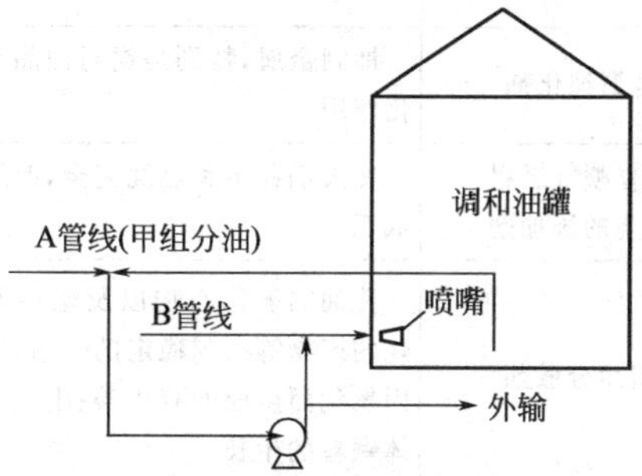

图 10-2　泵循环调和工艺流程示意图

2. 泵循环调和法

泵循环调和法是将油品和添加剂加入到调和罐中，用泵抽出部分油品再循环回罐内，进罐时由高速喷嘴喷出，使油品混合，适用于混合量大、比例变化范围大和中低黏度油品调和。

对于质量要求严格的润滑油和不宜采用压缩空气搅拌调和的燃料油，如：车用汽油、航空汽油和航空煤油等，可采用泵循环调和工艺流程，如图 10-2 所示。将甲组分油从 A 管线先送入调和成品罐中，然后其余各组分油均由 B 管线的喷嘴射入调和成品罐中，然后启动泵进行循环 0.5～1h 后，取样分析，合格即出成品油外输。

若需要加添加剂，在对组分调和油作中间分析后，再通过泵入口和喷嘴注入添加剂。加添加剂的调和时间为 2～4h，循环量为每次调和量的 1/4～1/3。

3. 管道调和

管道调和法是将需要混合的各组分油，或添加剂按规定比例，同时连续送入调和总管和管道混合器进行均匀调和。这种方法适用于大批量的、大范围调和比例的轻、重质油品调和。调和过程简便，只需设组分油罐，可以不设置调和油罐（在很多情况下，成品油在出厂之前，必须进行质量指标全分析，因此在调和工艺设计中，不宜取消调和成品油罐）。在计算机的控制下，管道调和可实现自动化操作，成品油直接出厂，从而节省操作人员和费用，降低生产成本。也可使用常规控制仪表，人工给定调和比例，实现手动的管道调和，手动的管道调和仅适用于组分少、质量要求不严的场合。

管道调和可以进行质量自动分析，连续操作，可以直接装车或船，处理量大，能长周期运转。其缺点是需要一整套的自动控制设备，投资较大，维修复杂。

各种燃料油添加剂添加量和各种燃料油所用添加剂类别分别见表 10-1 和表 10-2。

表 10-1　各种燃料油添加剂添加量

添加剂种类	目的和功能	化合物	添加量/%
抗爆剂	提高点燃式发动机燃料的抗爆性能	烷基铅化合物（四乙基铅、四甲基铅）等	0.1～0.13
十六烷值改进剂	改善低十六烷值柴油的燃烧性能	硝酸戊酯、2,2-二硝基丙烷等	<0.5
表面燃烧防止剂	防止汽油机内含铅的沉积物在高温下引起的表面燃烧	磷酸三甲酚酯、三甲基磷酸酯、硼类化合物等	0.2～0.5

续表

添加剂种类	目的和功能	化合物	添加量/%
抗氧防胶剂	延缓油品氧化和减少胶质生成	*N*,*N*-二仲丁基对苯二胺、2,6-二叔丁基苯酚等	0.005～0.15
金属纯化剂	抑制金属,特别是铜对油品氧化的催化作用	*N*,*N*-二亚水杨基-1,2-丙二胺等	0.0003～0.001
改善喷气燃料燃烧的添加剂	使火焰稳定和燃烧完全,改进燃烧降低积炭	硼氢化铝、硝酸乙酯等	5
清净分散剂	使油的氧化产物以及燃料不完全燃烧的产物等得到稳定的分散;中和油中因氧化而生成的有机酸;阻止不溶性固体颗粒的生长	丁二酸亚胺、酸性磷酸酯的铵盐、含硼的化合物等	0.02～0.1
防腐剂	在金属表面上形成薄的保护膜,防止金属表面腐蚀生锈	磷酸烷基酯、磷酸氨基酯、羧酸酯的混合物等	0.05～1.0
防冰剂	防止燃料中的水在使用中结冰	乙二醇单甲醚、乙二醇等	0.1
流动性能改进剂	降低燃料的凝点和低温下的黏度	长链烷基萘、长链烷基酚等	0.1～1
抗静电剂	提高燃料的导电性能,防止静电电荷聚集的危险	烷基水杨酸铬、丁二酸二异辛酯磺酸钙和聚甲基丙烯酸酯的共聚物	1×10^{-6}
润滑性能改进剂	提高喷气燃料的润滑性能,减少燃料泵的磨损	以碳氟化合物为主要成分的油性添加剂	$(200\sim250)\times10^{-6}$
抗菌剂	防止微生物对喷气发动机部件的堵塞和腐蚀	邻苯酚、硼化合物等	$(10\sim20)\times10^{-6}$(硼浓度)
助燃剂	改善重质燃料油的燃烧过程,减少积炭	环烷酸铜、烷基苯磺酸钡等	<0.005～0.1
染色剂	以示区别于有毒物的汽油	偶氮染料	$(10\sim100)\times10^{-6}$
柴油消烟剂	促进柴油完全燃烧,减少柴油发动机排出的黑烟	α-烷基脂肪酸钡盐、油溶性的锰盐等	0.1

表 10-2　各种燃料油所用添加剂类别

添加剂类别＼燃料油	航空汽油	车用汽油	喷气燃料	柴油	添加量
抗爆剂	√	√			微量
十六烷值提高剂					极微量
燃料燃烧改进剂					极微量
表面燃烧防止剂		√			极微量
抗氧防胶剂	√	√	√		极微量
金属纯化剂	√	√	√		极微量
清净分散剂		√			极微量
防腐剂	√	√	√	√	极微量
防冰剂	√		√		极微量
流动性能改进剂				√	极微量
带电防止剂			√		极微量
油性剂			√		极微量
染色剂	√	√			极微量

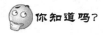

你知道吗？ **车用汽油与航空汽油有什么区别？**

汽油可以分为车用汽油和航空汽油两种，车用汽油是作为开动各种活塞式发动机汽车的动力燃料，而航空汽油则是专供装有活塞式发动机的螺旋桨式飞机使用。

车用无铅汽油是由直馏汽油、催化裂化汽油、催化重整汽油和烷基化汽油等组分调和而成的，其中还可以加入适量的抗爆剂、抗氧剂、金属钝化剂和清净剂等添加剂。97 号、98 号由催化裂化汽油、催化重整汽油和烷基化汽油等组分调和而成，其中还可以加入适量的抗爆剂、抗氧剂、金属钝化剂和清净剂等添加剂。

航空汽油具有足够低的结晶点（−60℃以下）和较高的发热量、良好的蒸发性和足够的抗爆性，通常由高辛烷值汽油馏分（催化裂化或催化重整的汽油精制组分）、高辛烷值组分、异戊烷、少量抗爆剂及抗氧剂等调和而成。

任务2 了解油品调和计算

1. 可加性质量指标的调和比的计算

酸值、酸度、残炭、灰分、馏程、硫含量、胶质和相对密度等均为可加性质量指标，在计算调和比时，可按下式计算：

$$G_A=\frac{X-X_B}{X_A-X_B}\times 100\% \qquad (10\text{-}1)$$

$$G_B=100-G_A$$

式中 G_A——混合油中 A 种油的体积分数，%；

X——混合油的有关规格指标数值；

X_A——A 种油的有关规格指标数值；

X_B——B 种油的有关规格指标数值；

G_B——混合油中 B 种油的体积分数，%。

【例 10-1】 汽油 A 的酸度测得为 4.2mg（KOH)/100mL，不符合汽油规格指标要求。汽油 B 的酸度测得为 2.6mg（KOH)/100mL，比规格要求低。将这两种汽油调和成符合规格要求的混合油。

解 混合油的酸度由 GB 484—75 查得为 3mg（KOH)/100mL。

由公式(10-1）得：

$$G_A=\frac{3-2.6}{4.2-2.6}\times 100\%=25\%$$

$$G_B=100-G_A=75\%$$

所以，汽油 A：汽油 B＝25：75。

【例 10-2】 汽油 A 的 10%馏出温度为 85℃，超过标准规定温度（79℃），用汽油 B 来调和，汽油 B 的 10%馏出温度为 68℃。经测定汽油 A 在 79℃的馏出量为 7%，汽油 B 在 79℃的馏出量为 26%，求调和比。

解 调和后的油品在79℃的馏出量为10%，由公式(10-1) 得：

$$G_A=\frac{10-26}{7-26}\times100\%=84\%$$

$$G_B=100-G_A=16\%$$

所以，汽油A：汽油B=84：16。实际调和中应使调和后温度略低于79℃。

2. 不可加性质量指标的调和比计算

辛烷值、蒸气压、闪点、凝固点和黏度等为不可加性质量指标，在调和时，不同指标所用公式不同，生产中可以通过图表集或经验公式进行估算。

(1) 调和汽油辛烷值的计算

调和汽油的辛烷值可用下式计算：

$$N_m=\frac{V_1CN_1+V_2N_2}{100} \tag{10-2}$$

式中 N_m，N_1，N_2——分别为混合油及各组分油的辛烷值；

V_1，V_2——分别为高、低辛烷值组分油的体积分数；

C——高辛烷值组分油的调和因数，见表10-3。

表10-3 高辛烷值组分油的调和因数

组分油名称	催化裂化汽油			焦化汽油			叠合(热裂化)汽油			非芳烃		
组分油(体积分数)/%	15	30	45	20	40	50	10	20	40	5	10	20
调和因数C	1.23	1.12	1.07	1.21	1.10	1.08	1.18	1.10	1.02	1.18	1.10	1.02

国内经验公式：

$$N_m=N_s(0.013+1.0593W_s^{0.87143})+\sum_{i=1}^{n}N_iW_i \tag{10-3}$$

式中 N_m，N_s，N_i——分别为混合油、直馏组分油、其他组分油的辛烷值；

W_s，W_i——直馏组分油、其他组分油的质量分数。

(2) 调和汽油蒸气压的计算

由正丁烷与含C_5的石脑油（沸点约193℃）调和成所需的汽油蒸气压，需要的正丁烷由下式计算。

$$M_tP_t=\sum_{i=1}^{n}M_iP_i \tag{10-4}$$

式中 M_t，M_i——混合油品及各组分油的物质的量，mol；

P_t，P_i——混合油品及各组分油的蒸气压，MPa。

(3) 调和柴油闪点的计算

调和柴油闪点可用下式计算：

$$l=\sum_{i=1}^{n}l_iV_i \tag{10-5}$$

式中 l，l_i——混合油品及各组分油的闪点指数；

V_i——各组分油的体积分数。

$$\lg l=-6.1188+\frac{4345.2}{A+383} \tag{10-6}$$

式中　A——油品的闪点，℉$\left[t/℃=\frac{5}{9}(t/℉-32)\right]$。

先将华氏温度（℉）换算成摄氏温度（℃）后，由公式(10-6) 制成表格，见表 10-4，用公式和表计算调合油的闪点。

表 10-4　闪点与闪点指数的关系

闪点/℃	闪点指数	闪点/℃	闪点指数	闪点/℃	闪点指数	闪点/℃	闪点指数	闪点/℃	闪点指数	闪点/℃	闪点指数
50	305.91	80	45.123	110	9.326	140	2.4866	170	0.8087	200	0.3076
51	285.10	81	42.599	111	8.890	141	2.3859	171	0.7831	201	0.2985
52	266.56	82	40.235	112	8.480	142	2.2951	172	0.7549	202	0.2898
53	248.04	83	38.009	113	8.085	143	2.2050	173	0.7294	203	0.2815
54	231.64	84	35.993	114	7.734	144	2.1192	174	0.7050	204	0.2731
55	216.27	85	33.978	115	7.362	145	2.0366	175	0.6817	205	0.2652
56	202.02	86	32.137	116	7.0291	146	1.9611	176	0.6575	206	0.2575
57	188.89	87	30.409	117	6.7127	147	1.8841	177	0.6372	207	0.2496
58	176.28	88	29.458	118	6.4142	148	1.8115	178	0.6165	208	0.2430
59	165.27	89	27.252	119	6.1249	149	1.7426	179	0.5961	209	0.2361
60	154.67	90	25.814	120	5.8533	150	1.6773	180	0.5769	210	0.2295
61	144.88	91	24.457	121	5.5827	151	1.6140	181	0.5582	211	0.2230
62	135.70	92	23.185	122	5.3506	152	1.5535	182	0.5415	212	0.2167
63	127.25	93	21.979	123	5.1156	153	1.4959	183	0.5226	213	0.2107
64	119.29	94	20.85	124	4.8944	154	1.4408	184	0.5065	214	0.2048
65	112.52	95	19.779	125	4.6828	155	1.3877	185	0.4901	215	0.1991
66	105.51	96	18.772	126	4.5367	156	1.3372	186	0.4746	216	0.1936
67	98.628	97	17.824	127	4.2904	157	1.2880	187	0.4597	217	0.1883
68	92.640	98	16.924	128	4.1191	158	1.2413	188	0.4452	218	0.1827
69	87.054	99	16.077	129	3.9355	159	1.1968	189	0.4317	219	0.1766
70	81.346	100	15.276	130	3.7713	160	1.1570	190	0.4180	220	0.1734
71	76.984	101	14.86	131	3.6132	161	1.1125	191	0.4044	225	0.1512
72	72.427	102	13.801	132	3.4626	162	1.0733	192	0.3925	230	0.1327
73	68.171	103	13.134	133	3.3160	163	1.0352	193	0.3800	235	0.1190
74	64.194	104	12.494	134	3.1805	164	0.9989	194	0.3699	240	0.1026
75	60.470	105	11.889	135	3.0507	165	0.9641	195	0.3588	245	0.0931
76	56.990	106	11.321	136	2.9275	166	0.9303	196	0.3474		
77	53.728	107	10.776	137	2.8087	167	0.8981	197	0.3366		
78	50.664	108	10.278	138	2.6959	168	0.8672	198	0.3267		
79	47.808	109	9.561	139	2.5905	169	0.8373	199	0.3169		

注：1℃＝33.8℉

任务3
了解油品调和罐的主要构件

1. 油品调和器

油品调和器安装于油罐中心，通过底部法兰与工艺管线相连接，油品经四周均布喷嘴和顶部喷雾喷出，可以使进入油罐内的油品组分与罐内原有油品充分混合。如图 10-3 所示。

2. 油罐油品调和旋转喷头

这是一种油罐油品调和使用的旋转喷头，由法兰、旋转头、三通、集油管、调和喷嘴、旋转动力喷嘴等组成。通过喷嘴的偏心安装，利用旋流自身压力产生的反推力推动喷头的旋转，有效地将调和油品喷射到 360°圆周内，消除了死角区，有效地提高了调和效率。这种新型旋转喷头结构简单，不仅适于油品等介质，还适于喷水、灌溉用。如图 10-4所示。

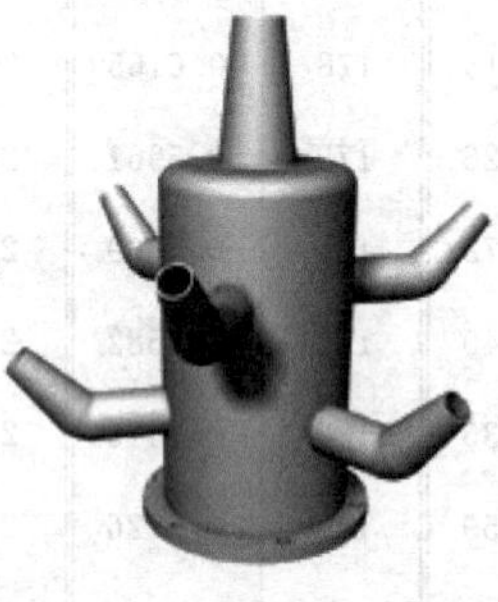

图 10-3　油品调和器

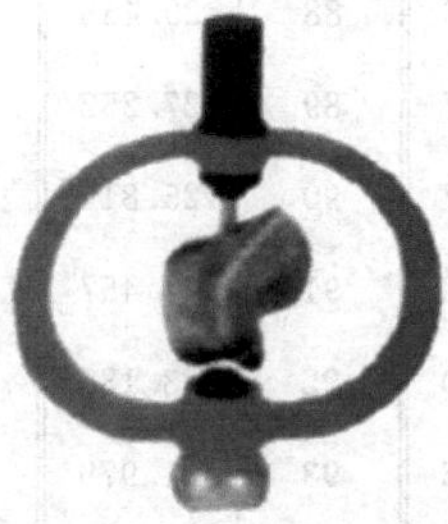

图 10-4　360°旋转喷头

3. 呼吸阀

呼吸阀是固定在油罐顶上的通风装置，以保证罐内压力的正常状态，防止罐内超压或真空使油罐遭受损坏，也可减少罐内油品挥发损失。各种类型呼吸阀如图 10-5 所示。

(a) 全天候阻火型　(b) 安全型　(c) 多功能阻火型　(d) 双接管阻火型　(e) 防爆阻火型　(f) 防火型　(g) 全天候防冻型　(h) 真空泄压型

图 10-5　各种类型呼吸阀

项目小结

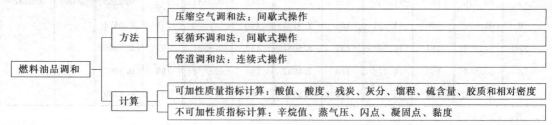

- 燃料油品调和
  - 方法
    - 压缩空气调和法：间歇式操作
    - 泵循环调和法：间歇式操作
    - 管道调和法：连续式操作
  - 计算
    - 可加性质量指标计算：酸值、酸度、残炭、灰分、馏程、硫含量、胶质和相对密度
    - 不可加性质指标计算：辛烷值、蒸气压、闪点、凝固点、黏度

自测与练习

请三思，判断失误有时会出问题！

1. 油品的黏度具有可加性。(　　)
2. 油品的馏程不具有可加性。(　　)
3. 汽油的辛烷值为不可加性质量指标。(　　)
4. 沥青是油品调和通常需要控制的项目。(　　)
5. 呼吸阀的作用是帮助油品进行通风。(　　)
6. 油品调和器能使油品在调和时得到充分的混合。(　　)

参考文献

[1] 林世雄．石油炼制工程．第3版．北京：石油工业出版社，2000.
[2] 朱耘青．石油炼制工艺学．北京：中国石化出版社，1992.
[3] 陈长生．石油加工生产技术．第2版．北京：高等教育出版社，2013.
[4] 张建芳，山红红，涂永善．炼油工艺基础知识．第2版．北京：中国石化出版社，2009.
[5] 侯芙生．炼油工程师手册．北京：石油工业出版社，1995.
[6] 程丽华．石油炼制工艺学．北京：中国石化出版社，2005.
[7] 陆士庆．炼油工艺学．第2版．北京：中国石化出版社，2005.
[8] 唐孟海，胡兆灵．原油蒸馏．北京：中国石化出版社，2007.
[9] 梁凤印．流化催化裂化．北京：中国石化出版社，2006.
[10] 孙兆林．催化重整．北京：中国石化出版社，2006.
[11] 梁朝林，沈本贤．延迟焦化．北京：中国石化出版社，2006.
[12] 华东石油学院工程教研室．石油炼制工程．第2版．北京：石油工业出版社，1982.
[13] 程之光．重油加工技术．北京：中国石化出版社，1994.
[14] 杨百梅．化工仿真——实训与指导．第2版．北京：化学工业出版社，2010.
[15] 中国石油化工集团公司职业技能鉴定指导中心．常减压蒸馏装置操作工．北京：中国石化出版社，2006.
[16] 中国石油化工集团公司职业技能鉴定指导中心．催化裂化装置操作工．北京：中国石化出版社，2006.
[17] 陈惠彦，梁成龙．油品储运操作工（初级）．北京：化学工业出版社，2006.
[18] 陈惠彦，梁成龙．油品储运操作工（中级）．北京：化学工业出版社，2006.
[19] 陈惠彦，梁成龙，姜桂霞．油品储运操作工（高级）．北京：化学工业出版社，2006.
[20] 刘英聚，张韩．催化裂化装置操作指南．北京：中国石化出版社，2005.
[21] 王兵，胡佳，高会杰．常减压蒸馏装置操作指南．北京：中国石化出版社，2006.
[22] 张德义．含硫原油加工技术．北京：中国石化出版社，2003.
[23] 蔡世干，王尔菲，李锐．石油化工工艺学．北京：中国石化出版社，1993.
[24] 吴重光．化工仿真实习指南．第3版．北京：化学工业出版社，2012.
[25] 广东省石油化工职业技术学校，北京东方仿真控制技术有限公司，赵刚．化工仿真实训指导．第3版．北京：化学工业出版社，2013.

中等职业教育专业技能课教材——化学工艺专业系列教材

化学工艺概论(第二版)	章　红　陈晓峰
HSEQ 与清洁生产(第二版)	赵　薇　周国保
化工单元操作	沈晨阳　廖志君　吕晓莉
化工自动化(第二版)	蔡夕忠
化工设备基础	刘尚明　王会祥　胡宜生
石油炼制工艺及设备	曾心华
有机化工工艺及设备	栗　莉　吕晓莉
合成氨工艺及设备	魏葆婷
无机物工艺及设备	杨雷库　梅鑫东
氯碱 PVC 工艺及设备	周国保　丁惠平
煤气化工艺及设备	崔世玉　孙卫民
炼焦工艺及设备	董树清　郗向前　郑月慧